建筑信息模型（BIM）技术应用系列新形态教材

BIM安装工程量清单计价

周建云　赵秋雨　主　编

清華大学出版社
北　京

内 容 简 介

本书根据高职高专教育培养高技能复合型人才的要求，结合课程自身的特点、规律，专业现行规范条文、安装标准图集，以及造价工程师、注册电气工程师等职业资格考试相关内容，对接工程项目的岗位工作需求进行编写。全书共 3 个模块化项目，包括给排水工程工程量清单计价、电气照明工程工程量清单计价和水电安装工程工程造价概述。每个模块化项目均选取来源于实际工程项目的背景案例进行项目导入，以典型学习任务的形式展开知识引领。同时在每个项目中配备“任务实施”“评价反馈”等实践思考性环节，营造工作岗位情境，帮助读者提升专业素养。

本书可作为高职高专院校工程造价、建筑工程管理、建筑设备等土建类相关专业学习的教材，也可供从事工程造价工作的技术人员参考学习。

图书在版编目（CIP）数据

BIM 安装工程量清单计价 / 周建云，赵秋雨主编 . —北京：清华大学出版社，2022.8
建筑信息模型（BIM）技术应用系列新形态教材
ISBN 978-7-302-61067-0

Ⅰ. ① B… Ⅱ. ①周… ②赵… Ⅲ. ①建筑工程—工程造价—计算机辅助设计—应用软件—高等学校—教材 Ⅳ. ① TU723.3-39

中国版本图书馆 CIP 数据核字（2022）第 099723 号

责任编辑： 杜 晓
封面设计： 曹 来
责任校对： 袁 芳
责任印制： 刘海龙

出版发行： 清华大学出版社
网　　址： http://www.tup.com.cn, http://www.wqbook.com
地　　址： 北京清华大学学研大厦 A 座　　**邮　　编：** 100084
社 总 机： 010-83470000　　**邮　　购：** 010-62786544
投稿与读者服务： 010-62776969, c-service@tup.tsinghua.edu.cn
质量反馈： 010-62772015, zhiliang@tup.tsinghua.edu.cn
课件下载： http://www.tup.com.cn, 010-83470410
印 装 者： 三河市铭诚印务有限公司
经　　销： 全国新华书店
开　　本： 185mm×260mm　　**印　　张：** 12.25　　**字　　数：** 275 千字
版　　次： 2022 年 9 月第 1 版　　**印　　次：** 2022 年 9 月第 1 次印刷
定　　价： 49.00 元

产品编号：098225-01

前　言

目前，建设工程领域招投标模式应用普及，工程发承包模式快速发展，与之相关的工程造价知识随着市场发展需求日益更迭。安装工程量清单计价作为全国高职高专院校土建大类的主要专业必修课程之一，必须依据工程领域发展新要素及时推陈出新，不断同步优化，以对接经济社会和企业的发展需求。

本书基于高职高专教育培育高技能复合型人才的要求，以《建设工程工程量清单计价规范》(GB 50500—2013)、《通用安装工程工程量计算规范》(GB 50856—2013)、《江苏省建设工程费用定额》(2014 年版)及营改增后调整内容、《江苏省安装工程计价定额》(2014 年版)等为依据，结合全国造价工程师等职业资格考试相关内容，以工程实际项目为学习情境进行编写。本书将安装计价理论知识与工程实践应用相结合，以实训任务为载体，旨在培养学生结合工程项目完成安装计价全流程的岗位工作能力，为企业输送能够正确计算安装工程量、编制安装工程量清单和工程造价等的复合型技术人才。

本书以项目化的形式作为教学体系贯穿始终，每个项目由实训任务点组成。同时，每个项目均配备广联达算量任务点，一方面通过安装工程三维立体模型加深学生对图纸的理解，另一方面以软件算量的学习模式为学生今后走上工作岗位、更好地适应岗位角色打下良好的专业基础。

本书为江苏城乡建设职业学院工程造价省级高水平专业群立项建设项目(项目编号：ZJQT21002326)。本书由江苏城乡建设职业学院周建云、赵秋雨担任主编，江苏城乡建设职业学院夏利梅担任副主编。具体编写分工如下：项目 1 和项目 2 由周建云编写，项目 3 由赵秋雨编写。书中的工程项目案例图纸、微课等资源由周建云、赵秋雨、夏利梅负责制作和编辑。全书由周建云负责统稿，常州第一建筑集团有限公司高国民进行审定。在此对参与本书编写工作的全体合作者表示衷心的感谢。

本书在编写过程中参考了大量的文献资料，在此一并表示感谢。限于编者的水平与经验，书中难免有不妥之处，敬请读者批评、指正。

编　者

2022 年 3 月

目　　录

项目 1 给排水工程工程量清单计价

通过本项目的学习，能完成江苏城乡建设职业学院职工宿舍楼给排水工程工程量计算、工程量清单的编制和综合单价的编制。

知识目标

- 掌握给排水工程工程量计算规则。
- 掌握给排水工程工程量清单编制规范。
- 掌握给排水工程综合单价编制方法。

能力目标

- 能准确计算给排水工程施工图工程量。
- 能熟练编制给排水工程工程量清单。
- 能熟练根据给排水工程工程量清单编制综合单价。

素养目标

- 培养学生细致耐心的职业素养。
- 培养学生善于思考、勤于学习、脚踏实地的学习态度。
- 强化学生的责任意识。

实训任务 1.1 给排水工程工程量计算

学习场景描述

按照《建设工程工程量清单计价规范》（GB 50500—2013）、《通用安装工程工程量计算规范》（GB 50856—2013）和《江苏省安装工程计价定额》（2014 年版）的有关规定，对图 1-1 所示的给排水工程工程量进行计算。

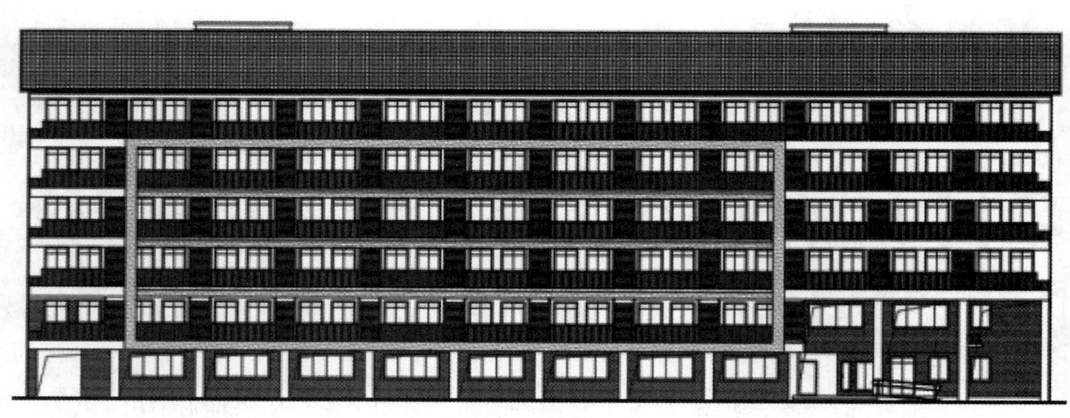

图 1-1　职工宿舍楼给排水工程

学习目标

（1）掌握给排水工程工程量计算方法和计算顺序。

（2）掌握给排水管道与卫生器具的分界点。

（3）掌握室内外管道分界点。

相关知识

1.1.1　给排水工程工程量计算规则

微课：给排水工程量计算规则

1. 给排水需计量内容

（1）室内外给排水管道：区分室内外、管材、规格、连接方式等。

（2）给排水管道附件，如阀门、水表等。

（3）管道除锈、防腐、管道保温隔热等。

（4）管道支架，区分不同的材质。

（5）卫生器具及清通设备。

2. 管道计量顺序

（1）由入（出）口起，先主干、后支干，先进入、后排出，先设备、后附件。

（2）以管道系统为单元计算，先小系统、后相加为全系统。

（3）以建筑平面特点划片计算。

（4）以管道平面图的建筑物轴线尺寸和设备位置尺寸为参考计算水平管长度。

（5）以管道系统图、剖面图的标高计算立管长度。

3. 与其他工程的界限划分

1）与市政管道的界限划分

（1）给水管道：以计量表为界，无计量表的以与市政管道碰头点为界。

（2）排水管道：以室外排水管道最后一个检查井（污水井）为界，无检查井的以与市政管道碰头点为界。

2）室内外管道的界限划分

（1）给水管道室内外界限划分：以建筑物外墙皮 1.5m 为界，入口处设阀门者以阀门为界。

（2）排水管道室内外界限划分：应以出户第一个排水检查井为界。

4. 给排水计量要点

以管道系统为单元计算，先小系统、后相加为全系统，以建筑平面特点划片计算。

1）管道工程量计算

给排水工程量计算，主要是管道长度的计算。按设计图示管道中心线长度以延长米计算，不扣除阀门、管件（包括减压器、疏水器、水表、伸缩器等组成安装）及各种井类所占的长度；方形补偿器以其所占长度按管道安装工程量计算。

（1）施工图所示管道中心长度的含义。

① 从计算起始点（如室外分界处或工程的起始点）到管中心的长度。

② 从图中所示管中心至管中心的长度。

③ 从管中心至计算的终止处的长度，如给排水支管与卫生器具的分界处。

④ 特殊情况的，从工程起点至终点的管道长度等。

（2）管道长度计算方法。

横管长度可以用比例尺在平面图上量取，也可以用建筑轴线尺寸定位尺寸计算，立管长度可以在系统图上用标高差计算，不可以在系统图上用比例尺量取数据。

（3）给水管道工程量计算。

计算给水管道安装长度时，要将钢管、铸铁管及钢管中的镀锌管、非镀锌管分开计算。考虑到后面计价过程中还要计算刷油工程量，因此要将各种管材的管道按埋地、走地沟、明装分开计算。

① 水平管道的长度要尽量按平面图上所注尺寸计算。

② 计算各种规格管道长度时，要注意管道安装的变径点。管道的变径点一般在管道的三通处，这样易于处理。

③ 为了清楚地计算和复核各部分管道长度，计算给水管道延长米时，给水立管要编号。

（4）排水管道工程量计算。

计算室内排水管道安装工程量时，首先应弄清卫生器具成组安装中包括哪部分排水管道，然后按排水立管的编号或排出管的编号顺序，先计算各排出管、立管长度，再计算各立管或排出管上的横管、横支管、立支管的长度。

① 排出管安装长度的计算。排出管的安装长度应计算至室外第一个检查井。

② 排水立管的安装长度计算。排水立管的安装长度计算方法是先看立管有无变径。当有变径时，先确定变径点的位置，然后按排水系统图上的标高计算各段立管的长度。

③ 排水横支管及横管的安装长度计算。排水横管的长度应按平面图上所标注的尺寸进行计算，或直接从平面图上度量。对于横支管长度，平面图不一定能准确地反映出来，因此，应按卫生器具安装详图或标准图上的尺寸计算。

④ 排水立支管的安装长度计算。排水立支管是指卫生器具下面除去卫生器具成组安装已包括的排水管部分所剩余的排水短立管的长度。排水立支管的长度应按其上下端

高差计算，即按卫生器具与排水管道分界点处的标高与排水横管标高的差进行计算，当施工图所标注的尺寸不全时，可按实际情况进行计算。

2）给排水管道与卫生器具的界限划分

卫生器具的安装包括卫生器具与给水、排水管道连接和配管的安装，要准确计算管道工程量，必须分清给排水管道与卫生器具配管的分界点，卫生器具配管与给排水管道的界限如表 1-1 所示。

表 1-1　卫生器具配管与给排水管道的界限

器具名称	界限描述	计算图示	注意事项
洗脸盆		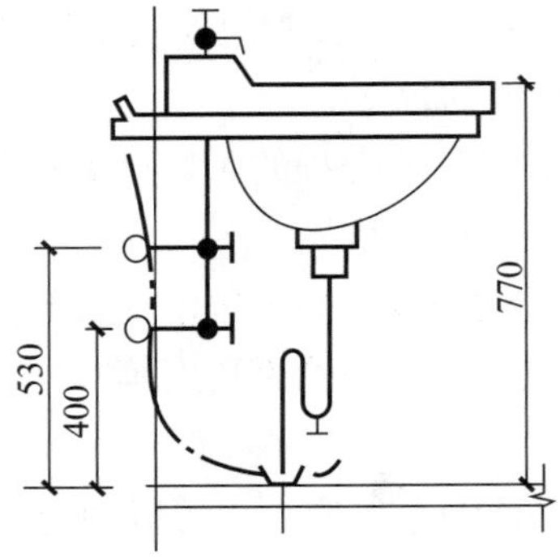	1. 定额中已包括存水弯、角阀、截止阀、洗脸盆下水口、托架钢管等工作内容，不需要另外计量，若设计材料品种不同，可以换算。 2. 水平管设计高度为 530mm，若水平管设计标高超过 530mm 或者低于 530mm，则需要增加引上管或者引下管，则该段管需计入管道安装中
坐便器	给水管道与其分界点为水平管与支管交接处，排水管道与其分界点为垂直方向到地面	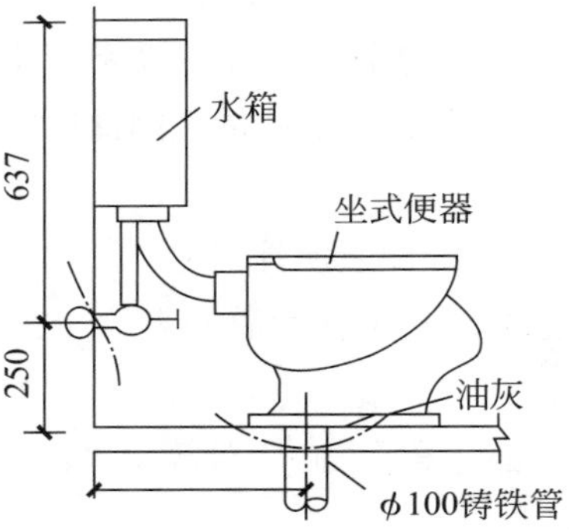	1. 坐式大便器分为低水箱坐便、带水箱坐便、连体水箱坐便、自闭冲洗阀坐便四种形式，根据大便器形式、冲洗方式、接管种类不同、分别以“套”为单位计算。 2. 水平管设计高度为 250mm，若水平管设计标高超过 250mm 或者低于 250mm，则需要增加引上管或者引下管，则该段管需计入管道安装中
洗涤盆		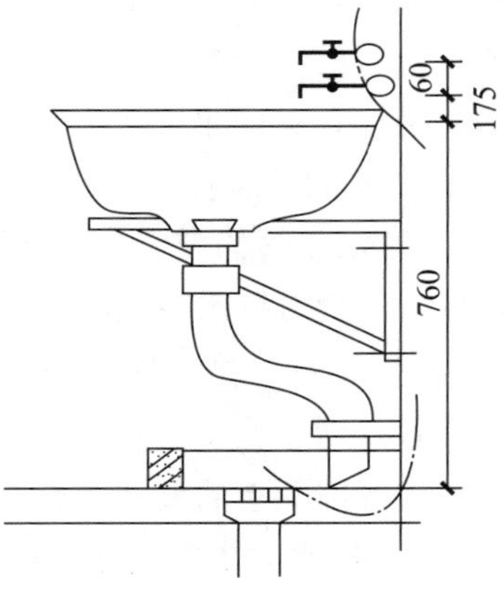	

续表

器具名称	界限描述	计算图示	注意事项
蹲式大便器	给水管道与其分界点为水平管与支管交接处，排水管道与其分界点为垂直方向到地面	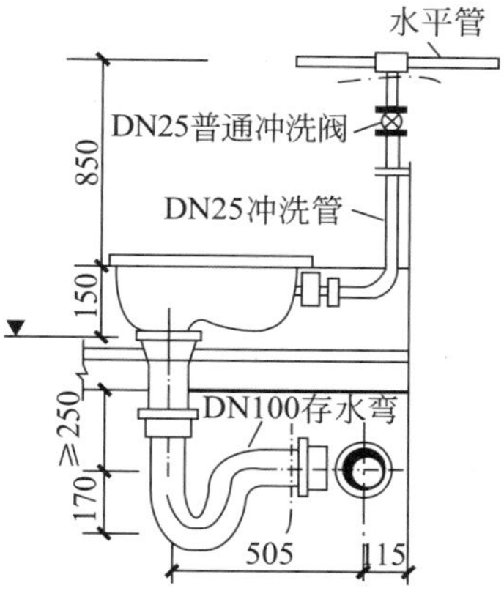	蹲式大便器安装，已包括了固定大便器的垫砖，但不包括大便器蹲台砌筑
高水箱蹲式大便器		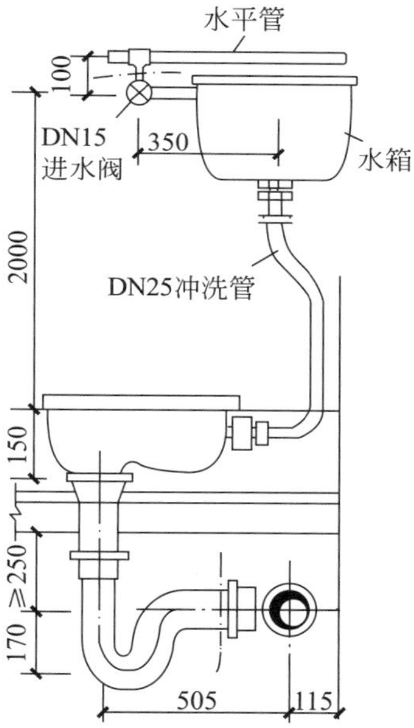	
浴盆		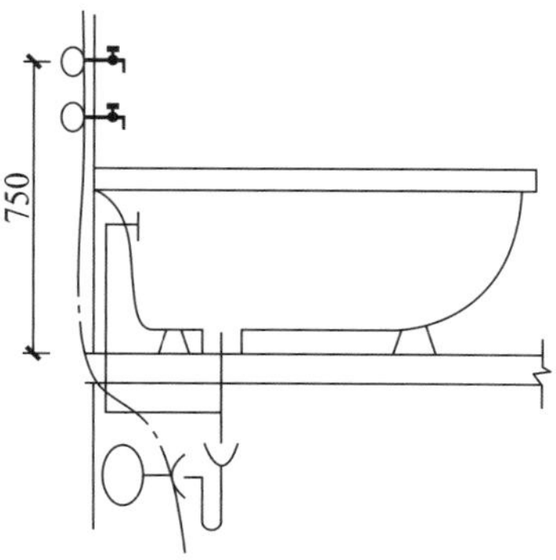	1. 浴盆安装适用于各种型号的浴盆，浴盆支座和浴盆周边的砌砖、瓷瓦粘贴应按建筑工程消耗量定额另行计算。 2. 水平管设计高度为 750mm，若水平管设计标高超过 750mm 或者低于 750mm，则需要增加引上管或者引下管，则该段管需计入管道安装中

续表

器具名称	界限描述	计算图示	注意事项
淋浴器	给水管道与其分界点为水平管与支管交接处，排水管道与其分界点为垂直方向到地面	370 150 1100 170 980 至地面	
挂式小便器		1200 600	
立式小便器		水平管 115 980	

续表

器具名称	界限描述	计算图示	注意事项
小便槽冲洗管	给水管道与其分界点为水平管与支管交接处，排水管道与其分界点为垂直方向到地面	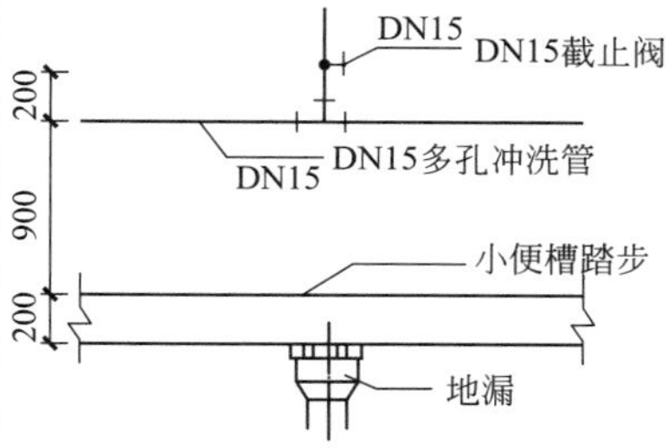 DN15 DN15截止阀 DN15 DN15多孔冲洗管 200 900 200 小便槽踏步 地漏	

3）管道支架及其他

（1）室内管道在 DN32 以上的，按支架钢材图示几何尺寸以“kg”为计量单位计算，不扣除切肢开孔重量，不包括电焊条和螺栓、螺母、垫片的重量。若使用标准图集，可按图集所列支架钢材明细表计算。

（2）管道支架按材质、管架形式，按设计图示质量计算。

（3）套管制作安装定额按照设计图示及施工验收相关规范，以“个”为计量单位。

（4）在套用套管制作、安装定额时，套管的规格应按实际套管的直径选用定额（一般应比穿过的管道大两号）。

4）管道附件

（1）各种阀门安装均以“个”为计量单位。法兰阀门安装，若仅为一侧法兰连接，定额所列法兰、带帽螺栓及垫圈数量减半，其余不变。

（2）法兰阀（带短管甲乙）安装均以“套”为计量单位，接口材料不同时可做调整。

（3）自动排气阀门均以“个”为计量单位，已包括了支架制作安装，不得另行计算。

（4）浮球阀安装均以“个”为计量单位，已包括了联杆及浮球的安装，不得另行计算。

（5）安全阀安装，按阀门安装相应定额项目乘以系数 2.0 计算。

（6）塑料阀门套用《江苏省安装工程计价定额》（2014 年版）《第八册　工业管道安装》相应定额。

（7）倒流防止器根据安装方式，套用相应同规格的阀门定额，人工乘以系数 1.3。

（8）热量表根据安装方式套用相应同规格的水表定额，人工乘以系数 1.3。

（9）减压器、疏水器组成安装以“组”为计量单位。如设计组成与定额不同，阀门和压力表数量可按设计用量进行调整，其余不变。

（10）减压器安装按高压侧的直径计算。

（11）各种伸缩器制作安装，均以“个”为计量单位。方形伸缩器的两臂按臂长的 2 倍合并在管道长度内计算。

（12）各种法兰连接用垫片均按石棉橡胶板计算，如用其他材料，不得调整。

（13）法兰水表安装按《全国通用给水排水标准图集》（S145）编制，以“组”为计量单位，包含旁通管及止回阀等。若单独安装法兰水表，则以“个”为计量单位，套用本章“低压法兰式水表安装”计价定额。

（14）住宅嵌墙水表箱按水表箱半周长尺寸，以“个”为计量单位。

（15）浮标液面计、水位标尺按国标编制，如设计与国标不符时，可做调整。

（16）塑料排水管消声器，其安装费已包含在相应的管道和管件安装定额中，相应的管道按延长米计算。

例题解析

给排水工程量计算实例

任务书

根据图 1-2～图 1-4 所示的二层给排水平面图和系统图以及相关工程条件完成该宿舍楼二层公厕给水管路 2 支管以及污水管路 1 支管管道工程量、卫生器具工程量、阀门以及套管工程量的计算。

（1）生活给水立管及横干管采用钢塑管，丝扣连接（截止阀连接方式也为丝扣连接），生活给水支管采用 PP-R 管，热熔连接，室内污水管采用 U-PVC 实壁管，承插粘接。

（2）给水立管穿楼板时，应设套管。安装在楼板内的套管，其顶部应高出装饰地面 20mm；安装在卫生间及厨房内的套管，其顶部高出装饰地面 50mm，底部应与楼板底面相平。

（3）洗涤盆进水口高度为 1m，洗脸盆进水口高度为 0.25m，残疾人专用坐便器进水口高度为 0.25m，残疾人专用洗脸盆进水口高度为 0.25m。

（4）主要设备材料见表 1-2。

表 1-2　主要设备材料

序号	名　称	规格	单位
1	自闭式冲洗阀蹲式大便器		套
2	挂式小便器		套
3	残疾人专用坐式大便器		套
4	洗脸盆		套
5	残疾人专用洗脸盆		套
6	阀门	按图	只

续表

序号	名　　称	规格	单位
7	PVC 地漏	DN50	个
8	洗涤盆		套
9	水表		套
10	截止阀		套

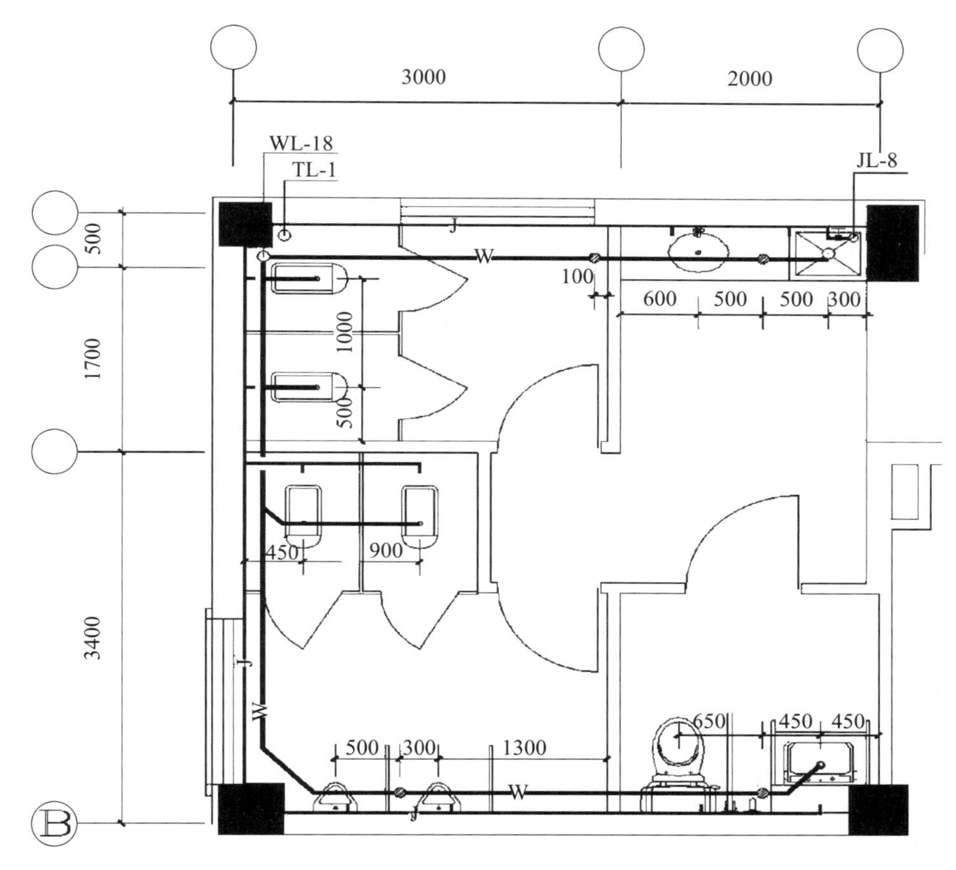

图 1-2　二层公厕给排水平面图

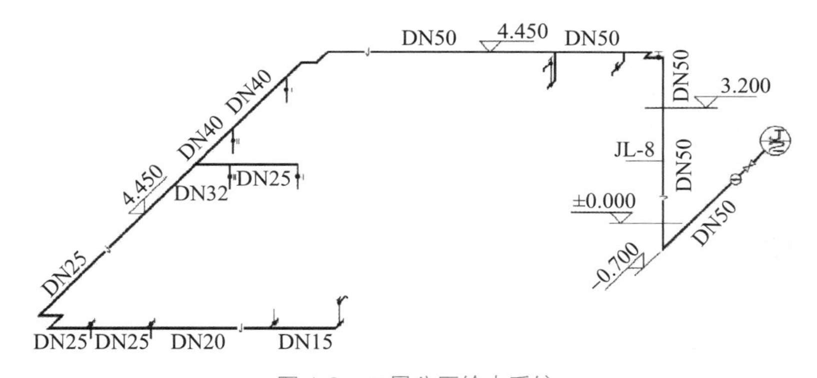

图 1-3　二层公厕给水系统

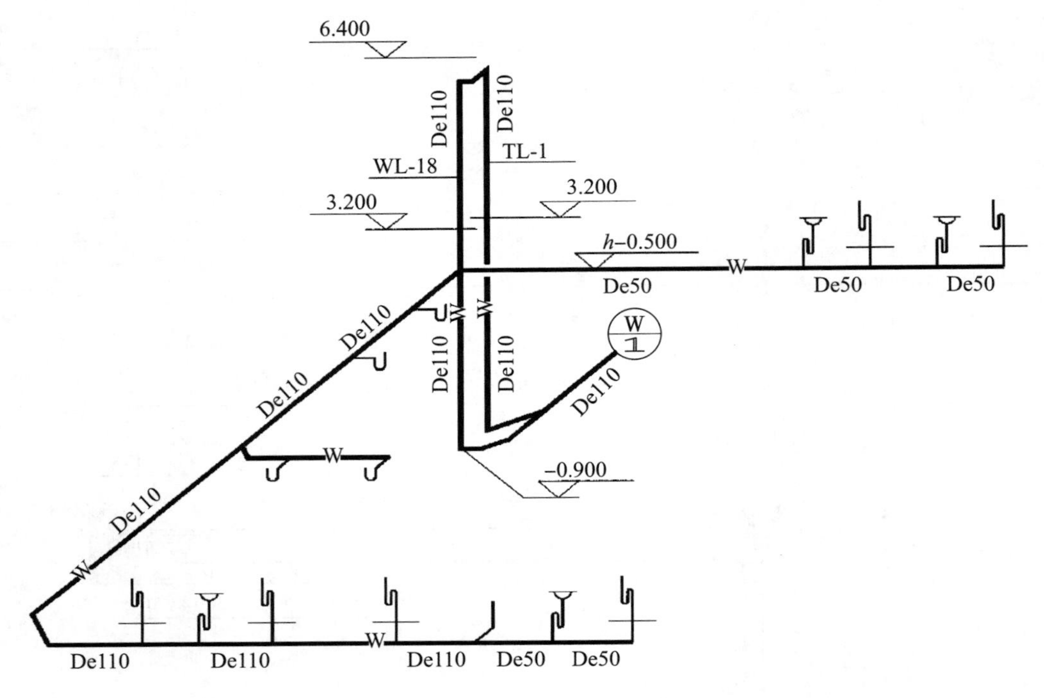

图 1-4 二层公厕排水系统

任务分组

根据任务安排，填写表 1-3。

表 1-3 任务分组表

班级		姓名		学号
组号		指导教师		
组长： 成员：				
小组任务				
个人任务				

工作准备

（1）阅读任务书，明确任务点。

（2）根据任务点认真识读施工图，厘清图纸难点。

（3）结合计算规则以及题目特点，厘清重难点。

任务实施

1. 卫生器具及管道附件的计量

引导问题 1：卫生器具的计算规则是什么？

引导问题 2：管道附件的计算规则是什么？

引导问题 3：套管的设置规则是什么？套管的规格如何确定？

---

2. 给水管路计量

引导问题 4：给水管路 2 管道规格有哪些？

引导问题 5：给水管路 2 有多少三通？其中多少为异径三通？

引导问题 6：给水管路 2 中水平管标高有哪些？

引导问题 7：给水管路与卫生器具的界限如何划分？

引导问题 8：给水管路的室内外界限如何划分？

引导问题 9：简述给水管路的计算顺序。

---

3. 排水管路计量

引导问题 10：排水管路 1 管道规格有哪些？

引导问题 11：排水管路 1 有多少三通？其中多少为异径三通？

引导问题 12：排水管路 1 中水平管标高有哪些？

引导问题 13：排水管路与卫生器具的界限划分是什么？

引导问题 14：排水管路的计算顺序是什么？

评价反馈

根据学习情况，完成表 1-4。

表 1-4　给排水工程工程量计算学习情境评价表

序号	评价项目	评价标准	满分	评价			综合得分
				自评	互评	师评	
1	卫生器具计量	卫生器具列项正确； 卫生器具工程量计算正确	10				

续表

序号	评价项目	评价标准	满分	评价			综合得分
				自评	互评	师评	
2	管道附件计量	管道附件列项正确； 管道附件工程量计算正确	10				
3	给水管路计量	给水管路计算顺序正确； 给水管路列项正确； 给水管路工程量计算正确	40				
4	排水管路计量	排水管路计算顺序正确； 排水管路列项正确； 排水管路工程量计算正确	30				
5	工作过程	严格遵守工作纪律，按时提交工作成果； 积极参与教学活动，具备自主学习能力； 积极参与小组活动，具备倾听、协作与分享意识	10				

实训任务 1.2　给排水工程工程量清单编制

学习场景描述

按照《建设工程工程量清单计价规范》（GB 50500—2013）和《通用安装工程工程量计算规范》（GB 50856—2013）的有关规定，对图 1-5 所示给排水工程进行工程量清单编制。

图 1-5　职工宿舍楼给排水工程

学习目标

（1）掌握给排水工程工程量清单编制方法。

（2）掌握项目特征描述方法。

（3）掌握清单包含工作内容。

相关知识

1.2.1 需执行其他附录与工程计量规范的情况

（1）对设在高层建筑内的加压泵房或锅炉房，其分界线是泵房或锅炉房的外墙皮，锅炉房外墙皮以外的给排水、采暖管道属于《通用安装工程工程量计算规范》（GB 50856—2013）附录“工程范围”。有关各类泵、风机等传动设备安装工程按本规范附录A进行相关项目编制。泵房、锅炉房内的生活用给排水、采暖工程，属于本规范工程内容。泵房及锅炉房内锅炉配管、软化水管、锅炉供排水、供气、水泵之间的连接管等属于附录H工业管道工程范围。

（2）对于工业管道、生产生活共同管道、锅炉和泵类配管、高层建筑加压泵间管道，应按附录H“工业管道工程”相关项目编码列项。

（3）压力表、温度计安装工程应按附录F“自动化控制仪表安装工程”相关项目编码列项。

（4）凡涉及管道热处理、无损探伤的工作内容，均应按本规范附录H“工业管道工程”相关项目编码列项。

（5）医疗气体管道及附件应按本规范附录H“工业管道工程”相关项目编码列项。

（6）凿槽（沟）、打洞项目应按本规范附录D“电气设备安装工程”中的D.13附属工程相关项目编码列项。

（7）凡涉及管道、设备及支架除锈、刷油、保温的工作内容，除注明者外，均应按本规范附录M“刷油、防腐蚀、绝热工程”相关项目编码列项，本部分将在后面进行专门分析。

1.2.2 执行其他工程类别的项目

（1）室外埋地管道工程还可能涉及管沟及井类的土石方开挖、回填与运输、垫层、基础、砌筑、抹灰、地沟盖板预制安装等，应按《房屋建筑与装饰工程工程量计算规范》（GB 50854—2013）相关项目编码列项。

（2）涉及的路面开挖及修复、管道支墩等项目按《市政工程工程量计算规范》（GB 50857—2013）相关项目编码列项。

1.2.3 执行其他工程类别的项目

（1）《通用安装工程工程量计算规范》（GB 50856—2013）附录K给排水、采暖、燃气工程是指生活用给排水工程、采暖工程、生活用燃气工程安装，以及其管道、附件、配件安装和小型容器制作等。

附录K共101个项目，其中包括暖、卫、燃气的管道安装，管道附件安装，管支架制作安装，暖、卫、燃气器具安装，采暖工程系统调整等项目。

附录K适用于采用工程量清单计价的新建、扩建的生活用给排水、采暖、燃气工程。

（2）关于项目特征。项目特征是工程量清单计价的关键依据之一，项目特征不同，其计价的结果也相应产生差异。因此，招标人在编制工程量清单时，应在可能的情况下明确描述该工程量清单项目的特征。投标人按招标人提出的特征要求计价。

（3）关于计量单位。工程量的计量单位均采用基本单位计量，它与定额的计算单位不一样，编制清单或报价时一定要以表中规定的计量单位计算。因此，计算过程中要将定额单位进行换算。

（4）关于工程内容。安装工程的实体往往是由多个分项工程综合而成的，因此对各清单可能发生的工程项目均做了提示并列在“工程内容”一栏内，供清单编制人员对项目描述时参考。

（5）关于工程量清单计算规则。

① 工程量清单计价的工程项目必须依据工程量计算规则的要求编制。

② 有的工程项目，由于特殊情况不属于工程实体，但在工程量清单计算规则中列有清单项目，所以也可以编制工程量清单，如附录 K 中的采暖空调水工程系统调整项目就属于此种情况。

（6）以下费用可根据需要情况由投标人选择是否计入综合单价。

① 安装物安装高度超高导致施工增加费。

② 设置在管道间、管廊内管道导致施工增加费。

③ 现场浇筑的主体结构配合导致施工增加费。

（7）关于措施项目清单。措施项目清单为工程量清单的组成部分，措施项目可按《建设工程工程量清单计价规范》（GB 50500—2013）中表 F.4 所列项目，根据工程需要情况选择列项。在本附录工程中可能发生的措施项目有：临时设施、安全文明施工、二次搬运、已完工程及设备保护费、脚手架搭拆费。措施项目清单应单独编制，并应按措施项目清单编制要求计价。

（8）编制本附录清单项目如涉及管沟的土石方、垫层、基础、砌筑抹灰、地沟盖板、土石方回填、土石方运输等工程内容时，按《房屋建筑与装饰工程工程量计算规范》（GB 50854—2013）规定的相关项目编制工程量清单。路面开挖及修复、管道支墩、井砌筑等工程内容，按《市政工程工程量计算规范》（GB 50857—2013）规定的有关项目编制工程量清单。

（9）本附录项目如涉及管道油漆、除锈，支架的除锈、油漆，管道的绝热、防腐等工程量清单项目，可参照《江苏省安装工程计价定额》（2014 年版）《十一册 刷油、防腐蚀、绝热工程》中的工、料、机用量计价。

1.2.4 给排水、采暖、燃气管道安装

给排水、采暖、燃气管道工程量清单项目设置、项目特征描述的内容、计量单位及工程计算规则，应按表 1-5 的规定执行。

微课：给排水工程清单编制

表 1-5 给排水、采暖、燃气管道（编码：031001）

项目编码	项目名称	项 目 特 征	计量单位	工程量计算规则	工 作 内 容
031001001	镀锌钢管	1. 安装部位 2. 介质 3. 规格、压力等级	m	按设计图示管道中心线长度以“m”计算	1. 管道安装 2. 管件制作、安装
031001002	钢管				

续表

项目编码	项目名称	项 目 特 征	计量单位	工程量计算规则	工 作 内 容
031001003	不锈钢管	4. 连接形式 5. 压力试验及吹扫、冲洗设计要求 6. 警示带形式	m	按设计图示管道中心线长度以“m”计算	3. 压力试验 4. 吹扫、冲洗 5. 警示带铺设
031001004	铜管				
031001005	铸铁管	1. 安装部位 2. 介质 3. 材质、规格 4. 连接形式 5. 接口材料 6. 压力试验及吹扫、冲洗设计要求 7. 警示带形式			1. 管道安装 2. 管件安装 3. 压力试验 4. 吹扫、冲洗 5. 警示带铺设
031001006	塑料管	1. 安装部位 2. 介质 3. 材质、规格 4. 连接形式 5. 阻火圈设计要求 6. 压力试验及吹扫、冲洗设计要求 7. 警示带形式			1. 管道安装 2. 管件安装 3. 塑料卡固定 4. 阻火圈安装 5. 压力试验 6. 吹扫、冲洗 7. 警示带铺设
031001007	复合管	1. 安装部位 2. 介质 3. 材质、规格 4. 连接形式 5. 压力试验及吹扫、冲洗设计要求 6. 警示带形式			1. 管道安装 2. 管件安装 3. 塑料卡固定 4. 压力试验 5. 吹扫、冲洗 6. 警示带铺设
031001008	直埋式预制保温管	1. 埋设深度 2. 介质 3. 管道材质、规格 4. 连接形式 5. 接口保温材料 6. 压力试验及吹扫、冲洗设计要求 7. 警示带形式			1. 管道安装 2. 管件安装 3. 接口保温 4. 压力试验 5. 吹扫、冲洗 6. 警示带铺设
031001009	承插陶瓷缸瓦管	1. 埋设深度 2. 规格 3. 接口方式及材料 4. 压力试验及吹扫、冲洗设计要求 5. 警示带形式			1. 管道安装 2. 管件安装 3. 压力试验 4. 吹扫、冲洗 5. 警示带铺设
031001010	承插水泥管				

续表

项目编码	项目名称	项目特征	计量单位	工程量计算规则	工作内容
031001011	室外管道碰头	1. 介质 2. 碰头形式 3. 材质、规格 4. 连接形式 5. 防腐、绝热设计要求	处	按设计图示以处计算	1. 挖填工作坑或暖气沟拆除及修复 2. 碰头 3. 接口处防腐 4. 接口处绝热及保护层

注：

1. 安装部位，指管道安装在室内、室外。
2. 输送介质包括给水、排水、中水、雨水、热媒体、燃气、空调水等。
3. 方形补偿器制作安装，应含在管道安装综合单价中。
4. 铸铁管安装适用于承插铸铁管、球墨铸铁管、柔性抗震铸铁管等。
5. 塑料管安装：适用于 U-PVC、PVC、PPC、PPR、PE、PB 管等塑料管材。
6. 复合管安装适用于钢塑复合管、铝塑复合管、钢架复合管等复合型管道安装。
7. 直埋保温管包括直埋保温管件安装及接口保温。
8. 排水管道安装包括立管检查口、透气帽。
9. 室外管道碰头：

（1）适用于新建或扩建工程热源、水源、气源管道与原（旧）有管道碰头；

（2）室外管道碰头包括挖工作坑、土方回填或暖气沟局部拆除及修复；

（3）带介质管道碰头包括开关闸、临时放水管线铺设等费用；

（4）热源管道碰头每处包括供、回水两个接口；

（5）碰头形式指带介质碰头、不带介质碰头。

10. 管道工程量计算不扣除阀门、管件（包括减压器、疏水器、水表、伸缩器等组成安装）及附属构筑物所占长度；方形补偿器以其所占长度列入管道安装工程量。
11. 压力试验按设计要求描述试验方法，如水压试验、气压试验、泄漏性试验、闭水试验、通球试验、真空试验等。
12. 吹扫、冲洗按设计要求描述吹扫、冲洗方法，如水冲洗、消毒冲洗、空气吹扫等。

当采用建设行政主管部门颁布的有关规定计价时，应注意以下事项。

（1）给排水、采暖、燃气管道安装，是按安装部位、介质、规格压力等级、连接形式、压力试验及吹扫、冲洗设计要求、警示带形式等不同特征设置的清单项目。编制工程量清单时，应明确描述各项特征，以便计价，具体应描述以下各项特征。

① 材质应按焊接钢管（镀锌、不镀锌）、无缝钢管、铸铁管（一般铸铁、球墨铸铁）、铜管（T1、T2、T3、H59～H96）、不锈钢管、非金属管（PVC、U-PVC、PPC、PPR、PE、铝塑复合、水泥、陶土、缸瓦管）等不同特征分别编制清单项目。

② 连接方式应按接口形式不同，如螺纹连接、焊接（电弧焊、氧乙炔焊）、承插、卡接、热熔、粘接等不同特征分别列项。

（2）招标人或投标人如采用建设行政主管部门颁布的有关规定为工料计价依据时，应注意以下事项。

① 在《江苏省安装工程计价定额》（2014 年版）《第十册　给排水、采暖、燃气工程》的管道安装定额中，DN32 以下的螺纹连接钢管安装均包括了管卡及托钩的制作安装，该管道若需安装支架，应做相应调整。

②《江苏省安装工程计价定额》(2014 年版)《第十册　给排水、采暖、燃气工程》中凡用法兰连接的阀门、暖、卫、燃气器具均已包括法兰、螺栓的安装，不再单独编制清单项目。

③ 室内铸铁排水管、铸铁雨水管、承插塑料排水管、螺纹连接的燃气管，定额已包括管道支架的制作安装内容，不能再单独编制支架的制作安装清单项目。

④《江苏省安装工程计价定额》(2014 年版)《第十册　给排水、采暖、燃气工程》中的所有管道安装定额除给水承插铸铁管和燃气铸铁管外，均已包括管件的制作安装（焊接连接的为制作管件，螺纹连接和承插连接的为成品管件）工作内容，给水承插铸铁管和燃气承插铸铁管已包含管件安装，管件本身的材料价按图纸需用量另计。除不锈钢管、铜管应列管件安装项目外，其他所有管件安装不编制工程量清单。

⑤ 管道若安装过墙（楼板）钢套管时，按《通用安装工程工程量清单计算规范》（GB 50856—2013）中表 K.2 的规定执行。

⑥ 本节所列不锈钢管、铜管焊接及其管件安装可参照《江苏省安装工程计价定额》(2014 年版)《第八册　工业管道工程》的相应项目计价。

1.2.5　支架及其他制作安装

支架及其他工程量清单项目设置、项目特征描述的内容、计量单位及工程量计算规则，应按表 1-6 的规定执行。

表 1-6　支架及其他（编码：031002）

项目编码	项目名称	项目特征	计量单位	工程量计算规则	工作内容
031002001	管道支架	1. 材质 2. 管架形式	1. kg 2. 套	1. 以“kg”计量，按设计图示质量计算 2. 以“套”计量，按设计图示数量计算	1. 制作 2. 安装
031002002	设备支架	1. 材质 2. 形式			
031002003	套管	1. 名称 2. 材质 3. 规格 4. 填料材质	个	按设计图示数量计算	1. 制作 2. 安装 3. 除锈、刷油

注：

1. 单件支架质量 100kg 以上的管道支吊架执行设备支吊架制作安装。
2. 成品支架安装执行相应管道支架或设备支架项目，不再计取制作费，支架本身价值含在综合单价中。
3. 套管制作安装，适用于穿基础、墙、楼板等部位的防水套管、填料套管、无填料套管及防火套管等，应分别列项。

1.2.6　管道附件制作安装

管道附件工程量清单项目设置、项目特征描述的内容、计量单位及工程量计算规则，应按表 1-7 的规定执行。

表 1-7　管道附件（编码：031003）

<table>
<tr><th>项目编码</th><th>项目名称</th><th>项 目 特 征</th><th>计量单位</th><th>工程量计算规则</th><th>工作内容</th></tr>
<tr><td>031003001</td><td>螺纹阀门</td><td rowspan="3">1. 类型
2. 材质
3. 规格、压力等级
4. 连接形式
5. 焊接方法</td><td rowspan="5">个</td><td rowspan="13">按设计图示数量计算</td><td rowspan="4">1. 安装
2. 电气接线
3. 调试</td></tr>
<tr><td>031003002</td><td>螺纹法兰阀门</td></tr>
<tr><td>031003003</td><td>焊接法兰阀门</td></tr>
<tr><td>031003004</td><td>带短管甲乙阀门</td><td>1. 材质
2. 规格、压力等级
3. 连接形式</td></tr>
<tr><td>031003005</td><td>塑料阀门</td><td>1. 规格
2. 连接形式</td><td>1. 安装
2. 调试</td></tr>
<tr><td>031003006</td><td>减压器</td><td rowspan="2">1. 材质
2. 规格、压力等级
3. 连接形式
4. 附件配置</td><td rowspan="3">组</td><td rowspan="2">组装</td></tr>
<tr><td>031003007</td><td>疏水器</td></tr>
<tr><td>031003008</td><td>除污器（过滤器）</td><td>1. 材质
2. 规格、压力等级
3. 连接形式</td><td rowspan="5">安装</td></tr>
<tr><td>031003009</td><td>补偿器</td><td>1. 类型
2. 材质
3. 规格、压力等级</td><td>个</td></tr>
<tr><td>0310030010</td><td>软接头（软管）</td><td>1. 材质
2. 规格
3. 连接形式</td><td>个
（组）</td></tr>
<tr><td>031003011</td><td>法兰</td><td>1. 材质
2. 规格、压力等级
3. 连接形式</td><td>副
（片）</td></tr>
<tr><td>031003012</td><td>倒流防止器</td><td>1. 材质
2. 型号、规格
3. 连接形式</td><td>套</td></tr>
<tr><td>031003013</td><td>水表</td><td>1. 安装部位（室内外）
2. 型号、规格
3. 连接形式</td><td>组
（个）</td><td>组装</td></tr>
</table>

续表

项目编码	项目名称	项 目 特 征	计量单位	工程量计算规则	工作内容
031003014	热量表	1. 类型 2. 型号、规格 3. 连接形式	块	按设计图示数量计算	安装
031003015	塑料排水管消声器	1. 规格 2. 连接形式	个		
031003016	浮标液面计		组		
031003017	浮漂水位标尺	1. 用途 2. 规格	套		

注：
1. 法兰阀门安装包括法兰连接，不得另计。阀门安装如仅为一侧法兰连接时，应在项目特征中描述。
2. 塑料阀门连接形式需注明热熔连接、粘接、热风焊等方式。
3. 减压器规格按高压侧管道规格描述。
4. 减压器、疏水器、倒流防止器等项目包括组成与安装工作内容，项目特征应根据设计要求描述附件配置情况，根据 ×× 图集或 ×× 施工图做法描述。

1.2.7　卫生器具制作安装

卫生器具工程量清单项目设置、项目特征描述的内容、计量单位及工程量计算规则，应按表 1-8 的规定执行。

表 1-8　卫生器具（编码：031004）

项目编码	项目名称	项 目 特 征	计量单位	工程量计算规则	工作内容
031004001	浴缸	1. 材质 2. 规格、类型 3. 组装形式 4. 附件名称、数量	组	按设计图示数量计算	1. 器具安装 2. 附件安装
031004002	净身盆				
031004003	洗脸盆				
031004004	洗涤盆				
031004005	化验盆	1. 材质 2. 规格、类型 3. 组装形式 4. 附件名称、数量			1. 器具安装 2. 附件安装
031004006	大便器				
031004007	小便器				
031004008	其他成品卫生器具				
031004009	烘手器	1. 材质 2. 型号、规格	个		安装
031004010	淋浴器	1. 材质、规格 2. 组装形式 3. 附件名称、数量	套		1. 器具安装 2. 附件安装
031004011	淋浴间				
031004012	桑拿浴房				

续表

项目编码	项目名称	项 目 特 征	计量单位	工程量计算规则	工作内容
031004013	大、小便槽自动冲洗水箱	1. 材质、类型 2. 规格 3. 水箱配件 4. 支架形式及做法 5. 器具及支架除锈、刷油 6. 设计要求	套	按设计图示数量计算	1. 制作 2. 安装 3. 支架制作、安装 4. 除锈、刷油
031004014	给、排水附（配）件	1. 材质 2. 型号、规格 3. 安装方式	个（组）		安装
031004015	小便槽冲洗管	1. 材质 2. 规格	m	按设计图示长度计算	1. 制作 2. 安装
031004016	蒸汽水加热器	1. 类型 2. 型号、规格 3. 安装方式	套	按设计图示数量计算	
031004017	冷热水混合器				
031004018	饮水器				
031004019	隔油器	1. 类型 2. 型号、规格 3. 安装部位			安装

注：

1. 成品卫生器具项目中的附件安装，主要指给水附件包括水嘴、阀门、喷头等，排水配件包括存水弯、排水栓、下水口等以及配备的连接管。

2. 浴缸支座和浴缸周边的砌砖、瓷砖粘贴，应按现行国家标准《房屋建筑与装饰工程工程量计算规范》（GB 50854—2013）相关项目编码列项；功能性浴缸不含电机接线和调试，应按本规范附录 D 电气设备安装工程相关项目编码列项。

3. 脸盆适用于洗脸盆、洗发盆、洗手盆安装。

4. 器具安装中若采用混凝土或砖基础，应按现行国家标准《房屋建筑与装饰工程工程量计算规范》（GB 50854—2013）相关项目编码列项。

5. 给水、排水附（配）件是指独立安装的水嘴、地漏、地面扫出口等。

1.2.8 采暖、给排水设备

采暖、给排水设备工程量清单项目设置、项目特征描述的内容、计量单位及工程量计算规则，应按表 1-9 的规定执行。

表 1-9 采暖、给排水设备（编码：031006）

项目编码	项目名称	项 目 特 征	计量单位	工程量计算规则	工作内容
031006001	变频给水设备	1. 设备名称 2. 型号、规格 3. 水泵主要技术参数 4. 附件名称、规格、数量 5. 减震装置形式	套	按设计图示数量计算	1. 设备安装 2. 附件安装 3. 调试 4. 减震装置制作、安装
031006002	稳压给水设备				
031006003	无负压给水设备				

续表

项目编码	项目名称	项目特征	计量单位	工程量计算规则	工作内容
031006004	气压罐	1. 型号、规格 2. 安装方式	台	按设计图示数量计算	1. 安装 2. 调试
031006005	太阳能集热装置	1. 型号、规格 2. 安装方式 3. 附件名称、规格、数量	套		1. 安装 2. 附件安装
031006006	地源（水源、气源）热泵机组	1. 型号、规格 2. 安装方式 3. 减震装置形式	组		1. 安装 2. 减震装置制作、安装
031006007	除砂器	1. 型号、规格 2. 安装方式	台		安装
031006008	水处理器	1. 类型 2. 型号、规格			
031006009	超声波灭藻设备				
031006010	水质净化器				
031006011	紫外线杀菌设备	1. 名称 2. 规格			
031006012	热水器、开水炉	1. 能源种类 2. 型号、容积 3. 安装方式			1. 安装 2. 附件安装
031006013	消毒器、消毒锅	1. 类型 2. 型号、规格			安装
031006014	直饮水设备	1. 名称 2. 规格	套		
031006015	水箱	1. 材质、类型 2. 型号、规格	台		1. 制作 2. 安装

注：

1. 变频给水设备、稳压给水设备、无负压给水设备安装，说明如下。

（1）压力容器包括气压罐、稳压罐、无负压罐。

（2）水泵包括主泵及备用泵，应注明数量。

（3）附件包括给水装置中配备的阀门、仪表、软接头，应注明数量，含设备、附件之间管路连接。

（4）泵组底座安装，不包括基础砌（浇）筑，应按现行国家标准《房屋建筑与装饰工程工程量计算规范》（GB 50854—2013）相关项目编码列项。

（5）控制柜安装及电气接线、调试应按本规范附录 D 电气设备安装工程相关项目编码列项。

2. 地源热泵机组，接管以及接管上的阀门、软接头、减震装置和基础另行计算，应按相关项目编码列项。

任务书

按照《建设工程工程量清单计价规范》（GB 50500—2013）和《通用安装工程工程量计算规范》（GB 50856—2013）的有关规定，根据以下工程条件以及实训任务 1.1 计算得到的工程量完成该宿舍楼二层公厕给水管路 2 支管以及污水管路 1 支管、卫生器具、阀门以及套管的清单编制。

（1）生活给水立管及横干管采用钢塑管，丝扣连接（截止阀连接方式也为丝扣连接），生活给水支管采用 PP-R 管，热熔连接，室内污水管采用 U-PVC 实壁管，承插粘接。

（2）给水立管穿楼板时，应设套管。安装在楼板内的套管，其顶部应高出装饰地面 20mm，安装在卫生间及厨房内的套管，其顶部高出装饰地面 50mm，底部应与楼板底面相平。

（3）主要设备材料见表 1-10。

表 1-10　主要设备材料

序号	名　　称	规格	单位
1	自闭式冲洗阀蹲式大便器		套
2	挂式小便器		套
3	残疾人专用坐式大便器		套
4	洗脸盆		套
5	残疾人专用洗脸盆		套
6	阀门	按图	只
7	PVC 地漏	DN50	个
8	洗涤盆		套
9	水表		套
10	截止阀		套

任务分组

根据任务安排，填写表 1-11。

表 1-11　任务分组表

班级		姓名		学号	
组号		指导教师			
组长： 成员：					
小组任务					
个人任务					

工作准备

（1）阅读工作任务，结合项目图纸，明确列项内容。

（2）收集并熟悉《通用安装工程工程量计算规范》（GB 50856—2013）中关于给排水工程工程量清单编制的相关知识。

（3）结合工作任务分析给排水工程工程量清单编制中的难点和常见问题。

任务实施

1. 给水管路清单编制

引导问题 1：在编制给水管路清单时，要根据哪些信息分别列项？

____

引导问题 2：管道清单的工作内容是什么？有什么作用？

____

引导问题3：钢塑管应按__________项目进行清单列项，清单编码为__________，PPR 管应按__________项目进行清单列项，清单编码为__________。

引导问题 4：给水管路清单项目特征中，怎么描述安装部位、介质、规格、压力等级、连接形式、压力试验、吹洗设计要求、警示带形式？

____

____

2. 排水管路清单编制

引导问题 5：在编制排水管路清单时，要根据哪些信息分别列项？

____

引导问题 6：管道清单的工作内容是什么？有什么作用？与给水管路相比有什么区别？

____

引导问题 7：U-PVC 管应按__________项目进行清单列项，清单编码为__________。

引导问题 8：排水管路与给水管路相比在清单项目特征描述中有什么区别？

____

3. 卫生器具清单编制

引导问题 9：残疾人专用洗脸盆应按______________项目进行清单列项，清单编码为______________；洗涤盆应按______________项目进行清单列项，清单编码为__________；地漏应按____________项目进行清单列项，清单编码为__________；自闭式冲洗阀蹲式大便器应按__________项目进行清单列项，清单编码为__________；挂式小便器应按__________项目进行清单列项，清单编码为__________。

引导问题 10：洗脸盆的项目特征描述内容有哪些？清单的工作内容有哪些？洗脸盆清单适用于哪些器具？

____

____

引导问题 11：给、排水附（配）件清单适用于哪些器具？

____

引导问题 12：器具安装中采用的混凝土或砖基础如何处理？

____

引导问题 13：某蹲式大便器采用的是延时自闭冲洗阀，需不需要单独列项？为什么？

____

4. 支架及其他清单编制

引导问题 14：管道支架在什么情况下需要执行设备支吊架制作安装？

____

引导问题 15：正常情况下，哪些部位需要设置套管？套管的规格如何确定？

____

引导问题 16：套管清单适用于哪些类型套管？

____

引导问题 17：支架应按__________项目进行清单列项，清单编码为__________；套管应按__________项目进行清单列项，清单编码为__________。

5. 管道附件清单编制

引导问题 18：螺纹阀门和螺纹法兰阀门分别适用于哪些规格的阀门？

____

引导问题 19：螺纹阀门和螺纹法兰阀门清单项目特征怎么描述？清单的工作内容有哪些？

____

引导问题 20：规格小于 DN100 的阀门应按__________项目进行清单列项，清单编码为__________。

评价反馈

根据学习情况，完成表 1-12。

表 1-12　给排水工程工程量清单编制学习情境评价表

序号	评价项目	评价标准	满分	评价			综合得分
				自评	互评	师评	
1	给水管路清单编制	列项完整，不漏项； 项目编码、项目名称、项目特征、计量单位及工程量完整且准确	20				
2	排水管路清单编制	列项完整，不漏项； 项目编码、项目名称、项目特征、计量单位及工程量完整且准确	20				

续表

序号	评价项目	评价标准	满分	评价			综合得分
				自评	互评	师评	
3	卫生器具清单编制	列项完整，不漏项； 项目编码、项目名称、项目特征、计量单位及工程量完整且准确	20				
4	支架及其他清单编制	列项完整，不漏项； 项目编码、项目名称、项目特征、计量单位及工程量完整且准确	15				
5	管道附件清单编制	列项完整，不漏项； 项目编码、项目名称、项目特征、计量单位及工程量完整且准确	15				
6	工作过程	严格遵守工作纪律，按时提交工作成果； 积极参与教学活动，具备自主学习能力； 积极参与小组活动，具备倾听、协作与分享意识	10				

实训任务 1.3　给排水工程综合单价编制

学习场景描述

按照《建设工程工程量清单计价规范》（GB 50500—2013）、《通用安装工程工程量计算规范》（GB 50856—2013）、《江苏省安装工程计价定额》（2014 年版）、《江苏省建设工程费用定额》（2014 年版）和《江苏省建设工程费用定额》（2014 年版）营改增后调整内容的有关规定，对图 1-6 所示给排水工程工程量进行综合单价编制。

图 1-6　职工宿舍楼给排水工程

学习目标

（1）掌握给排水工程综合单价编制方法。

（2）掌握定额子目套取方法。

（3）掌握江苏省建设工程费用定额正确使用方法。

相关知识

1.3.1 计价定额中用系数计算的费用

1. 高层建筑增加费

高层建筑是指层数在 6 层以上或高度在 20m 以上（不含 6 层、20m）的工业与民用建筑。高层建筑增加费是指高层建筑施工应增加的费用，详见表 1-13。

高层建筑的高度或层数以室外设计标高 ±0.000 至檐口（不包括屋顶水箱间、电梯间、屋顶平台出入口等）高度计算，不包括地下室的高度和层数，半地下室也不计算层数。高层建筑增加费的计取范围有：给排水、采暖、燃气、电气、消防及安全防范、通风空调等工程。

在计算高层建筑增加费时，应注意下列几点。

（1）计算基数包括 6 层或 20m 以下的全部人工费，并且包括定额各章、节中所规定的应按系数调整的子目中人工调整部分的费用。

（2）同一建筑物有部分高度不同时，可分别按不同高度计算高层建筑增加费。

（3）在高层建筑施工中，同时又符合超高施工条件的，可同时计算高层建筑增加费和超高增加费。

表 1-13 高层建筑增加费费率表

层数	9 层以下 (30m)	2 层以下（40m）	15 层以下 (50m)	18 层以下（60m）	21 层以下 (70m)	24 层以下 (80m)	27 层以下 (90 m)	30 层以下 (100m)	33 层以下 (110m)
按人工费的 /%	12	17	22	27	31	35	40	44	48
其中人工工资占 /%	17	18	18	22	26	29	33	36	40
机械费占 /%	83	82	82	78	74	71	68	64	60
层数	36 层以下 (120m)	40 层以下 (130m)	42 层以下 (140m)	45 层以下 (150m)	48 层以下 (160m)	51 层以下 (170m)	54 层以下 (180m)	57 层以下 (190m)	60 层以下 (200m)
按人工费的 /%	53	58	61	65	68	70	72	73	75
其中人工工资占 /%	42	43	46	48	50	52	56	59	61
机械费占 /%	58	57	54	52	50	48	44	41	39

2. 超高增加费

《江苏省安装工程计价定额》(2014 年版)中工作物操作高度以 3.6m 为界线，如超过 3.6m 时其超高部分（指由 3.6m 至操作物高度）的定额人工费应乘以超高系数计取超高费。超高增加费系数值见表 1-14。

表 1-14　超高增加费系数值

标高 ±/m	3.6 ～ 8	3.6 ～ 12	3.6 ～ 16	3.6 ～ 20
超高系数	1.10	1.15	1.20	1.25

操作物高度规定：有楼层的按楼地面至操作物的距离，无楼层的按操作地点至操作物的距离。

3. 脚手架搭拆费

《江苏省安装工程计价定额》(2014 年版)《第十册　给排水、采暖、燃气工程》脚手架搭拆费按人工费的 5% 计取，其中人工工资占 25%，材料费占 75%。

各册定额在测算脚手架搭拆系数时均已考虑各专业工种交叉作业、互相利用脚手架的因素。因此，无论工程实际是否搭拆或搭拆数量多少，均按定额规定系数计算脚手架搭拆费，由企业包干使用。

脚手架搭拆费不属于工程实体内容，应属于措施项目费用，可计入措施项目清单，属于竞争费用。

4. 安装与生产同时进行增加的费用

该费用计取的条件是安装与生产同时进行，指改扩建工程或在生产地点施工时，因生产操作或生产条件限制，干扰了安装工程的正常进行而增加的降效费用。该费用不包括为保证安全生产和施工所采取的措施费用。

安装与生产同时进行增加费用的计算方法为按单位工程全部人工费的 10% 计取，其中人工工资占 100%。安装与生产同时进行增加费应计入相应的分部分项工程综合单价中，而且属于综合单价中的人工费增加。

5. 在有害身体健康的环境中施工增加的费用

在有害身体健康的环境中施工增加的费用是指在《中华人民共和国民法典》有关规定允许的前提下，由于车间、装置范围内有害气体或高分贝的噪声超过国家标准以致影响身体健康而增加的费用。

在有害身体健康的环境中施工增加的费用计算方法为按单位工程全部人工费的 10% 计取，其中人工工资占 100%。安装与生产同时进行增加费应计入相应的分部分项工程综合单价中，而且属于综合单价中的人工费增加。

6. 设置于管道间、管廊内的管道、阀门、法兰、支架安装

设置于管道间、管廊内的管道、阀门、法兰、支架安装，人工费乘以系数 1.3。这是指一些高级建筑、宾馆、饭店等安装的暖气、给排水管道，阀门、法兰、支架等进入管道间的工程部分。这部分费用属于分部分项工程综合单价的增加。

1.3.2 给排水、采暖、燃气管道安装计价定额套用的有关说明

1. 定额套用的有关说明

适用范围：适用于室内外生活用给水、排水、雨水、采暖热源管道、低压燃气管道、室外直埋式预制保温管道的安装。

2. 定额包含的工作内容

（1）场内搬运，检查清扫。

（2）管道及接头零件安装。

（3）水压试验或灌水试验；燃气管道的气压试验。

（4）室内 DN32 以内钢管，包括管卡及托钩制作安装。

（5）钢管包括弯管制作与安装（伸缩器除外），无论是现场煨制还是成品弯管，均不得换算。

（6）铸铁排水管、雨水管及塑料排水管均包括管卡及托吊支架、臭气帽、雨水漏斗制作与安装。

3. 定额不包含的工作内容

（1）室内外管道沟土方及管道基础。

（2）管道安装中不包括法兰、阀门及伸缩器的制作安装，按相应项目另行计算。

（3）室内外给水、雨水铸铁管包括接头零件所需的人工，但接头零件的价格应另行计算。

（4）DN32 以上的管道支架按《第十册　给排水、采暖、燃气工程》第二章定额另行计算。

（5）燃气管道的室外管道所有带气碰头。

4. 燃气管道

（1）承插煤气铸铁管（柔性机械接口）安装，定额内未包括接头零件，可按设计数量另行计算，但人工、机械不变。

（2）承插煤气铸铁管是以 N1 型和 X 型接口形式编制的。如果采用 N 型和 SMJ 型接口时，其人工费乘以系数 1.05；当安装 X 型、ϕ400mm 铸铁管接口时，每个接口增加螺栓 2.06 套，人工费乘以系数 1.08。

（3）燃气输送压力（表压）分级详见表 1-15。燃气输送压力大于 0.2MPa 时，承插煤气铸铁管安装定额中人工费乘以系数 1.3。

表 1-15　燃气输送压力（表压）分级

名称	低压燃气管道	中压燃气管道		高压燃气管道	
		B	A	B	A
压力 /MPa	$p \leqslant 0.005$	$0.005 < p \leqslant 0.2$	$0.2 < p \leqslant 0.4$	$0.4 < p \leqslant 0.8$	$0.8 < p \leqslant 1.6$

5. 直埋式预制保温管道及管件

（1）直埋式预制保温管安装由管道安装、外套管碳钢哈夫连接、管件安装三部分组成。

（2）预制保温管的外套管管径按芯管管径乘以 2 进行测算，定额套用时，只按芯管管径大小套用相应的定额，外套管的实际管径无论大小均不做调整。

（3）定额编制时，芯管为氩电联焊，外套管为电弧焊，实际施工时，焊接方式不同，定额不做调整。

（4）本定额的工作内容中不含路面开挖、沟槽开挖、垫层施工、沟槽土方回填、路面修复等工作内容，发生时，套用《江苏省建筑与装饰工程计价定额》（2014 年版）或《江苏省市政工程计价定额》（2014 年版）。

（5）管道安装定额的工作内容中不含芯管的水压试验，芯管连接部位的焊缝探伤、防腐及保温材料的填充，发生时，套用《江苏省安装工程计价定额》（2014 年版）中的《第八册　工业管道工程》及《第十一册　刷油、防腐蚀、绝热工程》的相应定额。

（6）外套管碳钢哈夫连接定额的工作内容中不含焊缝探伤、焊缝防腐，发生时，套用《江苏省安装工程计价定额》（2014 年版）中的《第八册　工业管道工程》及《第十一册　刷油、防腐蚀、绝热工程》的相应定额。

（7）管件安装中若涉及焊缝探伤，保温材料的填充，焊缝防腐等工作内容，另套《江苏省安装工程计价定额》（2014 年版）中的《第八册　工业管道工程》及《第十一册　刷油、防腐蚀、绝热工程》的相应定额。

6. 本章定额其他说明

（1）与本章管道安装工程相配套的室内外管道沟的挖土、回填、夯实、管道基础等，执行《江苏省建筑与装饰工程计价定额》（2014 年版）。

（2）室外、室内塑料给水管（粘接连接、热熔连接）定额已含零件施工费用，但不含接头零件材料费用，接头零件材料费用的确定方式（数量及单价）需在招标文件或合同中明确。

（3）PP-R 管内衬铜材和不锈钢材质复合管的连接，因与普通 PP-R 管采用相同的热熔连接，故其套用定额方法同上。

（4）承插塑料空调凝结水管、雨水管（零件粘接），参照相关资料，经综合测算后进行编制。该条子目适用于室内外塑料雨水管道敷设；室内、外空调凝结水管的敷设。

1.3.3　管道支架及其他

（1）单件支架质量 100kg 以上的管道支架，执行设备支架制作、安装项目。

（2）成品支架安装执行相应管道支架或设备支架安装项目，不再计取制作费。

（3）套管制作安装，适用于穿基础、墙、楼板等部位的防水套管、填料套管、无填料套管及防火套管等，分别套用相应的定额。

（4）本章中的刚性防水套管制作安装，适用于一般工业及民用建筑中有防水要求的套管制作安装；工业管道、构筑物等有防水要求的套管，执行《第八册　工业管道工程》的相应定额。在套用套管制作、安装定额时，套管的规格应按实际套管的直径选用定额（一般应比穿过的管道大两号）。

（5）弹簧减震器定额适用于各类减震器安装。

1.3.4 管道附件

（1）螺纹阀门安装适用于各种内外螺纹连接的阀门安装。

（2）法兰阀门安装适用于各种法兰阀门的安装，如仅为一侧法兰连接时，定额中的法兰、带帽螺栓及钢垫圈数量减半。

（3）各种法兰连接用垫片均按石棉橡胶板计算。如用其他材料，不做调整。

（4）减压器、疏水器组成与安装是按《采暖通风国家标准图集》（N108）编制的，如实际组成与此不同时，阀门和压力表数量可按实际调整，其余不变。

（5）低压法兰式水表安装定额包含一副平焊法兰安装，不包括阀门安装。

（6）浮标液面计FQ-Ⅱ型安装是按《采暖通风国家标准图集》（N102-3）编制的。

（7）水塔、水池浮漂水位标尺制作安装，是按《全国通用给水排水标准图集》（S318）编制的。

1.3.5 卫生器具

1. 定额套用有关说明

（1）本章所有卫生器具安装项目，均参照《全国通用给水排水标准图集》中有关标准图集计算，除以下说明者外，设计无特殊要求均不做调整。

（2）成组安装的卫生器具，定额均已按标准图集计算了与给水、排水管道连接的人工和材料。

（3）浴盆安装适用于各种型号的浴盆，但浴盆支座和浴盆周边的砌砖、瓷砖粘贴应另行计算。

（4）淋浴房安装定额包含了相应的龙头安装。

（5）洗脸盆、洗手盆、洗涤盆适用于各种型号。

（6）不锈钢洗槽为单槽，若为双槽，按单槽定额的人工乘以1.20计算。本子目也适用于瓷洗槽。

（7）台式洗脸盆定额不含台面安装，发生时套用相应的定额。已含支撑台面所需的金属支架制作安装，若设计用量超过定额含量的，可另行增加金属支架的制作安装。

（8）化验盆安装中的鹅颈水嘴、化验单嘴、双嘴适用于成品件安装。

（9）洗脸盆肘式开关安装不分单双把均执行同一项目。

（10）脚踏开关安装包括弯管和喷头的安装人工和材料。

（11）高（无）水箱蹲式大便器，低水箱坐式大便器安装，适用于各种型号。

（12）小便槽冲洗管制作安装定额中，不包括阀门安装，可按相应项目另行计算。

（13）小便器带感应器定额适用于挂式、立式等各种安装形式。

（14）淋浴器铜制品安装适用于各种成品淋浴器安装。

（15）大、小便槽水箱托架安装已按标准图集计算在定额内，不得另行计算。

（16）冷热水带喷头淋浴龙头适用于仅单独安装淋浴龙头。

（17）感应龙头不分规格，均套用感应龙头安装定额。

（18）容积式水加热器安装，定额内已按标准图集计算了其中的附件，但不包括安全阀安装、本体保温、刷油和基础砌筑。

（19）蒸汽-水加热器安装项目中，包括了莲蓬头安装，但不包括支架制作安装，阀门和疏水器安装，可按相应项目另行计算。

（20）冷热水混合器安装项目中包括了温度计安装，但不包括支座制作安装，可按相应项目另行计算。

2. 卫生器具安装定额中的未计价材料

（1）浴盆安装，未计价材料包括：浴盆、冷热水龙头或冷热水混合水龙头、排水配件、蛇形管带喷头、喷头卡架和喷头挂钩等。

（2）洗脸盆安装，未计价材料包括：洗脸盆、水龙头及排水配件。

（3）洗涤盆安装，未计价材料包括：洗涤盆、水龙头。

（4）蹲式普通冲洗阀大便器安装，未计价材料包括：大便器，高水箱蹲式大便器安装；未计价材料包括：水箱及冲洗配件、大便器。

（5）坐式低水箱大便器安装，未计价材料包括：坐式便器、瓷质低水箱（或高水箱）、冲洗配件。

（6）普通挂式小便器安装，未计价材料包括：小便斗，挂斗式自动冲洗水箱安装；未计价材料包括：小便斗、瓷质高水箱、全套控制配件。

（7）立式及自动冲洗小便器安装，未计价材料包括：小便器、全套自动控制配件。

（8）小便槽冲洗管制作安装，控制阀门计算在管网阀门中。

（9）淋浴器安装，钢管组成淋浴器的未计价材料包括：莲蓬头，而两个调节截止阀为已计价材料；铜管制品冷热水淋浴器的未计价材料包括：全套成品铜淋浴器。

1.3.6　供暖器具

（1）本节参照1993年《全国通用暖通空调标准图集》（T9N112）“采暖系统及散热器安装”编制。

（2）各类型散热器不分明装或暗装，均按类型分别编制，柱形散热器为挂装时，可执行M132项目。

（3）柱型和M132型铸铁散热器安装用拉条时，拉条另行计算。

（4）定额中列出的接口密封材料，除圆翼汽包垫采用橡胶石棉板外，其余均采用成品汽包垫，如采用其他材料，不做换算。

（5）光排管散热器制作、安装项目，单位每10m是指光排管长度，联管作为材料已列入定额，不得重复计算。

（6）板式、壁板式散热器，已计算了托钩的安装人工和材料，闭式散热器，如主材价不包括托钩者，托钩价格另行计算。

（7）采暖工程暖气片安装定额中未包含其两端的阀门，可以按其规格，另套用阀门安装定额相应子目。

1.3.7　采暖、给排水设备

（1）本节参照《全国通用给水排水标准图集》（S151、S342）及《全国通用采暖通风图集》（T905、T906）编制，适用于给排水、采暖系统中一般低压碳钢容器的制作和安装。

（2）太阳能热水器安装中已含支架制作安装，若设计用量超过定额含量的，可另行增加金属支架的制作安装。

（3）电热水器、电开水炉安装定额内只考虑了本体安装，连接管、连接件等可按相应项目另行计算。

（4）饮水器安装的阀门和脚踏开关安装，可按相应项目另行计算。

（5）各种水箱连接管，均未包括在定额内，可执行室内管道安装的相应项目。

（6）各类水箱均未包括支架制作安装，如为型钢支架，套用本册第二章相应定额；若为混凝土或砖支座，套用《江苏省建筑与装饰工程计价定额》（2014 年版）。

（7）水箱制作包括水箱本身及人孔的重量。水位计内外人梯均未包括在定额内，发生时可另行计算。

1.3.8 燃气器具及其他

（1）本节包括燃气加热设备、燃气表、民用灶具、公用炊事灶具、燃气嘴、燃气附件的安装。

（2）沸水器、消毒器适用于容积式沸水器、自动沸水器、燃气消毒器等。

（3）燃气计量表安装，不包括表托、支架、表底基础。

（4）燃气加热器具只包括器具与燃气管终端阀门连接，其他执行相应定额。

（5）燃气灶具适用于人工煤气灶具、液化石油气灶具、天然气燃气灶具等，用途应描述民用或公用，类型应描述所采用气源。

1.3.9 其他零星工程

（1）本节内容主要为配管砖墙刨沟、配管混凝土刨沟、砖墙打孔、混凝土墙及楼板打孔等。

（2）《江苏省安装工程计价定额》（2014 年版）已综合考虑了配合土建施工的留洞留槽、修补洞槽的材料和人工，列在相应定额的其他材料费内。二次施工中发生的配管砖墙刨沟、配管混凝土刨沟、砖墙打孔、混凝土墙及楼板打孔，适用本节定额的相应内容。

（3）砖墙打孔，混凝土墙、楼板打孔，适用于机械打孔。若为人工打孔，执行修缮定额。

（4）管道沟挖、填土执行《江苏省建筑与装饰工程计价定额》（2014 年版）。

例题解析

给排水综合单价编制例题解析

任务书

结合图纸信息以及实训任务 1.2 完成的给排水工程工程量清单编制宿舍楼二层公厕给水管路 2 支管以及污水管路 1 支管、卫生器具、阀门以及套管的综合单价，其中主材价格见表 1-16。

表 1-16 主材价格

序号	材料设备名称	规格	单位	单价	备注
1	钢塑复合管	DN50	m	62	
2	钢塑复合管	DN40	m	48	
3	钢塑复合管	DN32	m	41	
4	钢塑复合管	DN25	m	30	
5	钢塑复合管	DN20	m	23	
6	钢塑复合管	DN15	m	17	
7	承插塑料排水管	DN50	m	6	
8	承插塑料排水管	DN110	m	21	
9	承插塑料排水管件	DN50	m	3	
10	承插塑料排水管件	DN110	m	10.5	
11	铜螺纹截止阀	DN50	个	65	
12	普通地漏	DN50	个	5	
13	蹲式陶瓷大便器		套	260	
14	普通型陶瓷小便器挂式		套	400	
15	延时自闭冲洗阀	DN25	个	180	
16	角阀	DN15	个	25	
17	金属软管		个	4	
18	洗脸盆		套	300	
19	扳把式脸盆水嘴		套	180	
20	洗脸盆下水口（铜）		个	30	

任务分组

根据任务安排，填写表 1-17。

表 1-17 任务分组表

班级		姓名		学号	
组号		指导教师			

组长：
成员：

小组任务	
个人任务	

工作准备

（1）熟悉工作任务，结合项目图纸以及实训任务 1.2 完成的清单，明确综合单价编制任务。

（2）收集并熟悉《通用安装工程工程量计算规范》（GB 50856—2013）、《江苏省安装工程计价定额》（2014 年版）、《江苏省建设工程费用定额》（2014 年版）及营改增后调整内容中关于给排水工程综合单价的相关知识。

（3）结合工作任务分析给排水工程综合单价编制中的难点和常见问题。

任务实施

1. 给水管路综合单价编制

引导问题 1：综合单价的组成是什么？安装工程中管理费和利润的计算基础是什么？它们的费率要如何确定？

______

______

引导问题 2：安装工程在计算清单综合单价时，其主材费应如何计算？

______

引导问题 3：钢塑复合管在套取定额子目时，要根据哪些信息确定？

______

引导问题 4：给水管路清单项目特征与定额工作内容对比，查看管路定额工作内容是否已完成给水管路清单项目特征中所有内容，如果没有，要怎么处理？

______

2. 排水管路综合单价编制

引导问题 5：U-PVC 管在套取定额子目时，要根据哪些信息确定？

______

引导问题6：在编制排水管路综合单价时，是否要单独套通球试验定额子目？为什么？

______

3. 卫生器具综合单价编制

引导问题 7：洗脸盆在套取定额子目时，要根据哪些信息确定？

______

引导问题 8：蹲式大便器在套取定额子目时，要根据哪些信息确定？

引导问题 9：挂式小便器在套取定额子目时，要根据哪些信息确定？

引导问题 10：洗涤盆在套取定额子目时，要根据哪些信息确定？

引导问题 11：地漏在套取定额子目时，要根据哪些信息确定？

引导问题 12：坐便器在套取定额子目时，要根据哪些信息确定？

引导问题 13：残疾人专用洗脸盆在套取定额子目时，要根据哪些信息确定？

引导问题 14：在编制卫生器具综合单价时，如何处理其中的未计价材料？

4. 支架及其他综合单价编制

引导问题 15：管道支架在套取定额子目时，要根据哪些信息确定？

引导问题 16：设备支架在套取定额子目时，要根据哪些信息确定？

引导问题 17：套管在套取定额子目时，要根据哪些信息确定？

引导问题 18：假设根据规定确认套管规格为 DN75，但在套取定额子目时，发现并没有 DN75 套管规格，要如何处理？

5. 管道附件综合单价编制

引导问题 19：阀门在套取定额子目时，要根据哪些信息确定？

引导问题 20：疏水器在套取定额子目时，要根据哪些信息确定？

引导问题 21：水表在套取定额子目时，要根据哪些信息确定？

引导问题 22：如果根据图纸获知某水表节点有一个截止阀，那么该截止阀是否需要计量？为什么？

评价反馈

根据学习情况，完成表 1-18。

表 1-18 给排水工程综合单价编制学习情境评价表

序号	评价项目	评价标准	满分	评价			综合得分
				自评	互评	师评	
1	给水管路综合单价编制	给水管路套取定额子目正确； 给水管路综合单价计算正确	20				
2	排水管路综合单价编制	排水管路套取定额子目正确； 排水管路综合单价计算正确	20				
3	卫生器具综合单价编制	卫生器具套取定额子目正确； 卫生器具综合单价计算正确	20				
4	支架及其他综合单价编制	支架及其他套取定额子目正确； 支架及其他综合单价计算正确	15				
5	管道附件综合单价编制	管道附件套取定额子目正确； 管道附件综合单价计算正确	15				
6	工作过程	严格遵守工作纪律，按时提交工作成果； 积极参与教学活动，具备自主学习能力； 积极参与小组活动，具备倾听、协作与分享意识	10				

实训任务 1.4 给排水工程广联达算量

学习场景描述

按照《建设工程工程量清单计价规范》(GB 50500—2013)、《通用安装工程工程量计算规范》(GB 50856—2013)和《江苏省安装工程计价定额》(2014 年版)，完成图 1-7 所示的江苏城乡建设职业学院教职工宿舍楼给排水工程软件建模及计量，掌握广联达 BIM 安装计量软件计量方法。

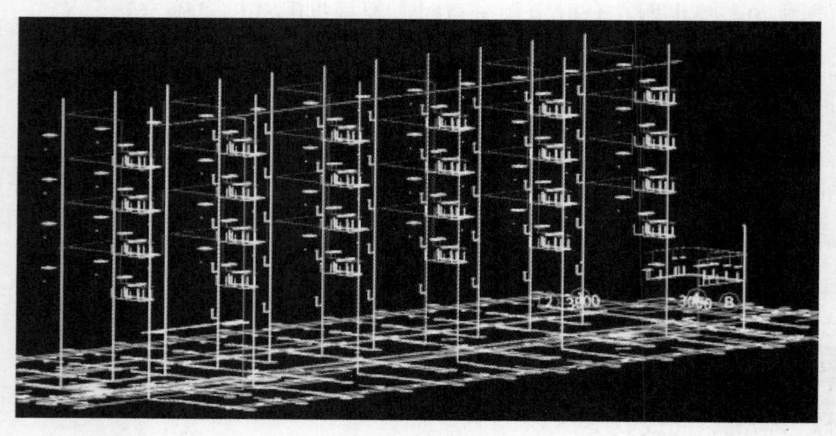

图 1-7 职工宿舍楼给排水工程模型

学习目标

（1）了解软件算量的基本原理和特点，掌握软件算量的基本流程。

（2）掌握软件算量基本功能应用。

相关知识

1.4.1　工程信息

给排水工程施工图

给排水工程采用的图纸为江苏城乡建设职业学院职工宿舍楼给排水工程施工图，本建筑为六层，第一层地面标高为 ±0.000m，一层、二层层高都为 3.2m，其他楼层层高都为 3m。

该施工图共有“设计说明及材料表”“一、二、三、四、五、六及屋面给排水平面图”“卫生间给排水详图”“给排水及雨水原理图”。给水管道采用 PPR 管，热熔连接；排水管道采用 U-PVC 实壁管，承插连接。

双击快捷图标，运行广联达BIM安装计量GQI2021，展开软件界面，如图 1-8 所示。

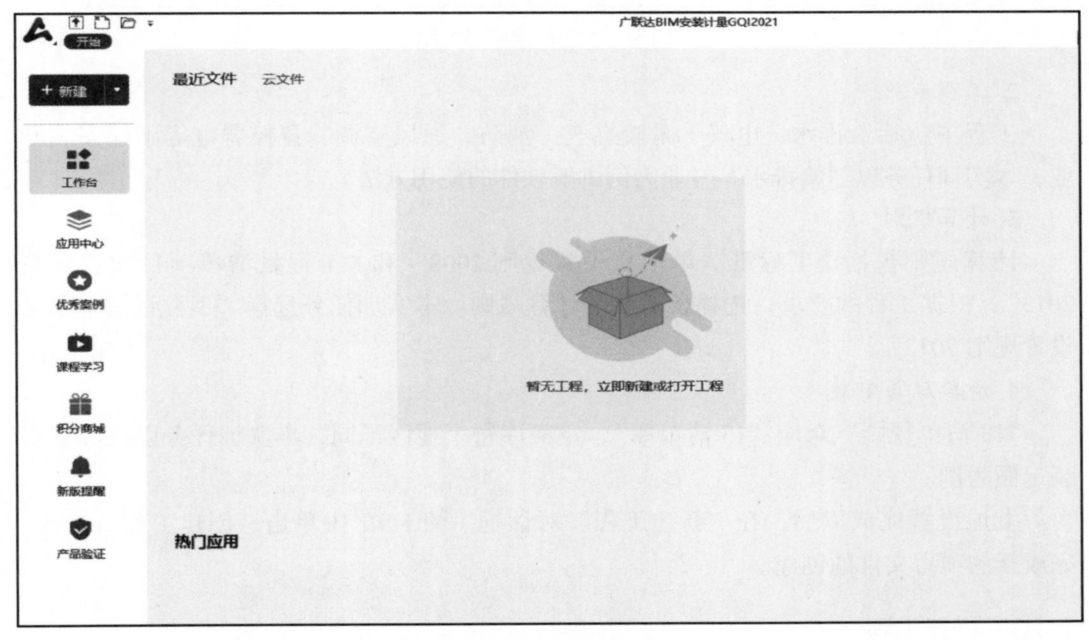

图 1-8　软件打开时对话框

1.4.2　立即新建

微课：新建及打开工程

在软件打开时的对话框中单击“立即新建”按钮，会弹出“新建工程”对话框，如图 1-9 所示。

1. 工程名称

一般用“图纸名称 + 专业”作为工程名称，保存时会作为默认的文件名。

新建工程

工程名称 工程1

工程专业 全部 ...

选择专业后软件能提供更加精准的功能服务

计算规则 工程量清单项目设置规则(2013)

清单库 [无]

定额库 [无]

请选择清单库、定额库，否则会影响套做法与材料价格的使用

算量模式 ○ 简约模式：快速出量

◉ 经典模式：BIM算量模式

创建工程 取消

图 1-9 “新建工程”对话框

2. 工程专业

工程中包括给排水、电气、采暖燃气、消防、通风空调、智控弱电等不同安装专业，本实训任务以“给排水”专业为例讲解软件的使用方法。

3. 计算规则

计算规则包括“工程量清单项目设置规则 2008”和“工程量清单项目设置规则 2013”，根据工程的要求，选择所需要的计算规则。本实训任务选择“工程量清单项目设置规则 2013”。

4. 清单库与定额库

“13 清单规则”对应“13 清单库”，定额库每个地区不同，本实训任务以江苏省安装定额为例。

上述设置完成以后，在“新建工程”对话框（图 1-9）中单击“创建工程”按钮，完成新的项目文件的创建。

1.4.3 打开工程

如图 1-8 所示，单击“打开工程”按钮，会弹出“打开”对话框（图 1-10），可以从本对话框中找出之前所保存的工程文件，继续编辑。

1.4.4 工程设置

如图 1-11 所示，“工程设置”选项卡有五个功能按钮，分别是“工程信息”“楼层设置”“设计说明”“其他设置”“计算设置”。

微课：工程设置

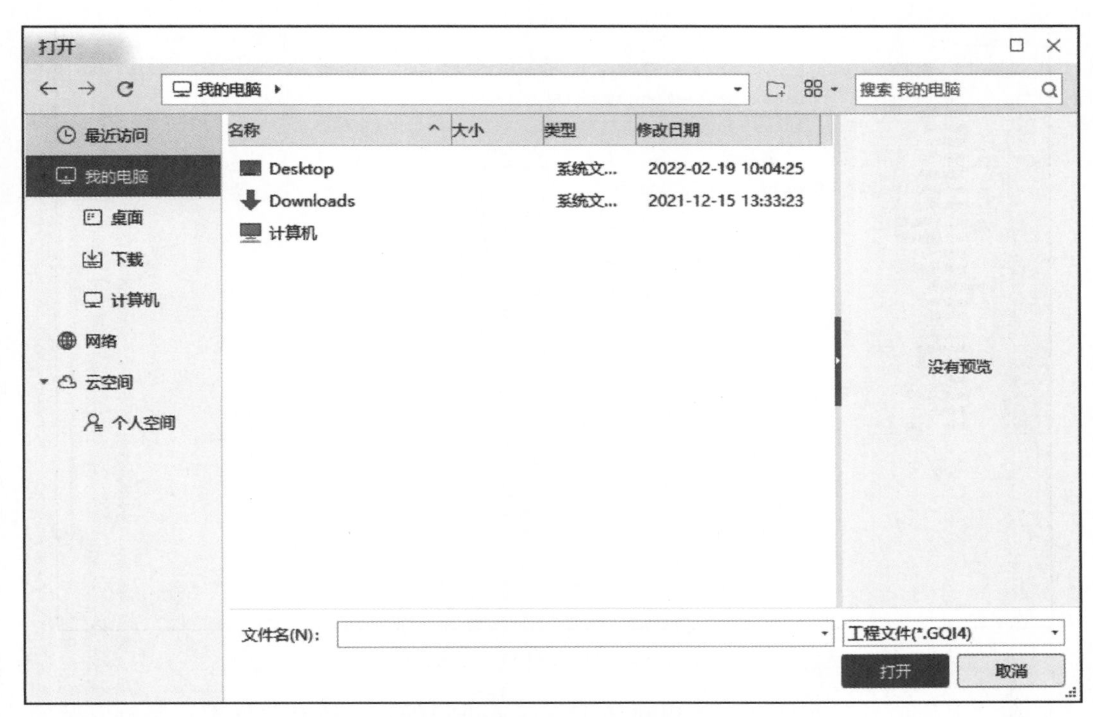

图 1-10 “打开”对话框

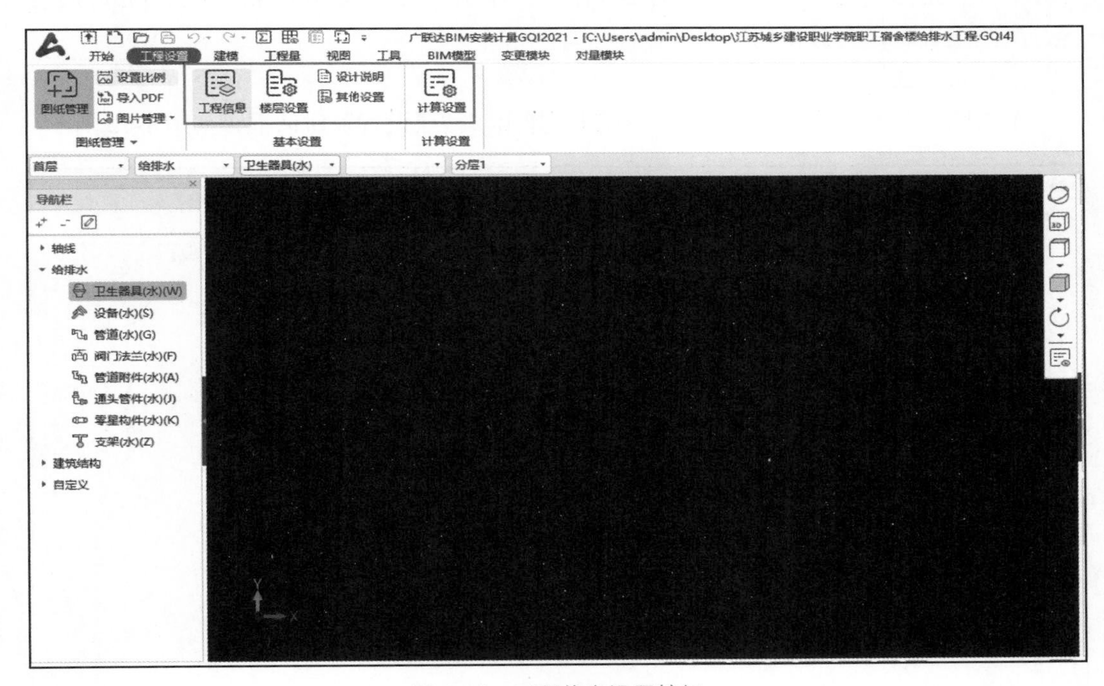

图 1-11 工程信息设置按钮

1. 工程信息

单击“工程信息”按钮，弹出“工程信息”对话框，如图 1-12 所示。

工程信息

	属性名称	属性值
1	⊟ 工程信息	
2	工程名称	江苏城乡建设职业学院职工宿舍楼给排水工程
3	计算规则	工程量清单项目设置规则(2013)
4	清单库	[无]
5	定额库	[无]
6	项目代号	
7	工程类别	住宅
8	结构类型	框架结构
9	建筑特征	矩形
10	地下层数(层)	
11	地上层数(层)	
12	檐高(m)	35
13	建筑面积(m2)	
14	⊟ 编制信息	
15	建设单位	
16	设计单位	
17	施工单位	
18	编制单位	
19	编制日期	2022-02-19
20	编制人	
21	编制人证号	
22	审核人	
23	审核人证号	

图 1-12 “工程信息”对话框

在“工程信息”对话框中可以对该工程信息进行编辑，所有属性都不影响安装的计算结果，这里信息的填写只是为了起到标识的作用，根据实际工程情况填写相应的内容，汇总报表时，会链接到报表里。

2. 楼层设置

单击图 1-11 所示的“楼层设置”按钮，弹出“楼层设置”对话框，如图 1-13 所示。

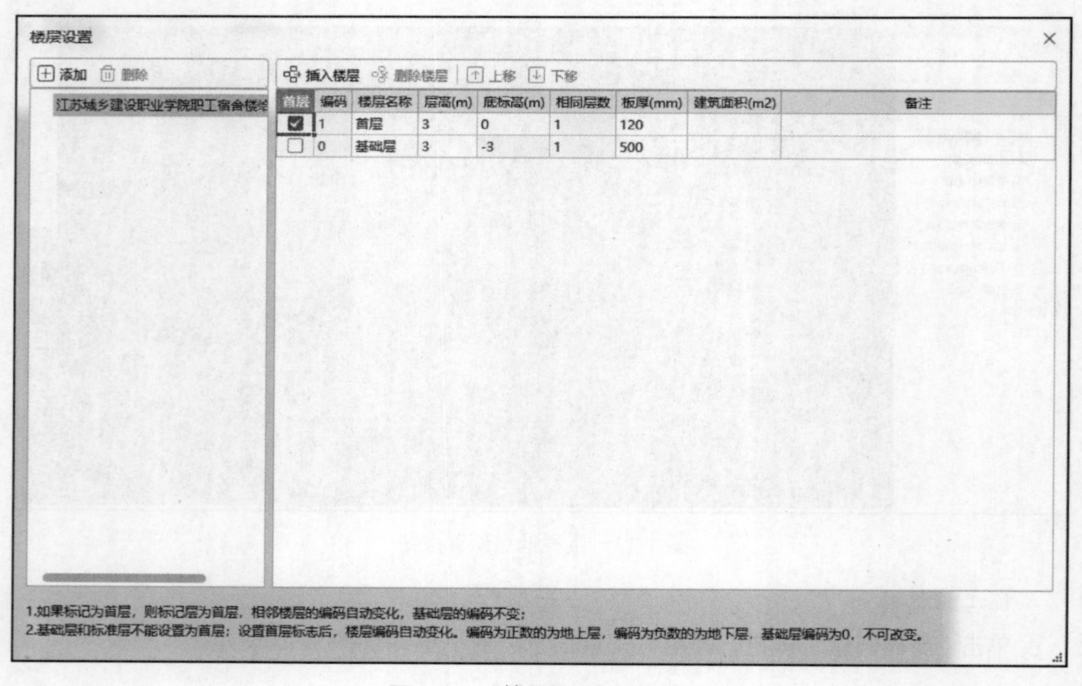

图 1-13 “楼层设置”对话框

由图 1-13 可见，软件默认的有“首层”和“基础层”两个楼层信息。结合本工程实际情况，显然无法满足要求，需要添加楼层。

特别提示

软件中默认单击首层后插入楼层是往地上插入楼层，单击基础层后插入楼层是往地下插入楼层。楼层表中只有首层底标高可以修改，其他楼层的底标高都是通过修改层高的方式修改。

根据工程信息，单击带有“首层”这一行，单击“插入楼层”按钮，每单击一次就会增加一行楼层信息，本工程有六层，插入完成以后如图 1-14 所示。然后根据工程的实际层高情况，修改楼层信息，主要是层高的修改，完成以后如图 1-15 所示。

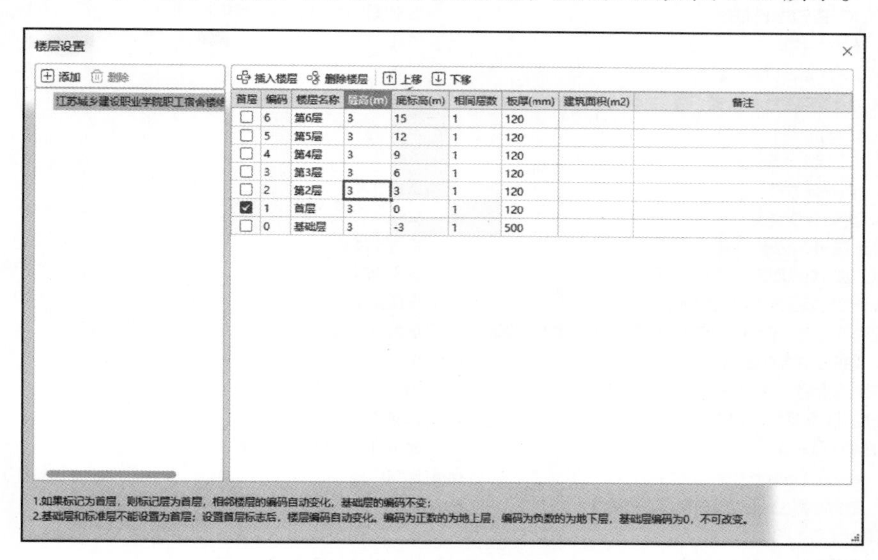

图 1-14　插入楼层

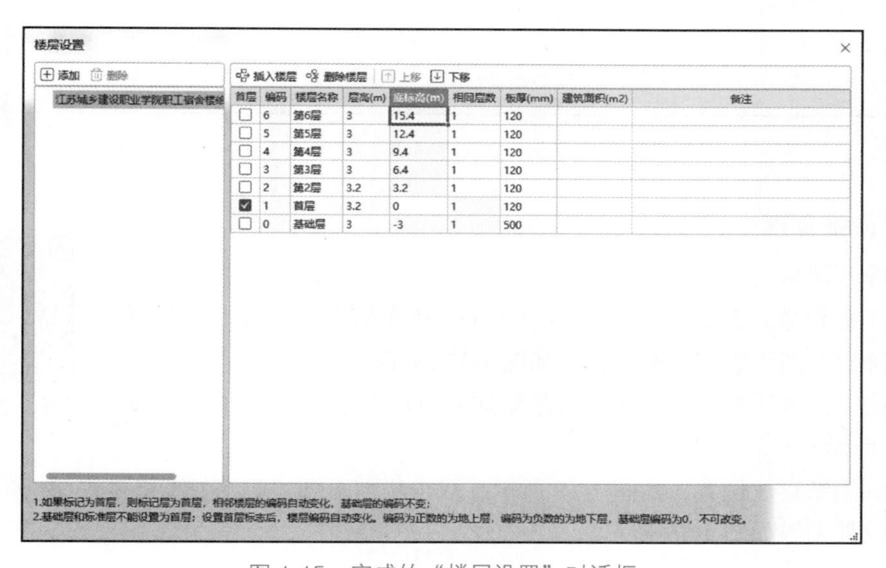

图 1-15　完成的“楼层设置”对话框

3. 其他设置和设计说明

根据实例图纸的实际情况，不需要对其他设置和设计说明情况进行修改，如果某个工程对这两块有特殊要求，按要求进行设置修改。

4. 计算设置

查看软件针对给排水专业的计算方法，根据工程的实际要求，如果需要修改，按实际要求进行设置，如图 1-16 所示。本工程没有特殊要求，此处不需要设置。

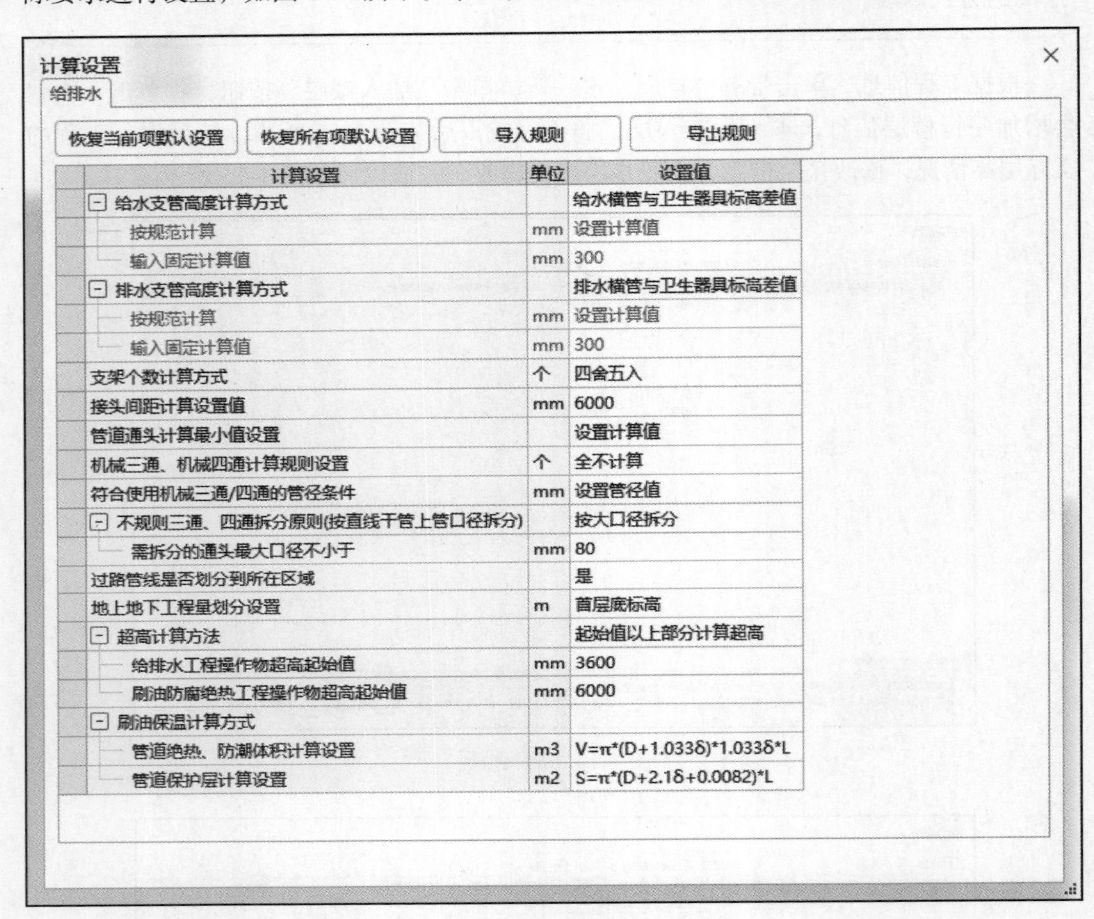

计算设置	单位	设置值
⊟ 给水支管高度计算方式		给水横管与卫生器具标高差值
按规范计算	mm	设置计算值
输入固定计算值	mm	300
⊟ 排水支管高度计算方式		排水横管与卫生器具标高差值
按规范计算	mm	设置计算值
输入固定计算值	mm	300
支架个数计算方式	个	四舍五入
接头间距计算设置值	mm	6000
管道通头计算最小值设置		设置计算值
机械三通、机械四通计算规则设置	个	全不计算
符合使用机械三通/四通的管径条件	mm	设置管径值
⊟ 不规则三通、四通拆分原则(按直线干管上管口径拆分)		按大口径拆分
需拆分的通头最大口径不小于	mm	80
过路管线是否划分到所在区域		是
地上地下工程量划分设置	m	首层底标高
⊟ 超高计算方法		起始值以上部分计算超高
给排水工程操作物超高起始值	mm	3600
刷油防腐绝热工程操作物超高起始值	mm	6000
⊟ 刷油保温计算方式		
管道绝热、防潮体积计算设置	m3	V=π*(D+1.033δ)*1.033δ*L
管道保护层计算设置	m2	S=π*(D+2.1δ+0.0082)*L

图 1-16 “计算设置”对话框

1.4.5 图纸管理

微课：图纸管理

1. 导入图纸

在工程设置信息修改完成以后，单击“图纸管理”选项卡，软件右侧会弹出“图纸管理”对话框，如图 1-17 所示。

单击“添加”按钮，弹出“批量添加 CAD 图纸文件”对话框，如图 1-18 所示。

找到图纸存放位置，如图 1-18 所示，双击添加图纸“职工公寓给排水 .dwg”，将图纸导入软件中，如图 1-19 所示。

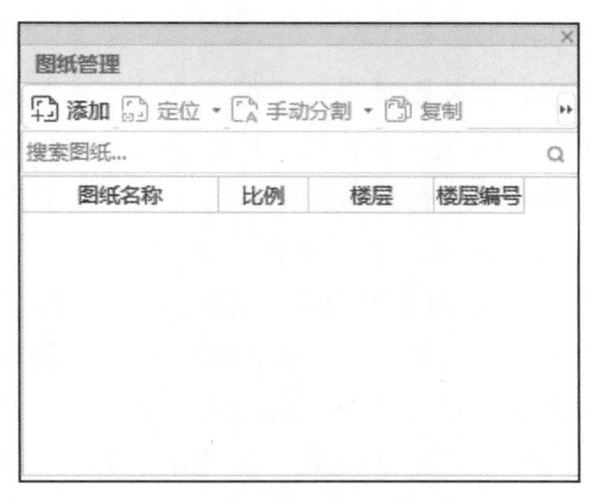

图 1-17　“图纸管理”对话框

图 1-18　“批量添加 CAD 图纸文件”对话框

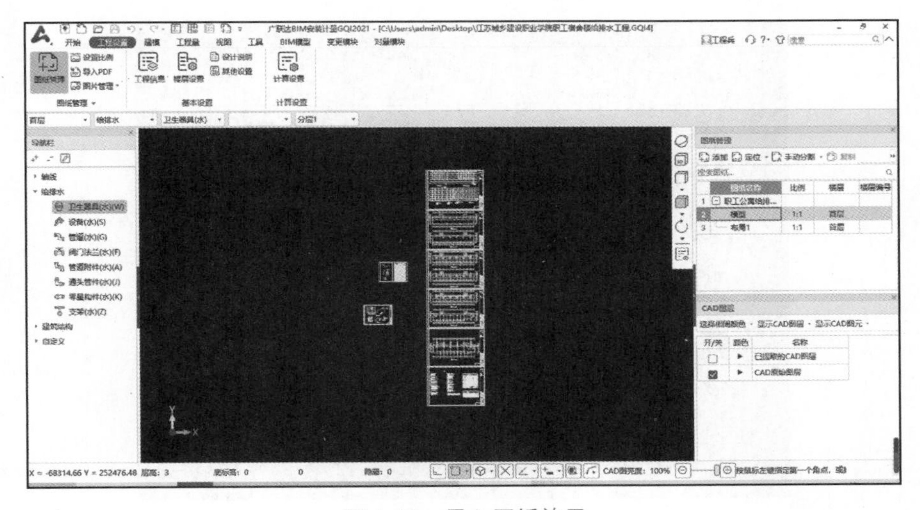

图 1-19　导入图纸效果

2. 定位图纸

导入图纸以后还需要将各层的图纸进行定位。在给排水工程中，各层的管道是有联系的，比如本工程实例中给水管路 1 主管从一层连通至六层，污水管路 2 主管从六层排至一层，所以需要将每层的图纸进行定位，保证这些管道上下连通。

单击“定位”按钮不会弹出对话框，如图 1-20 所示，为了能够精确定位，可以单击工具栏中的“交点”按钮，如图 1-21 所示，将光标移动到某层轴线 1 的位置，当光标接触到轴线 1 时，光标会变为回字形，单击轴线 1，然后同样操作单击轴线 A，完成操作，这样轴线 1 与轴线 A 的交点处会出现一个红叉，如图 1-22 所示，红叉的交点就是所需的定位点，再右击进行确认。如此重复操作，就可以定位所有的平面图纸。

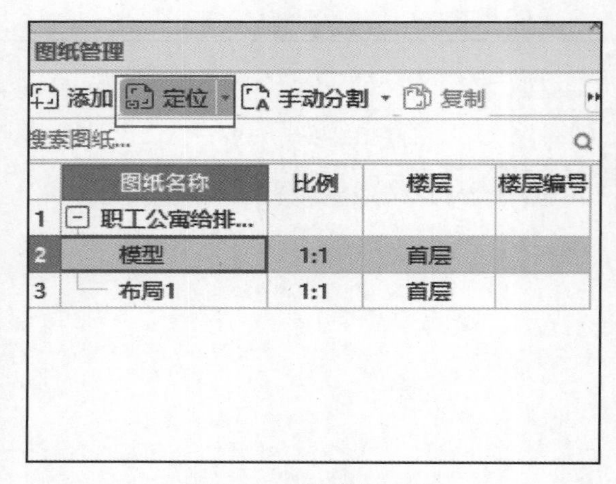

图 1-20 “定位”按钮

图 1-21 “交点捕捉”被激活的状态效果

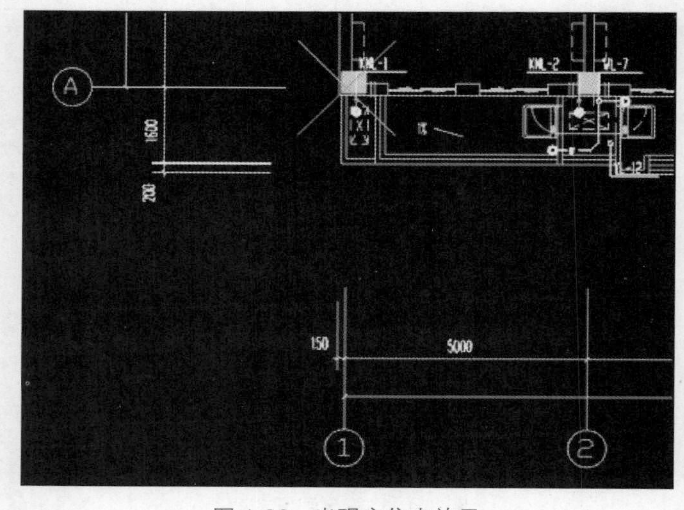

图 1-22 出现定位点效果

3. 手动分割

之前已经根据工程图纸信息对楼层进行了设置，现在对图纸进行分割，把对应每一层的图纸分配到具体楼层，方便后期运用软件逐层建模。

单击“手动分割”按钮，如图 1-23 所示，进入绘图区框选需要分割的图纸，选中的图纸会变为蓝色，如图 1-24 所示。然后右击，弹出“请输入图纸名称”对话框，如图 1-25 所示。此时可以在对话框中输入图纸名称，也可以单击对话框中的“识别图名”按钮，单击按钮后对话框会消失，然后单击图纸标题栏中的图纸名称，单击以后图纸名称会变成深蓝色，如图 1-26 所示，再右击，重新出现对话框，“图纸名称”输入栏中就会出现选中的图纸名称。图纸名称完成以后，还需要在对话框中选择图纸的楼层，单击“确定”按钮以后图纸就会分配到对应的楼层，依次对每张图纸进行分割并定位楼层。完成以后，最终“图纸管理”对话框如图 1-27 所示。

图纸管理

添加　定位　手动分割　复制

搜索图纸...

	图纸名称	比例	楼层	楼层编号
1	⊟ 职工公寓给排...			
2	模型	1:1	首层	
3	布局1	1:1	首层	
4	⊟ 职工公寓给排...			
5	模型	1:1	首层	
6	布局1	1:1	首层	

图 1-23　手动分割位置

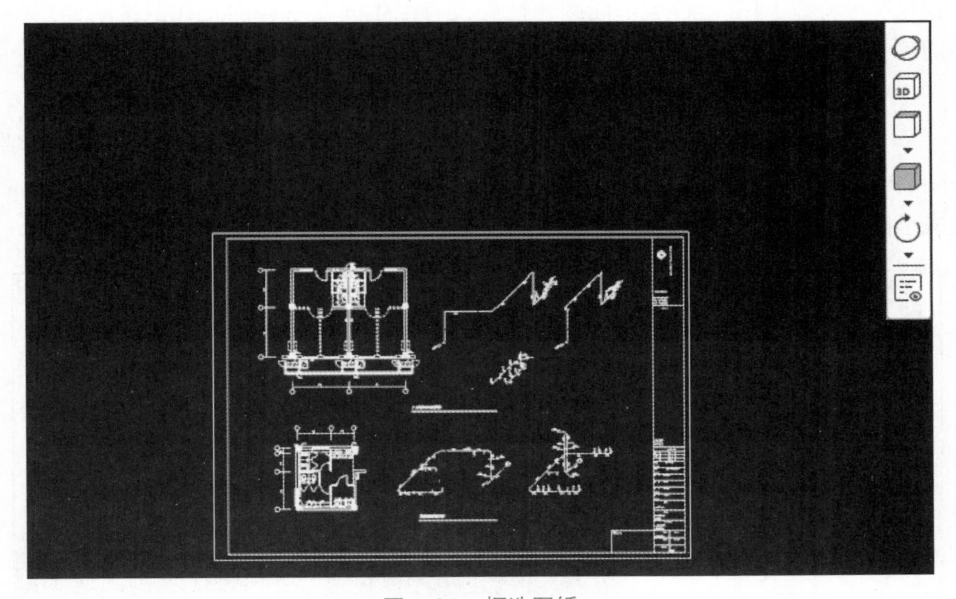

图 1-24　框选图纸

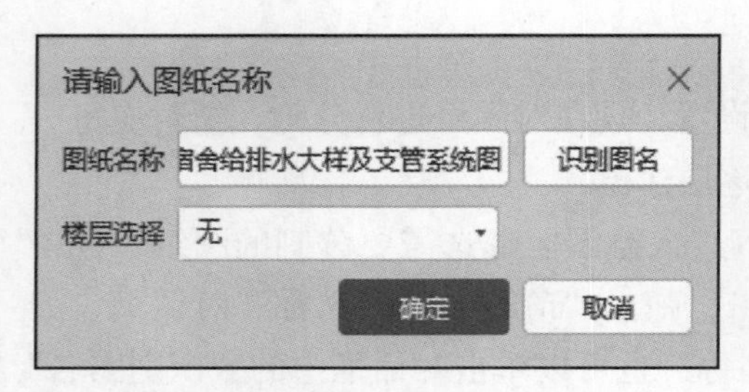

图 1-25 “请输入图纸名称”对话框

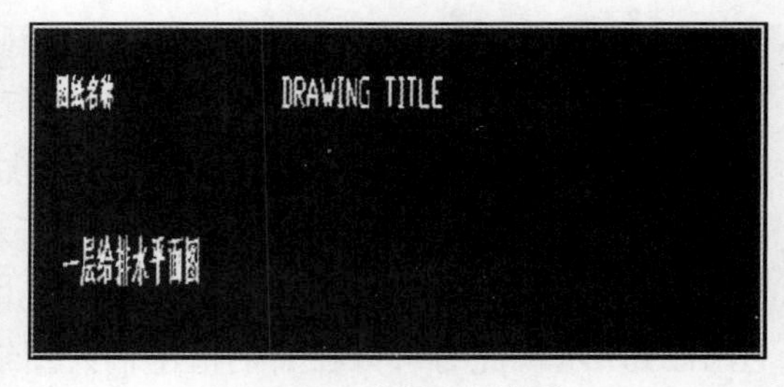

图 1-26 选择图纸名称

图纸管理

添加 定位 手动分割 复制

搜索图纸...

	图纸名称	比例	楼层	楼层编号
2	模型	1:1	首层	
3	一层给排...	1:1	首层	1.1
4	二层给排...	1:1	第2层	2.1
5	三层给排...	1:1	第3层	3.1
6	四、五层...	1:1	第4层	4.1
7	四、五层...	1:1	第5层	5.1
8	六层给排...	1:1	第6层	6.1
9	阁顶层给...	1:1	第7层	7.1
10	屋面给排...	1:1	第7层	7.2
11	给排水系...	1:1	基础层	0.1
12	三-六层宿...	1:1	基础层	0.2
13	设计说明...	1:1	基础层	0.3

图 1-27 最终“图纸管理”对话框

4. 导出图纸

在给排水施工图中，各层平面图往往并没有卫生间支管，而是在卫生间详图中进行了详图设计。可以通过导出图纸功能，将卫生间详图单独导出，简化后期的建模。首先单击“工程设置”选项卡中的“图纸管理”按钮，出现下拉对话框，单击“导出 CAD”按钮，如图 1-28 所示。框选所需要导出的卫生间大样图，选中的图纸会变成深蓝色，如图 1-29 所示，然后右击，弹出“保存”对话框，选择保存路径以及输入图纸名称，就完成了图纸的导出。

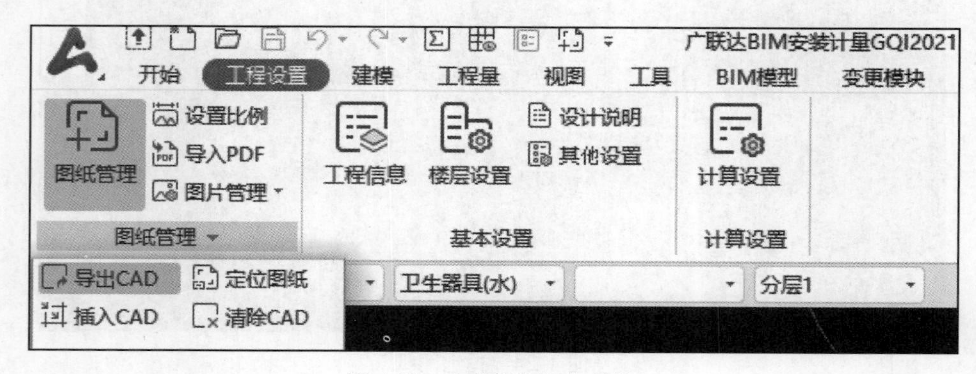

图 1-28 “导出 CAD”按钮

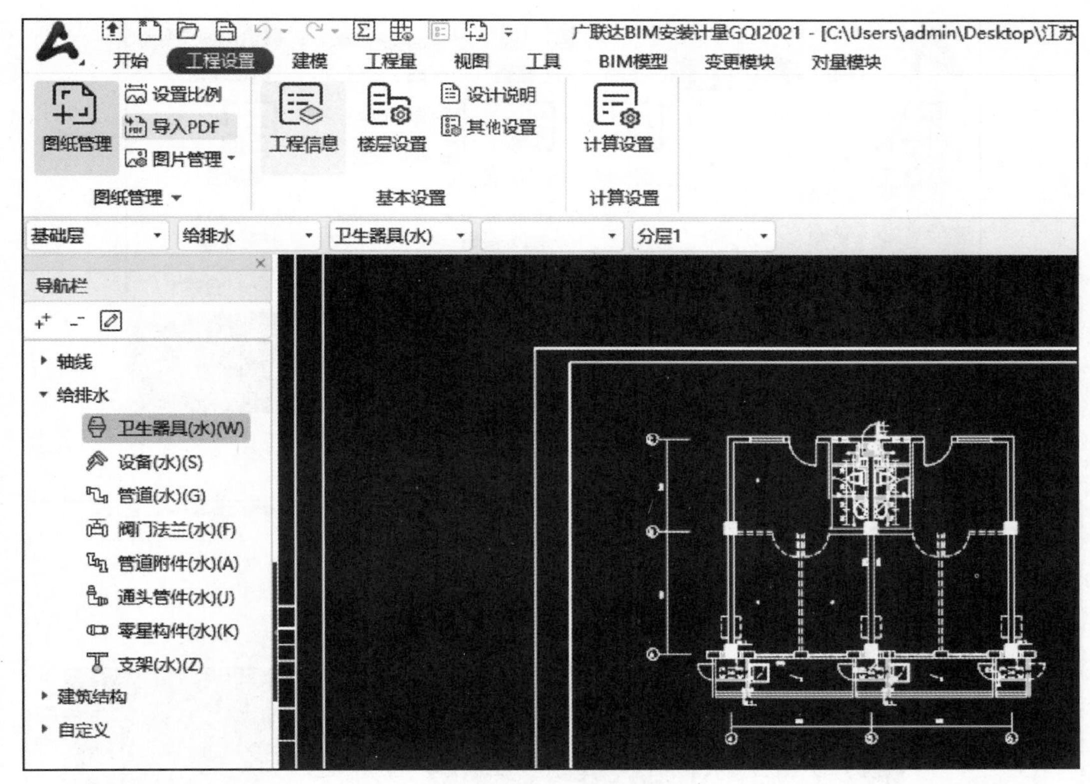

图 1-29　选中导出图纸

5. 插入图纸

平面图中卫生间并没有支管的详细设计，如果需要在平面图上建模，可以利用“插入 CAD”功能来编辑图纸。以本工程六层给排水平面图为例，单击“工程设置”选项卡中的“图纸管理”按钮，出现如图 1-30 所示的下拉对话框，单击“插入 CAD”按钮，出现选择“打开文件”对话框，选择所需要插入的图纸，完成操作以后如图 1-31 所示。

图纸插入完成以后，可以利用“建模”选项卡中的“复制”“移动”功能，如图 1-32 所示，完成图纸的编辑。以图 1-31 为例，单击“复制”按钮，框选所需复制的图纸，如图 1-33 所示，被选中的图纸会变成深蓝色，然后右击，光标会变成定位十字，利用光标选择复制图纸的定位点，如图 1-34 所示。确定定位点以后，就可以拖动复制的图纸到平面图中对应的位置，单击相同的定位点，如图 1-35 所示，到这里卫生间的支管详细设计就通过“复制”功能，复制到平面图了，本工程实例中，每层有 6 组这样的卫生间，都可以通过此方式进行复制，完成后如图 1-36 所示。

另外，还有“移动”“删除”功能，“移动”功能适合每层只有一个卫生间的情况，操作与“复制”一样，“删除”功能就是删除多余的图纸，单击“删除”按钮，框选需要删除的图纸，然后右击完成操作。

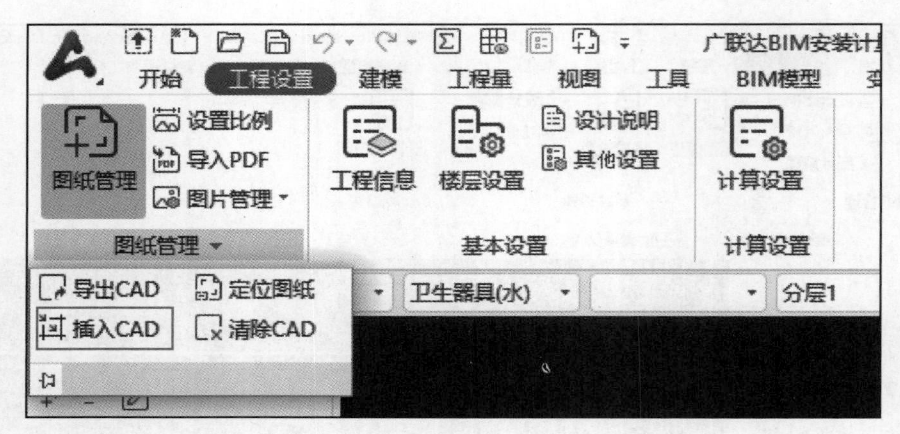

图 1-30 单击“插入 CAD”按钮

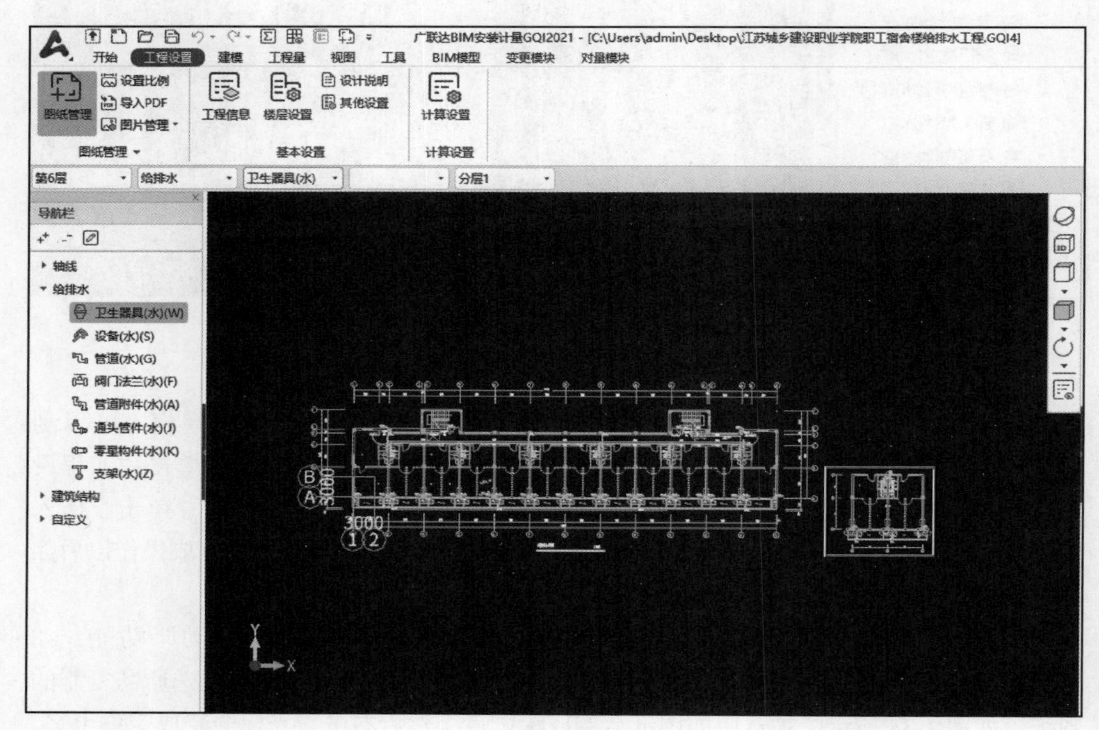

图 1-31 插入图纸效果

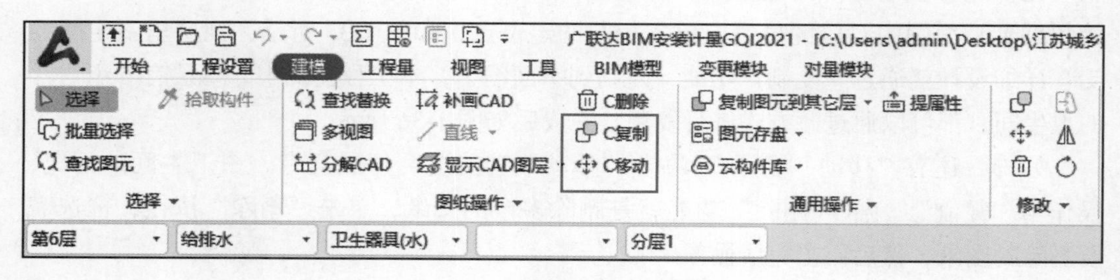

图 1-32 “复制”“移动”按钮

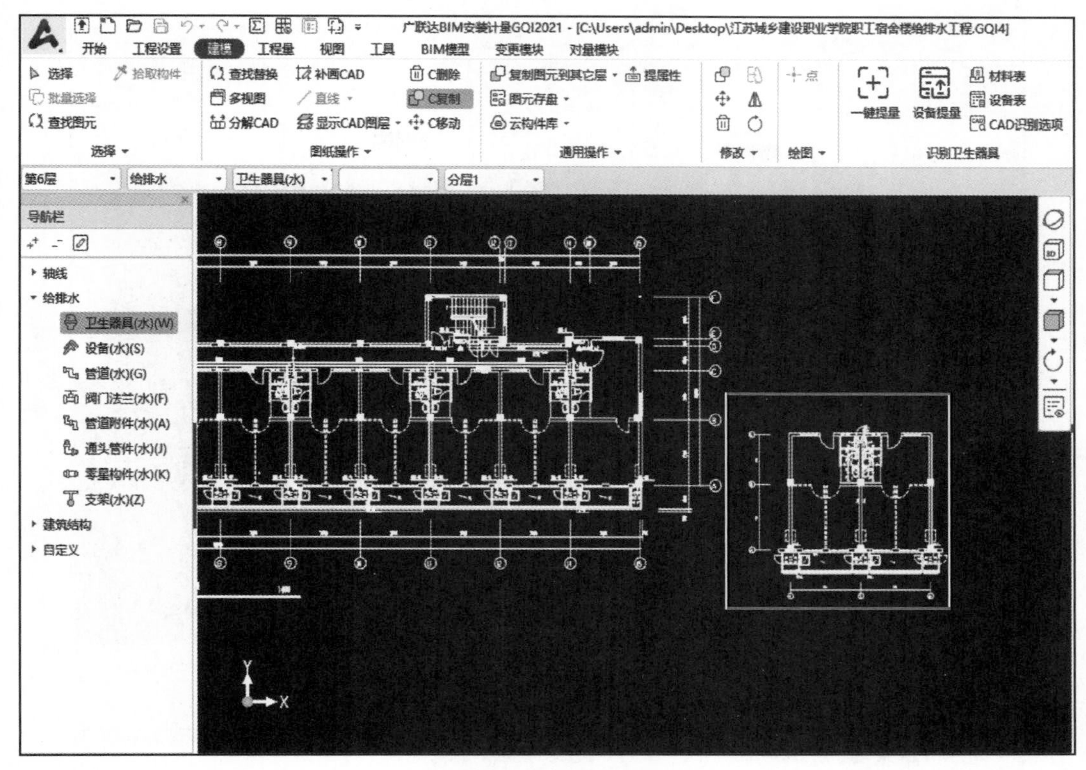

图 1-33　“复制”功能框选图纸以后效果

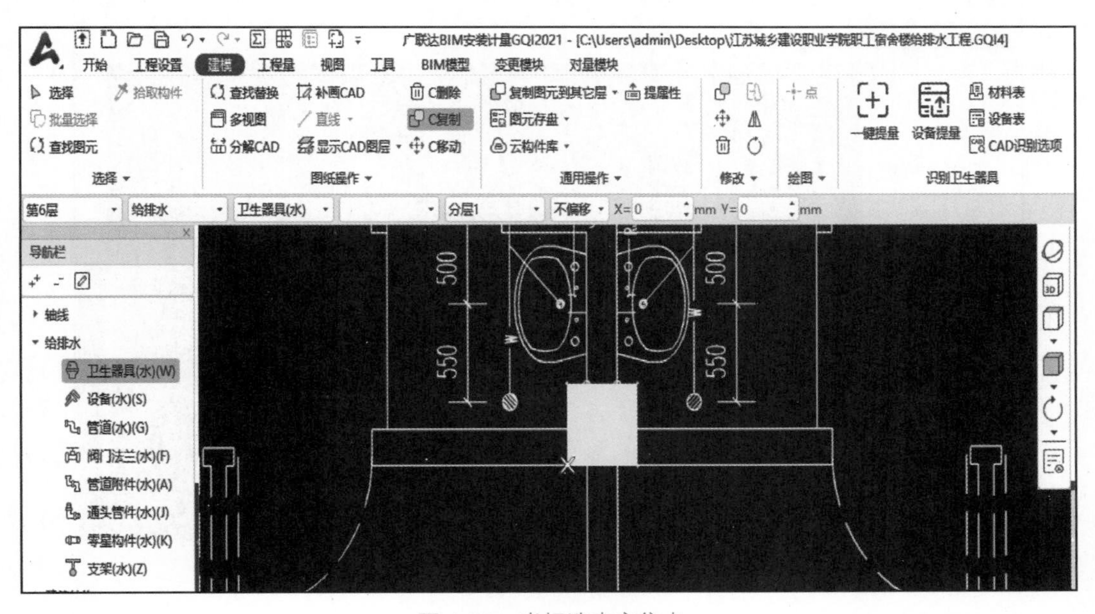

图 1-34　光标选中定位点

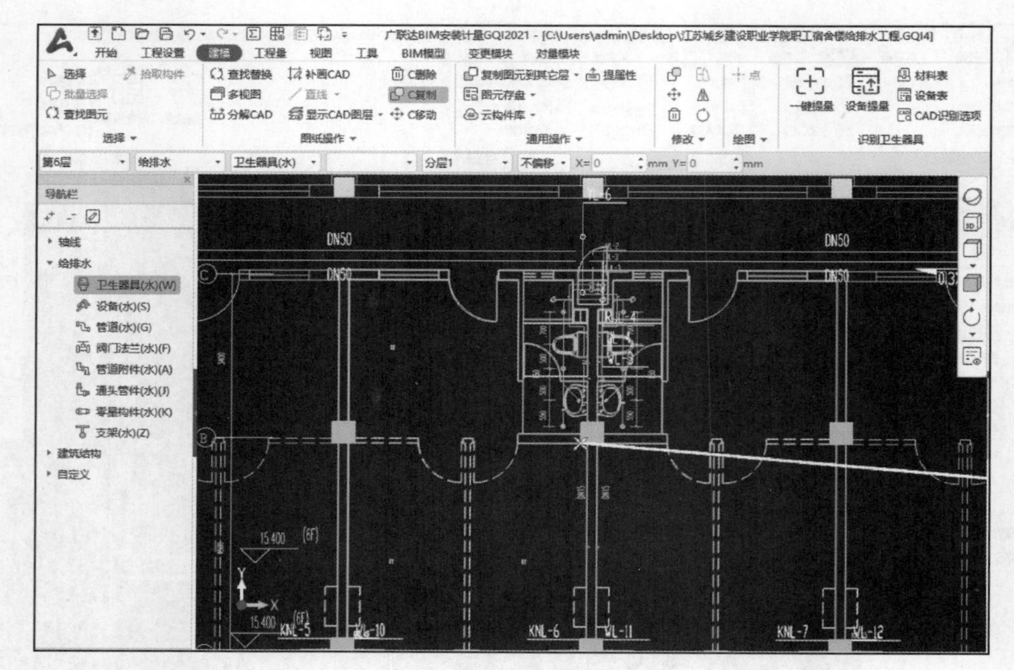

图 1-35　平面图中确定定位点

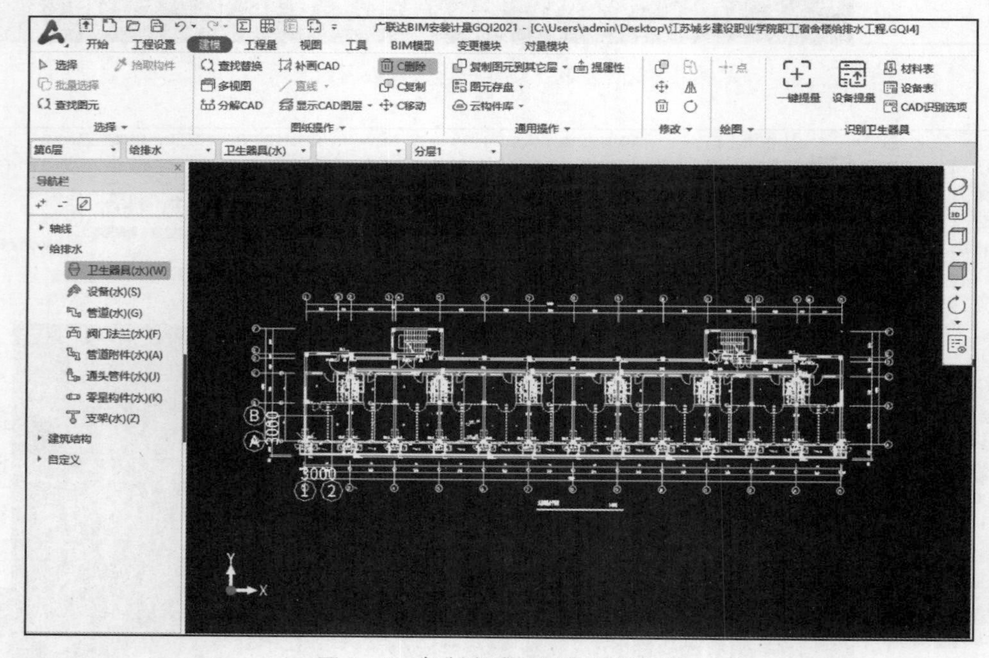

图 1-36　复制完成以后平面图效果

6. 设置比例

软件是依照比例尺对给排水中的管道进行计量的，如果比例尺出现错误，那么得到的工程量就毫无意义，所以在建模前要对图纸的比例尺进行校验。

首先，在“图纸管理”对话框中通过选择楼层选择校准的图纸，单击“工程设置”选项卡中的“设置比例”按钮，如图 1-37 所示。由图 1-37 中可以看出，“设置比例”按钮变成了浅蓝色底，表示该功能正在使用。然后框选所需校准的图纸，如图 1-38 所示，再右击，光标会变成十字，选择轴线 4 与轴线 5 的尺寸标注 5000mm 进行校验，如图 1-39 所示，在两点确定以后弹出对话框，提示量取长度为 5000mm，这与标注尺寸的长度完全一致，表明比例尺正确。如果这里量取长度不是 5000mm，就说明比例尺不正确，只需要在图 1-40 所示的对话框中输入 5000，单击“确定”按钮，就可以纠正比例尺，如图 1-40 所示。

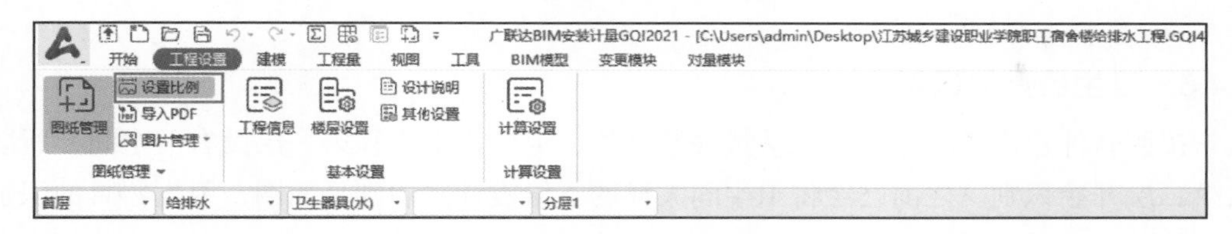

图 1-37 “设置比例”按钮

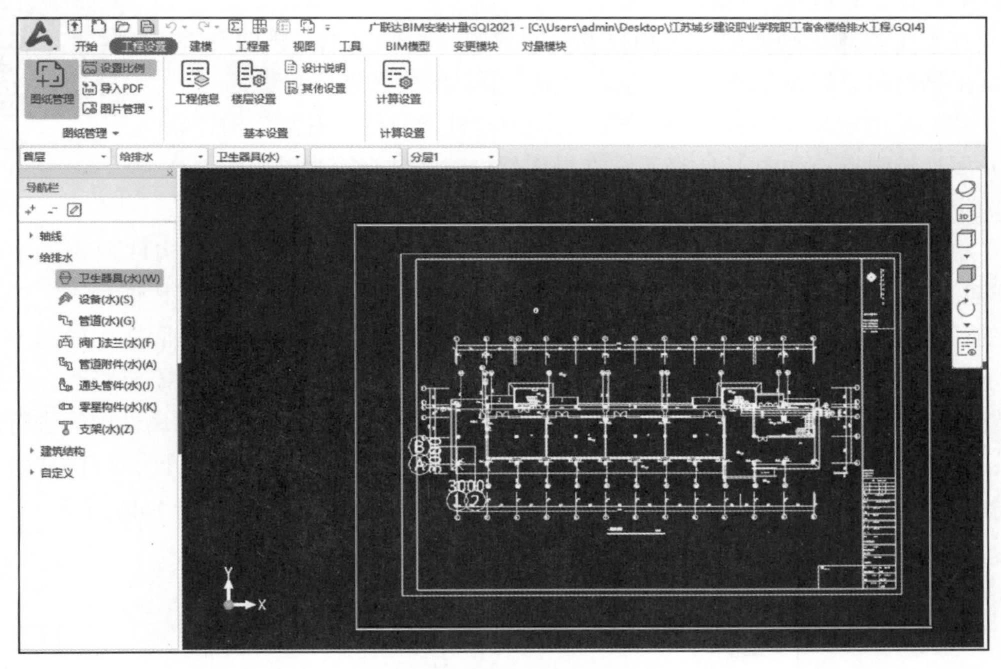

图 1-38 “设置比例”框选图纸效果

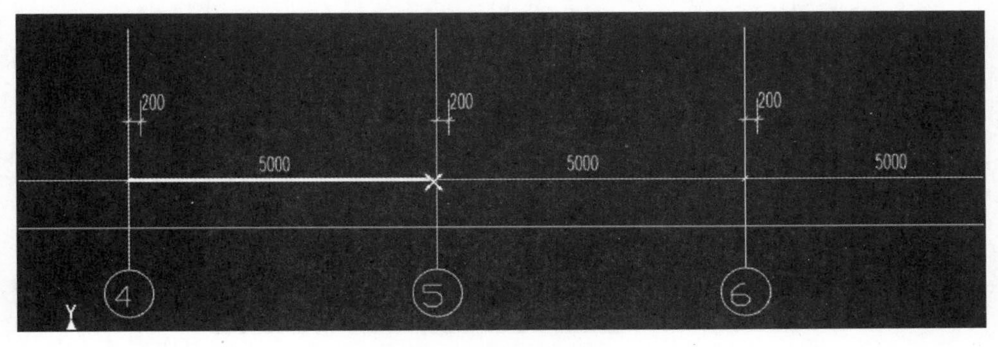

图 1-39 轴线 4 与轴线 5 尺寸标注校准

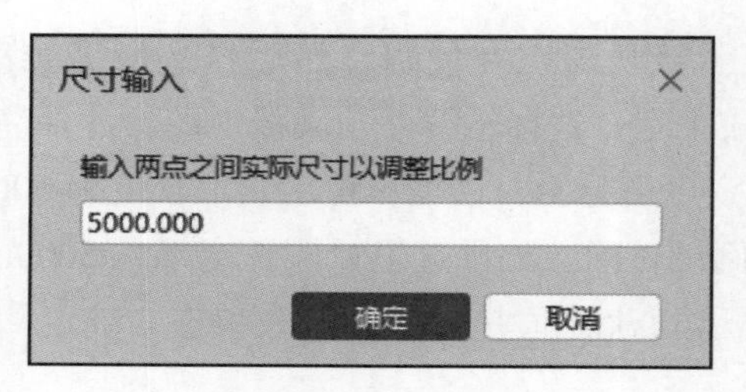

图 1-40　长度量取对话框

1.4.6　卫生器具的识别

按照软件建模的顺序，应该从最底层开始，但由于本工程第一层没有卫生间，所以从第二层开始识别。之前已经将卫生间大样的支管设计复制到平面图，卫生器具的识别工作就可以在平面图完成。

1. 卫生器具的构件新建

微课：卫生器具新建

在卫生器具识别之前，先翻找卫生间详图，掌握卫生器具的种类，然后根据材料表以及系统图的信息，对卫生器具的构件进行新建。

软件左侧定义界面有两个区域，左侧为构件导航栏，右侧为构件新建及属性编辑栏，如图 1-41 所示。在操作软件时经常会因为误操作，将这两个区域关闭，这时可以在如图 1-42 所示位置打开。

单击左侧导航栏中“卫生器具（水）(W)”，再单击右侧区域“构件列表”中的“新建”按钮（图 1-43），下拉对话框会出现“新建卫生器具”，单击“构件列表”中出现的“WSQJ-1【台式洗脸盆】”构件，下方出现该构件的“属性”对话框，如图 1-44 所示，需要注意的是，软件默认的新建卫生器具为台式洗脸盆，如果需要修改，单击“类型”下拉菜单进行选择，如图 1-45 所示，可以根据工程实际信息对属性内容进行编辑，以“标高（m）”为例，这里需要设置的是台式洗脸盆的进水口高度，可以从给排水施工图中的材料表或者系统图中查出结果，填入“属性值”栏，如图 1-46 所示。

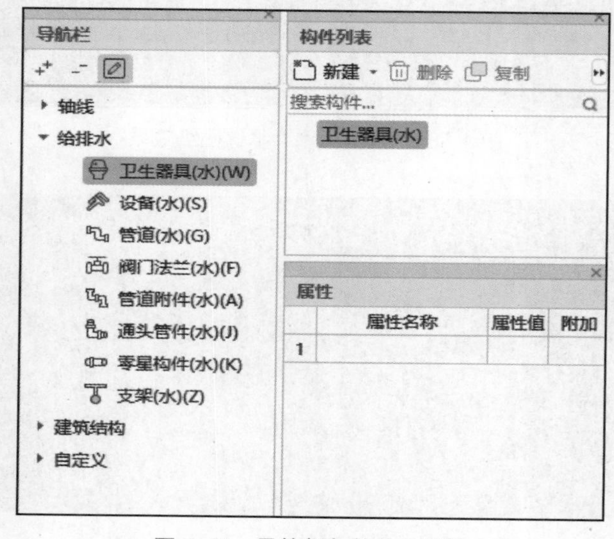

图 1-41　导航栏与构件属性栏

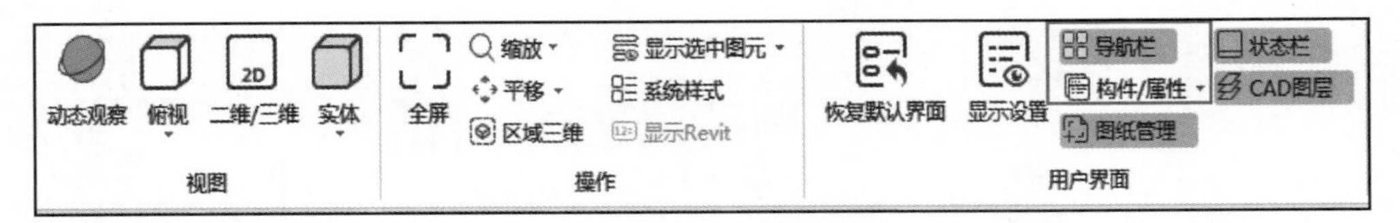

图 1-42　用户界面设置区域

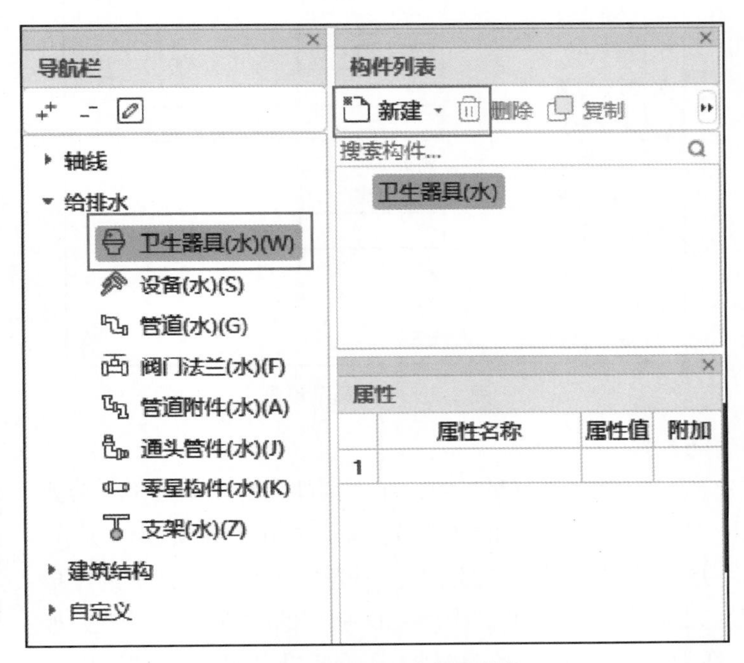

图 1-43　新建卫生器具操作

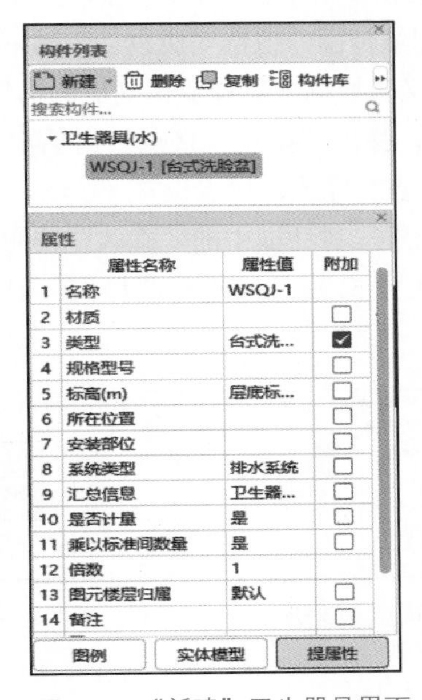

图 1-44　“新建”卫生器具界面

图 1-45　“类型”下拉菜单选择

属性

	属性名称	属性值	附加
1	名称	WSQJ-1	
2	材质		☐
3	类型	台式洗脸盆	☑
4	规格型号		☐
5	标高(m)	层底标高+0.7	☐
6	所在位置		☐
7	安装部位		☐
8	系统类型	排水系统	☐
9	汇总信息	卫生器具(水)	☐
10	是否计量	是	☐
11	乘以标准间数量	是	☐
12	倍数	1	
13	图元楼层归属	默认	☐

图 1-46 “标高”设置

2. 卫生器具的识别

微课：卫生器具识别

以本工程第三层给排水平面图为例，在“构件列表”中选中“台式洗脸盆”，单击“建模”选项卡中的“设备提量”按钮，如图 1-47 所示，光标会变成回字形，单击所需要识别的台式洗脸盆图例，被选中的图形会变成深蓝色，然后右击，弹出“选择要识别成的构件”对话框，如图 1-48 所示。在对话框的右下角有洗脸盆的标准图例以及“识别范围”“设置连接点”按钮，单击“识别范围”按钮，对话框消失，光标变为回字形，这时可以单击框选所需要识别的图纸范围，框选完成以后，被框选的图纸会变成深蓝色，如图 1-49 所示，再右击，界面又转换到“选择要识别成的构件”对话框，然后设置连接点，单击“设置连接点”按钮，弹出“设置连接点”对话框（图 1-50），这时可以单击确认连接点，再次单击取消连接点，完成连接点设置。

设置完成以后，单击“选择要识别成的构件”对话框中的“确认”按钮，软件就可以识别出框选图纸中台式洗脸盆的数量，如图 1-51 所示。重复此操作，识别其他卫生器具的工程量。

图 1-47 “设备提量”按钮

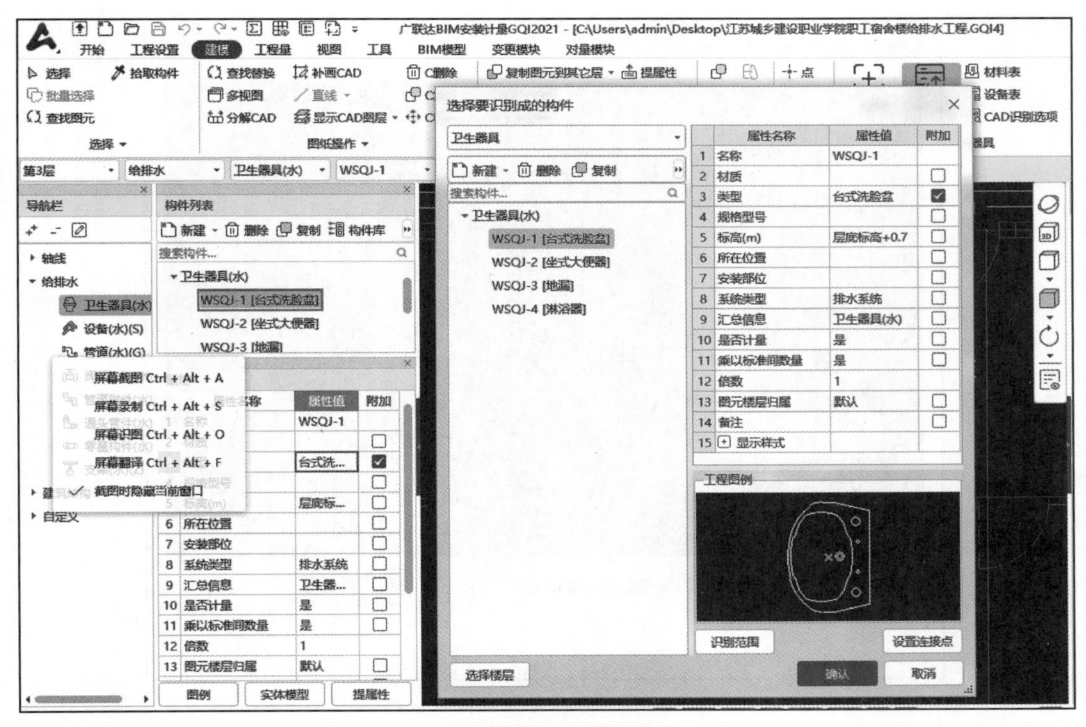

图 1-48　“选择要识别成的构件”对话框

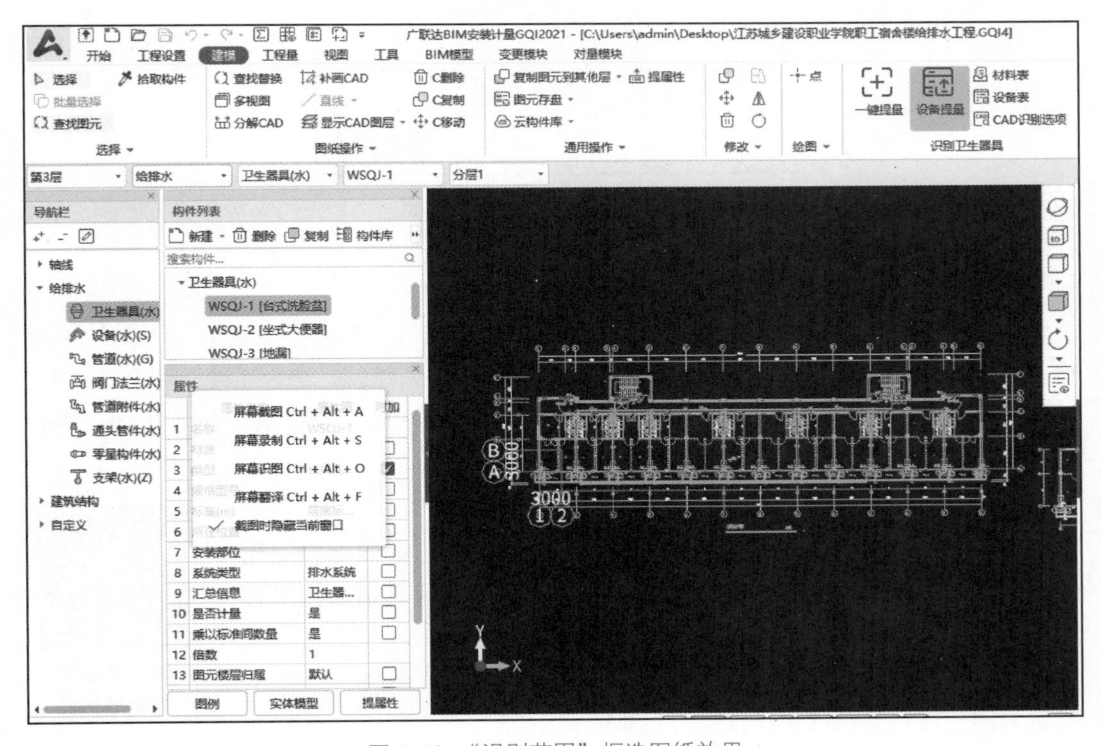

图 1-49　“识别范围”框选图纸效果

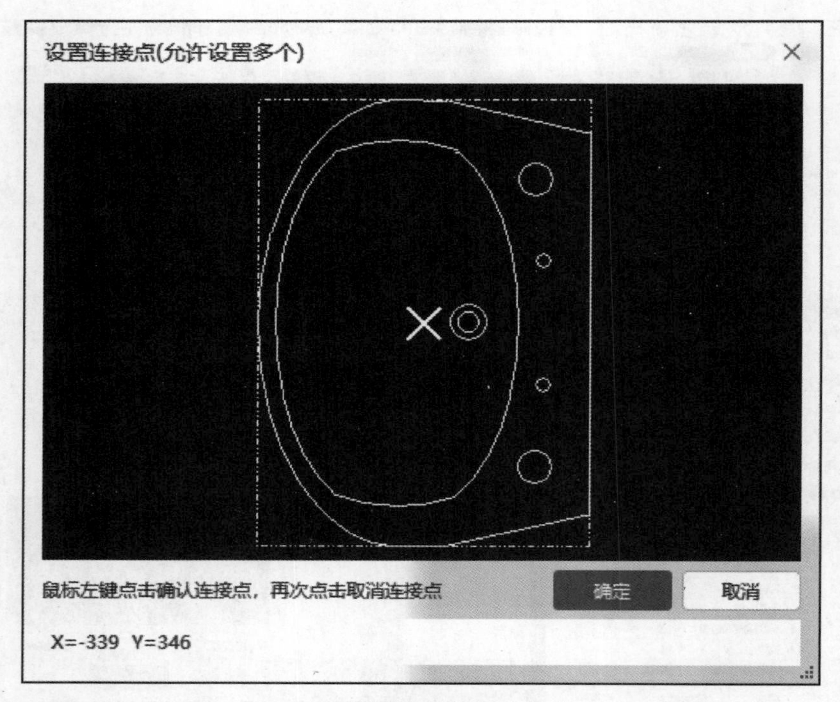

图 1-50 “设置连接点”对话框

图 1-51 “台式洗脸盆”数量

1.4.7 给水管道的识别

以本工程实例给水管路 2 为例（图 1-52 和图 1-53），先进行给水引入管的构件操作。由图1-52可见，给水管路2由一层沿轴线2位置进入建筑，结合系统图和设计说明，引入管横管的标高为 –0.7m，管径为 DN50，立管与横干管为钢塑管，螺纹连接，支管为 PPR 管，热熔连接。

1. 给水管道的新建构件

在导航栏中，单击“管道（水）(G)”构件类型，参照前面卫生器具新建方式，新建一个构件（图 1-54），默认的新建管道构件名称为“GSG-1”，管道材质为 De25 的 PPR 管。

微课：给水管道的新建构件

在一层平面图中，给水管路 2 规格为 DN50，管道标高为 –0.7m，材质为钢塑复合管，依次设置管道信息（图 1-55）。

在二层平面图中，给水管路 2 支管的规格有 DN50、DN40、DN32、DN25、DN20、DN15，水平管标高为 4.45m，材质为 PPR 管，依据一层平面图设置方法建立构件，完成以后如图 1-56 所示。

2. 引入管的识别

微课：引入管和立管识别

选择一层平面图界面，构件列表中选中“GSG-1”(图 1-56)，单击“建模”选项卡中的“选择识别”按钮，光标在碰到给水管路 2 时会变成回字形，单击选择管路，再右击弹出“选择要识别成的构件”对话框(图 1-57)，之前已经对管道进行了定义，这里只需要单击“确认”按钮即可。如图 1-58 所示，给水管路 2 引入管部分识别完成。

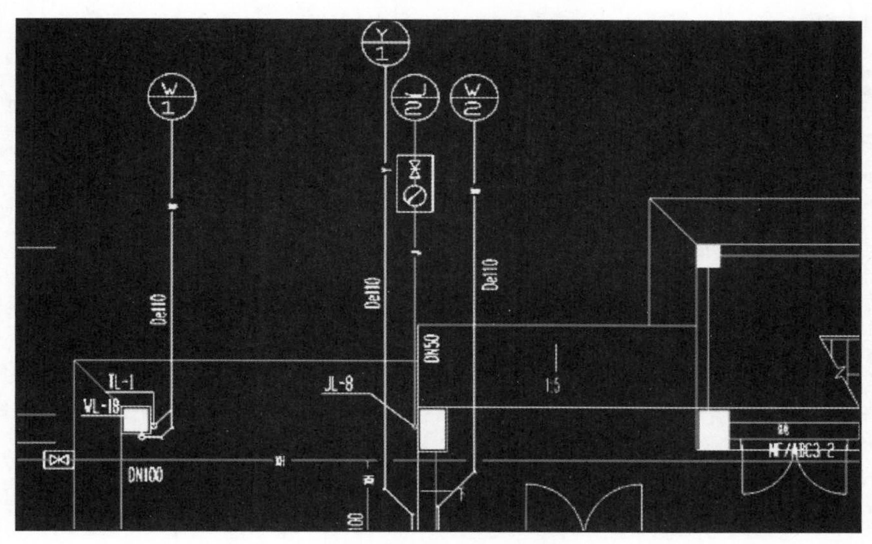

图 1-52　一层平面图给水管路 2 走势

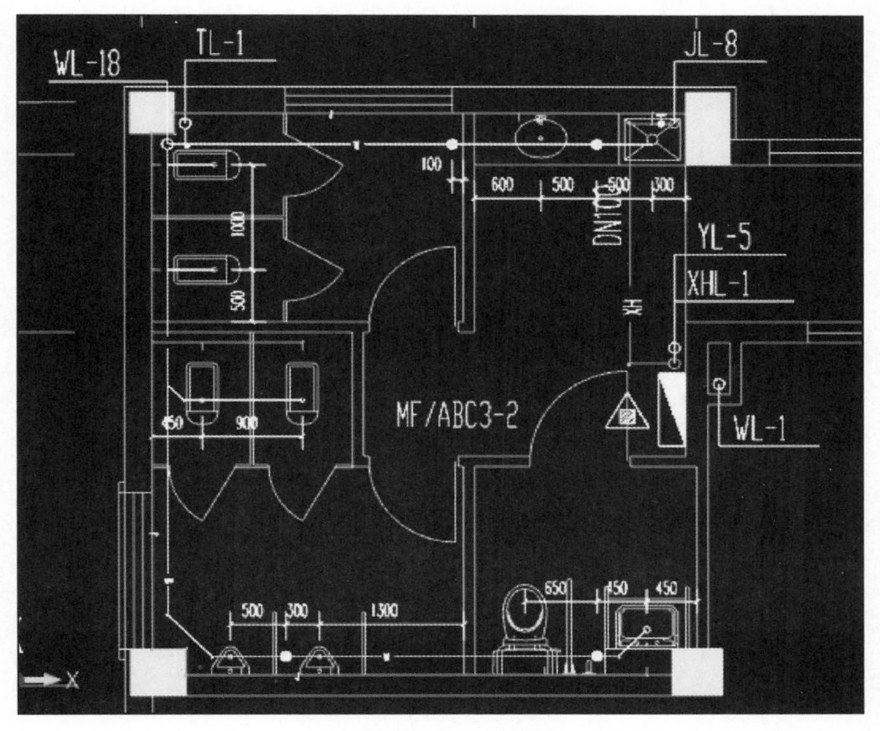

图 1-53　二层平面图给水管路 2 走势

构件列表

新建 · 删除 复制 构件库 构件存盘

搜索构件...

▾ 管道(水)

▾ 给水系统

GSG-1 [给水系统 给水用PP-R 25]

属性

	属性名称	属性值	附加
1	名称	GSG-1	
2	系统类型	给水系统	☑
3	系统编号	(G1)	☐
4	材质	给水用PP-R	☑
5	管径规格(mm)	25	☑
6	外径(mm)	(25)	☐
7	内径(mm)	(16.6)	☐
8	起点标高(m)	层底标高	☐
9	终点标高(m)	层底标高	☐
10	管件材质	(塑料)	☐
11	连接方式	(热熔连接)	☐
12	所在位置		☐
13	安装部位		☐

提属性

图 1-54　新建管道构件

属性

	属性名称	属性值	附加
1	名称	GSG-1	
2	系统类型	给水系统	☑
3	系统编号	(G1)	☐
4	材质	钢塑复合管	☑
5	管径规格(mm)	50	☑
6	外径(mm)	(60)	☐
7	内径(mm)	(53)	☐
8	起点标高(m)	层底标高-0.7	☐
9	终点标高(m)	层底标高-0.7	☐
10	管件材质	(复合)	☐
11	连接方式	螺纹连接	☐
12	所在位置	室内部分	☐
13	安装部位		☐

提属性

图 1-55　“引入管”属性编辑

构件列表

新建 · 删除 复制 构件库 构件存盘

搜索构件...

GSG-1 [给水系统 钢塑复合管 50]
GSG-2 [给水系统 给水用PP-R 50]
GSG-3 [给水系统 给水用PP-R 40]
GSG-4 [给水系统 给水用PP-R 32]
GSG-5 [给水系统 给水用PP-R 25]
GSG-6 [给水系统 给水用PP-R 20]
GSG-7 [给水系统 给水用PP-R 15]

属性

	属性名称	属性值	附加
1	名称	GSG-1	
2	系统类型	给水系统	☑
3	系统编号	(G1)	☐
4	材质	钢塑复合管	☑
5	管径规格(mm)	50	☑
6	外径(mm)	(60)	☐
7	内径(mm)	(53)	☐
8	起点标高(m)	层底标高-0.7	☐
9	终点标高(m)	层底标高-0.7	☐

提属性

图 1-56　给水管道新建构件完成

图 1-57　“选择要识别成的构件”对话框

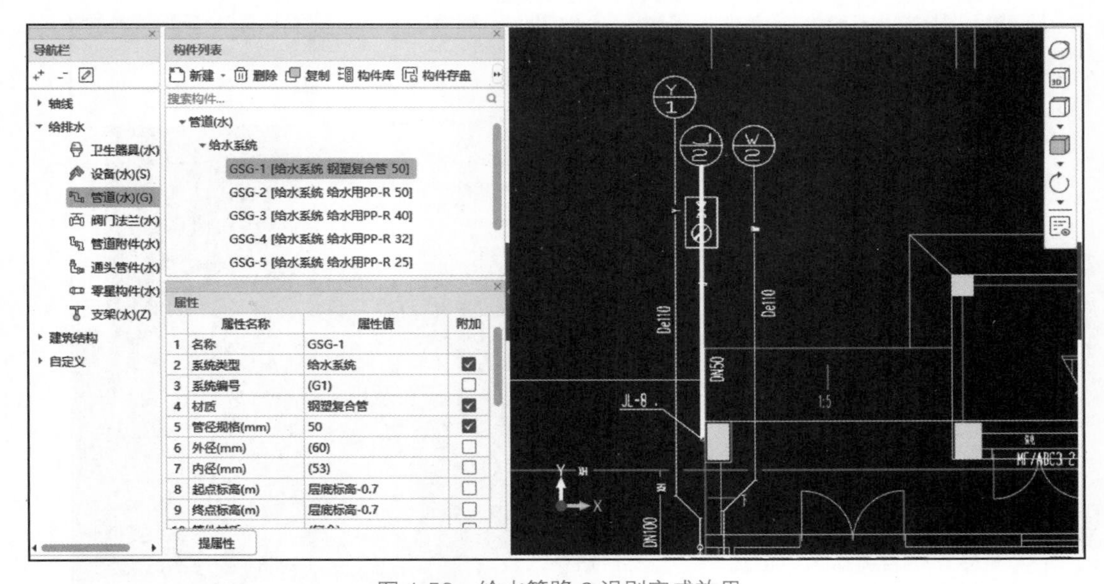

图 1-58　给水管路 2 识别完成效果

3. 立管的识别

引入管识别完毕，开始识别给水管路 2 中立管 JL-8，由系统图（图 1-59）可以看出，立管的管径为 DN50，标高是从 –0.700～4.450m，材质为钢塑复合管。下面开始布置立管。单击“建模”选项卡中的“布置立管”按钮，弹出“立管标高设置”对话框，如图 1-60 所示，根据图纸信息在对话框的“布置立管方式”栏中选择“布置立管”，在“底标高”和“顶标高”输入栏中分别输入“层底标高 –0.7”“层底标高 +4.45”，如图 1-60 所示，标高设置完成以后，移动光标至立管 JL-8 圆心位置，单击完成操作。至此，给水管路 2 的引入管与立管布置完毕，可以通过绘图区右侧的“动态观察”按钮，查看管道布置是否准确，如图 1-61 所示。

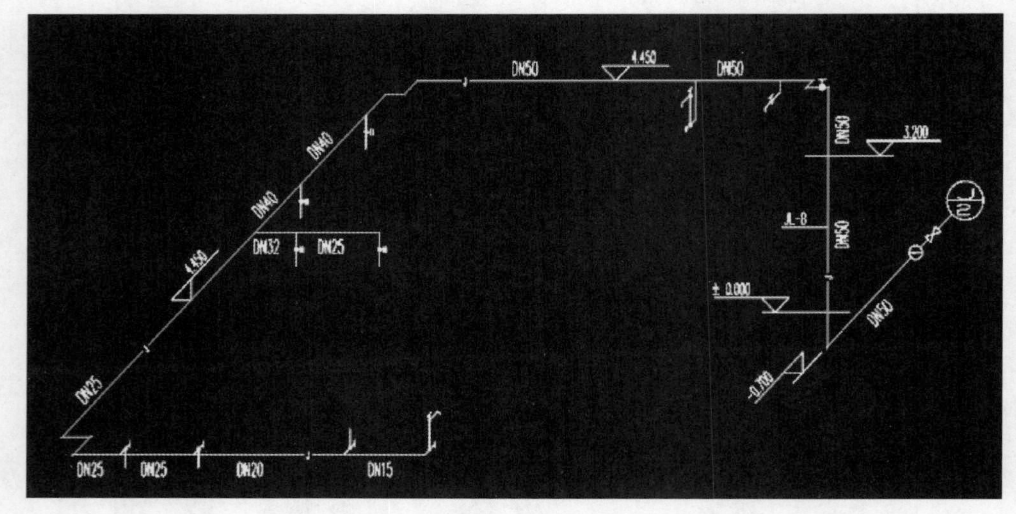

图 1-59 给水管路 2 系统图立管部分

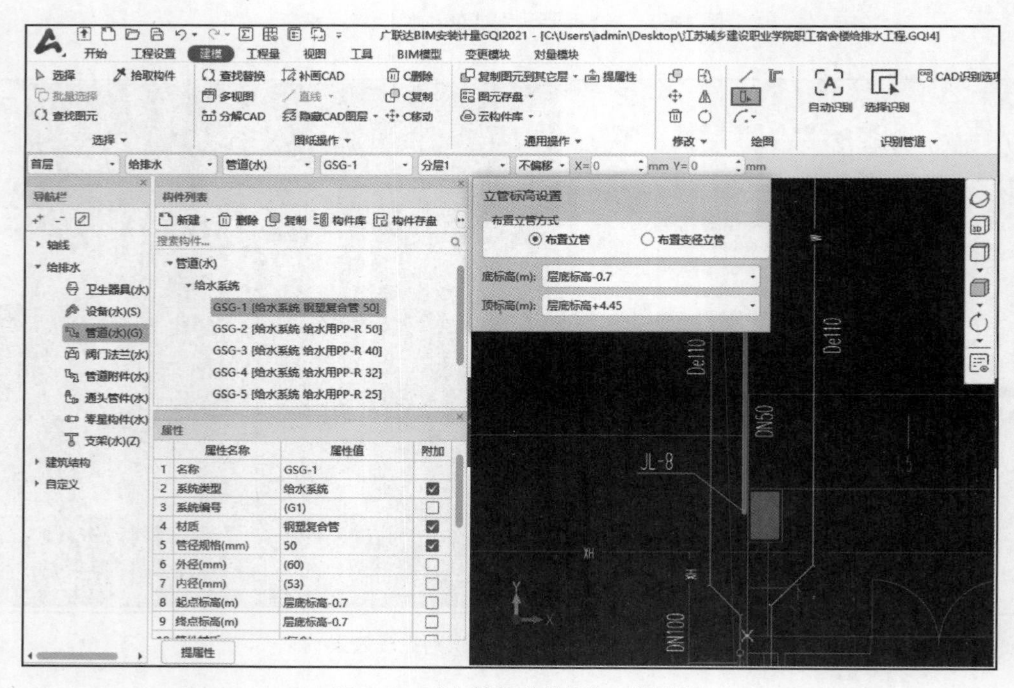

图 1-60 “立管标高设置”对话框

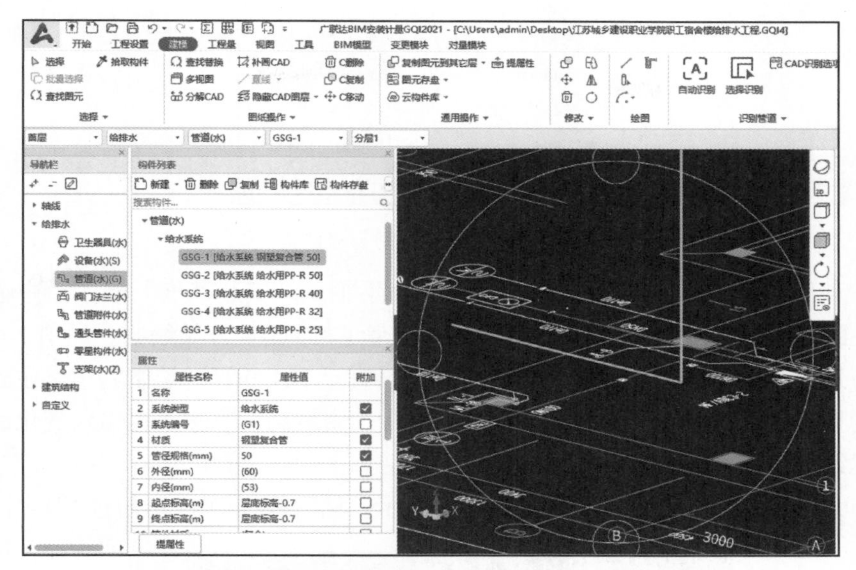

图 1-61　引入管与立管模型“动态观察”

4. 支管的识别

微课：支管的识别

按照识别顺序，引入管与立管识别完成以后，识别由立管引出的支管。

以本工程二层平面图为例，由图 1-62 所示，给水管路 2 支管连接的卫生器具都已识别，管道构件已经新建完成，具备支管管道识别条件。

在识别支管操作中，不再采用识别引入管时的“选择识别”功能，在“建模”选项卡的“绘图”选项中选用“直线”功能，如图 1-62 所示。

由系统图（图 1-59）可知，支管从 JL-8 到第一个蹲便器管道（图 1-62 蓝线位置）规格都为 DN50，管道标高未发生改变，都为 +4.45m。依此条件开始绘制。

在“构件列表”中选择“GSG-2”(图 1-56 蓝框)，单击“直线”按钮弹出“直线绘制”

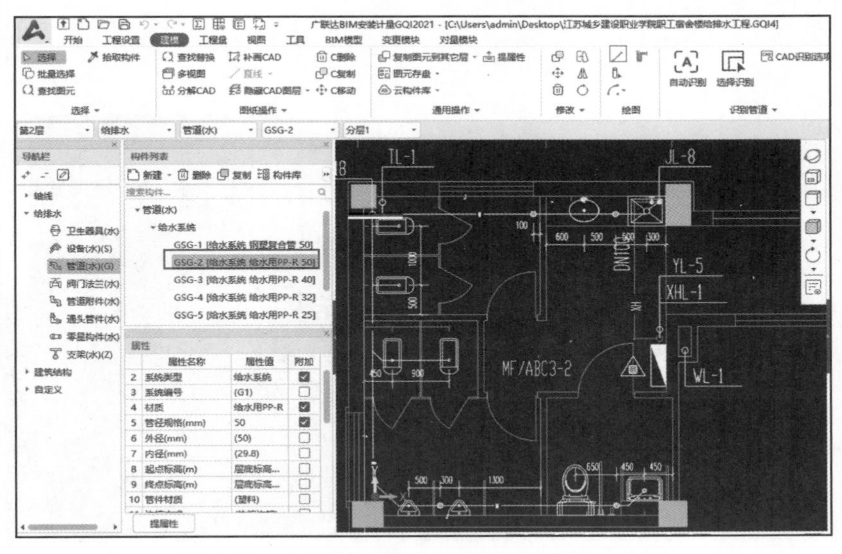

图 1-62　二层平面图给水管路 2 支管部分图纸

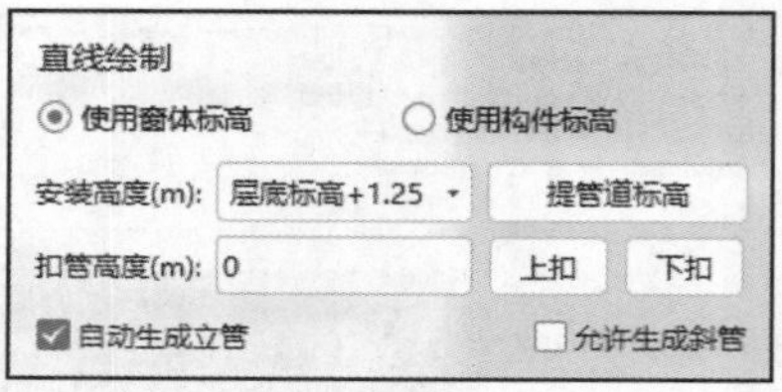

图 1-63 “直线绘制”对话框

对话框，如图 1-63 所示，根据图纸信息，在对话框的“安装高度”输入栏中输入“层底标高 +1.25”，单击 JL-8 圆心处，然后沿着支管 CAD 路径开始绘制，如图 1-64 所示，在遇到管道拐点单击，然后沿着路径继续绘制，直至 DN50 管道绘制完毕。在碰到管道变标高的情况，只需要在“直线绘制”对话框中“安装高度”输入栏输入变化以后的标高，继续绘制，在标高变化点会自动生成立管。

DN50 给水管道绘制完毕以后如图 1-65 所示，然后根据 DN50 经过的卫生器具的进

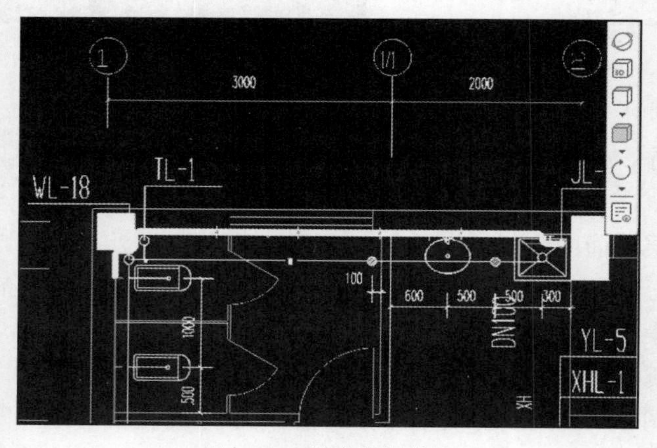

图 1-64 管道绘制效果

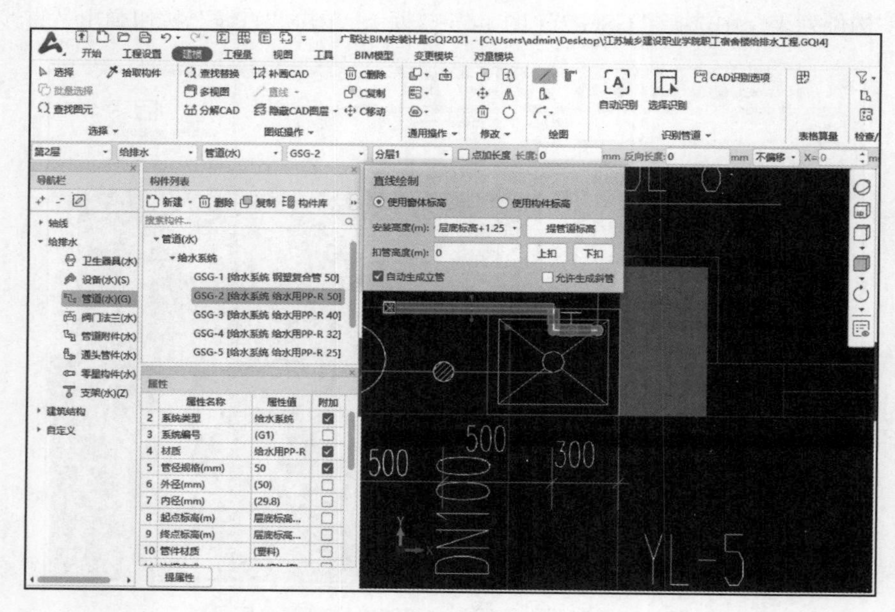

图 1-65 DN50 水平管绘制完成效果

水口高度，设置水平管到卫生器具的竖直段管道。以“洗涤盆”为例，进水口高度为0.8m，水平管高度为1.25m，依此条件设置竖直管，这里需要注意的是，连接水平管与洗涤盆的竖直管规格为DN15。

布置竖直管的方式跟布置立管一样，单击“建模”选项卡中的“布置立管”按钮，如图1-60所示，弹出“立管标高设置”对话框，根据图纸信息设置对话框内容，如图1-66所示，设置完成以后，移动光标至洗涤盆进水口位置，单击完成操作。相同操作完成洗脸盆竖直管的布置。

立管标高设置
布置立管方式
◉ 布置立管　○ 布置变径立管
底标高(m): 层底标高+0.8
顶标高(m): 层底标高+1.25

图 1-66　洗涤盆竖直管信息设置

DN40、DN32、DN25、DN20、DN15 水平管道绘制操作与DN50一致，需要注意的是，管道变径点需要在“构件列表”中切换对应的管径构件进行绘制。绘制完成以后如图1-67所示。

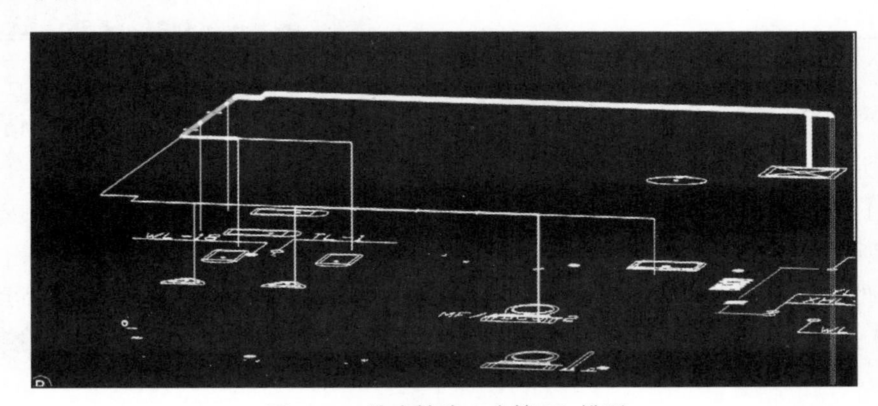

图 1-67　给水管路 2 支管 3D 模型

微课：排水管道的识别

1.4.8　排水管道的识别

排水管道的识别操作与给水管道几乎完全相同，识别顺序也是排出管—立管—支管。同样可以运用“选择识别”和“直线绘制”进行排水管路的建模。

采用“选择识别”功能时，若在管道位置存在已识别完毕的卫生器具，软件将自动生成与卫生器具连接的管道，从而节省了大量的时间。但是这里会存在一个问题，这根自动生成的管道默认是连接到卫生器具的进水口高度，而根据计算规范，只需要计算到楼地面高度，所以这里需要调整。如图1-68所示，选中连接蹲便器的竖直管，由左侧属性栏可以看到“终点标高”为“层底标高+0.38”，根据计算规范，“终点标高”输入栏应该修改为“层底标高”，选中的竖直管会随之调整。

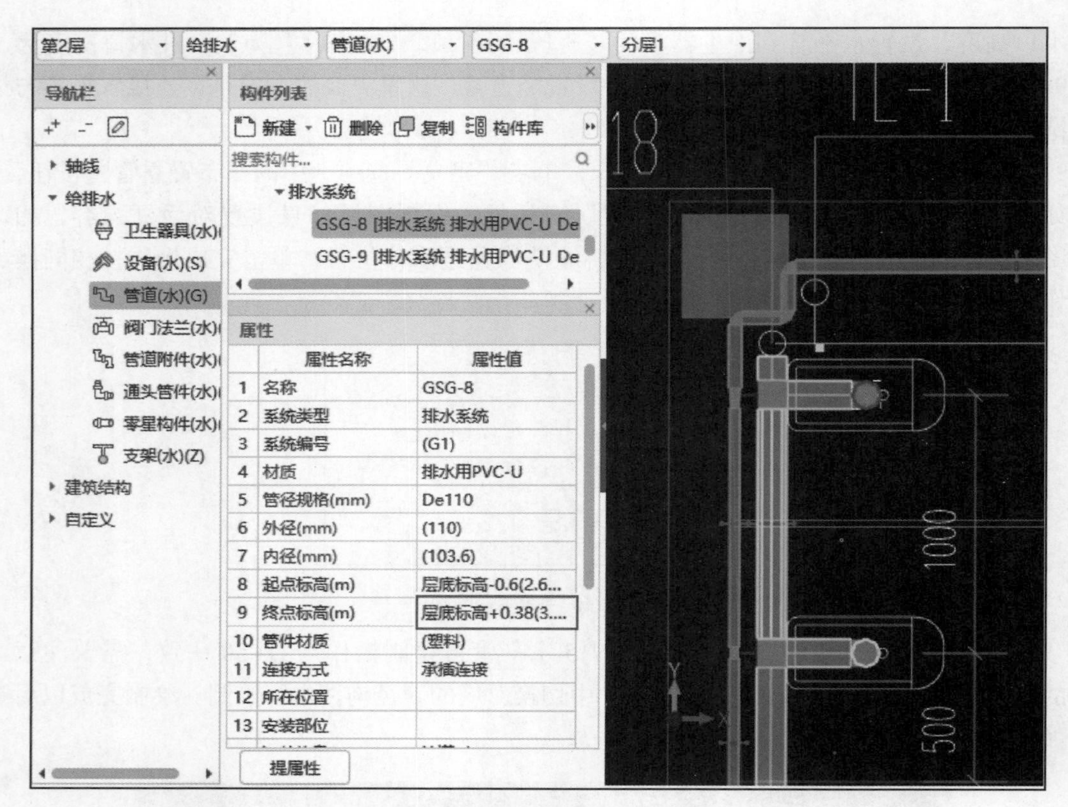

图 1-68　连接卫生器具的竖直排水管属性调整

在“直线”绘制管道时，会出现横支管与卫生器具间未自动生成连接管的情况，如图 1-69 所示，在横支管绘制完成以后，连接横支管与圆形地漏的连接管并没有自动生成。这时可以在“建模”选项卡的“管道二次编辑”选项中单击“生成立管”按钮，如图 1-70 所示，根据状态栏提示，分别选择图 1-69 中圆形地漏和横支管，再右击，弹出“选择构件”对话框，如图 1-71 所示，在对话框中选择连接管对应的构件，并可以设置其属性，设置完成以后，单击“确认”按钮完成设置，如图 1-72 所示，这根连接管就生成了。

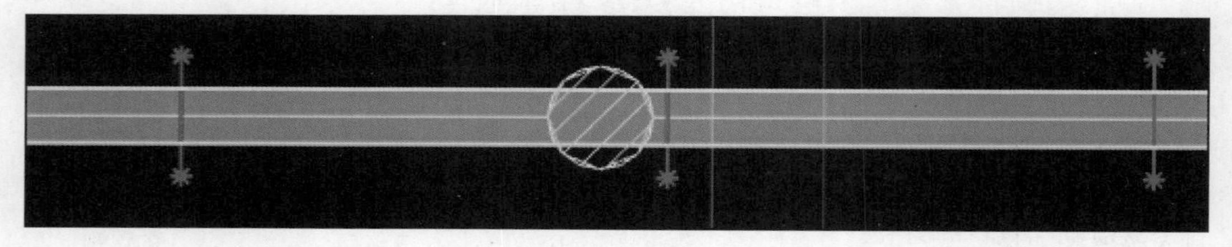

图 1-69　排水横支管与卫生器具连接管未生成

图 1-70　“生成立管”按钮

图 1-71　“选择构件”对话框

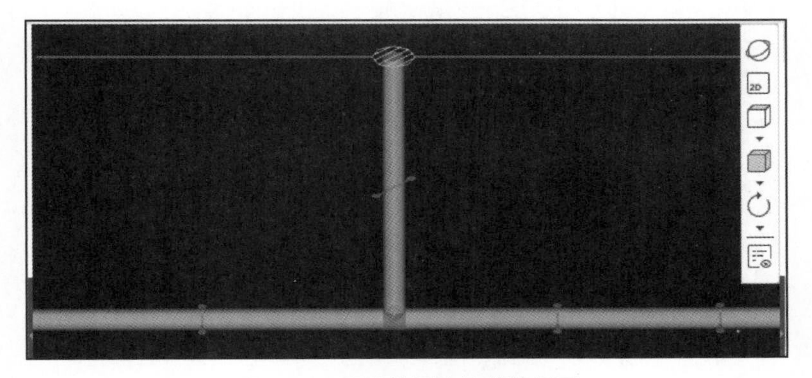
图 1-72　圆形地漏连接管效果图

1.4.9　阀门的识别

1. 阀门的新建

单击导航栏中的“阀门法兰（水）”构件类型，再在右侧构件列表中单击“新建”按钮，并在展开栏中单击“新建阀门”按钮，界面中会出现名称为“FM-1”的构件。

阀门识别依旧以给水管路为例，由图 1-73 可以看出，给水管路 2 有两个阀门，规格都为 DN50，阀门类型为截止阀，但需要注意的是引入管处的阀门不需要计量，它在水表节点中，水表的定额中包含一个阀门，所以只需要识别给水支管上的截止阀。

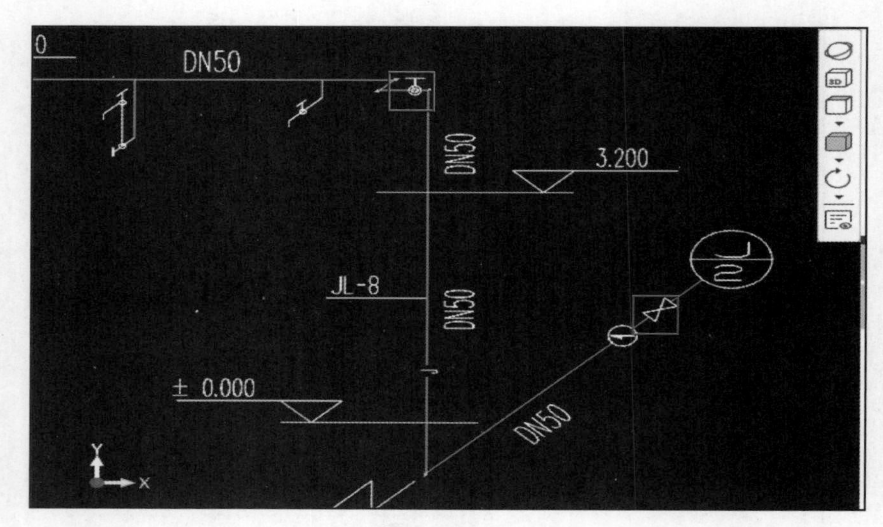

图 1-73　给水管路 2 阀门位置

根据图纸信息，修改新建阀门构件“FM-1”属性，设置完成后如图 1-74 所示。

属性

	属性名称	属性值	附加
1	名称	FM-1	
2	类型	截止阀	☑
3	材质		☐
4	规格型号(mm)	50	☑
5	连接方式		☐
6	所在位置		☐
7	安装部位		☐
8	系统类型	给水系统	☐
9	汇总信息	阀门法兰(水)	☐
10	是否计量	是	☐
11	乘以标准间数量	是	☐
12	倍数	1	
13	图元楼层归属	默认	☐

图例　实体模型　提属性

图 1-74　“FM-1”属性设置

2. 阀门的识别

按照识别卫生器具的方法，对给水支管上的截止阀进行识别，识别出的数量为 1 个。

识别阀门或者管道附件时，软件将按照管道的管径规格来新建构件，并自动添加该类型阀门的管径大小，因此，同种类型的阀门，构件只需要新建一次构件。

管道附件新建与识别方法和阀门相同，这里不再赘述。

1.4.10　零星工程

根据图纸设计说明要求，管道穿楼板应设钢套管，其直径比管道大两号。这里需要根据该信息设置套管，而生成套管的前提是必须要存在楼板，所以先进行现浇板的设置。

1. 现浇板设置

单击导航栏中的“建筑工程”选项卡，在展开的构件类型中单击“现浇板（B）”构件类型（图 1-75 蓝框），并在右侧构件列表中单击“新建”按钮，完成现浇板构件新建。

图 1-75　“现浇板”构件新建

在“建模”选项卡的“绘图”选项中单击“矩形”按钮（图 1-76 蓝框），以本工程一层平面图为例，在“矩形”功能作用下框选图纸，如图 1-77 所示，再右击，完成操作，由于构建的是一层底板，在属性栏的“顶标高”输入栏中要选择层底标高。由图 1-77 可见，框选区域出现斜线填充，表明现浇板布置完成，同样的操作可以设置其他楼层。这里需要注意的是，现浇板的布置只是为了构成套管的生成条件，所以对于板厚和区域大小的精确度要求不高，只要保证生成套管位置有现浇板覆盖就可以。

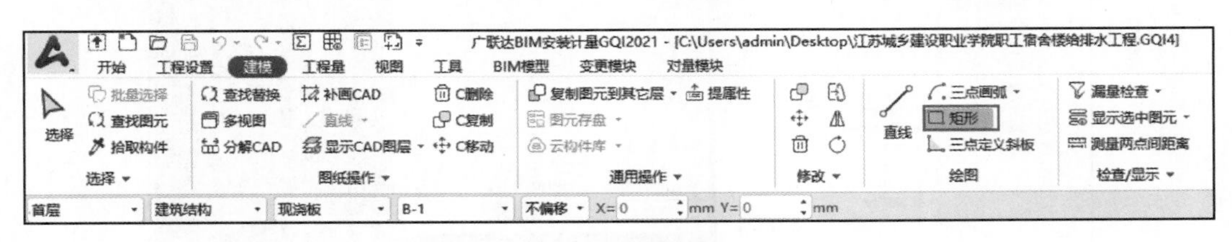

图 1-76　“矩形”功能按钮

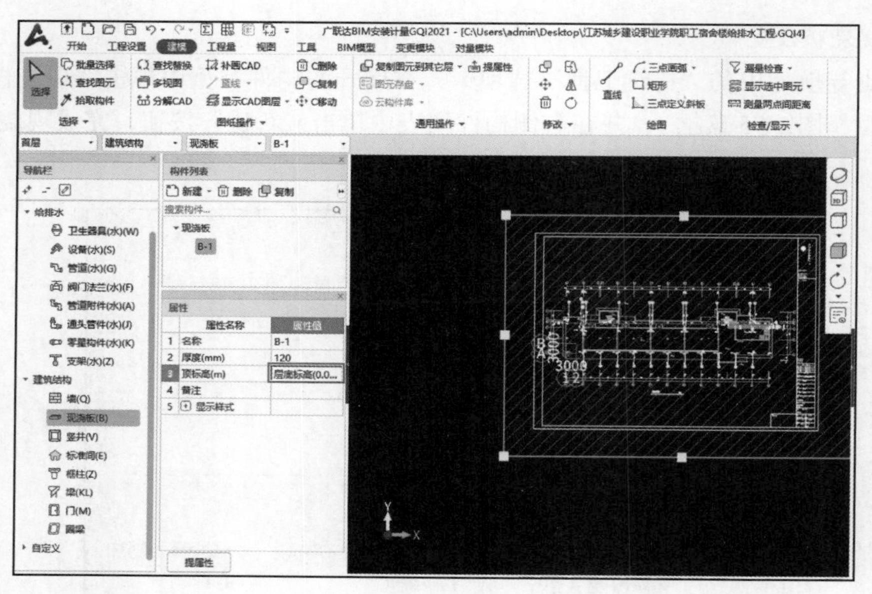

图 1-77　框选覆盖绘图区域

2. 套管的识别

现浇板布置完成后，就可以根据图纸信息生成套管了。在“建模”选项卡的“识别零星构件”选项中单击“生成套管”按钮，弹出“生成设置”对话框，由于本工程只对给水管道穿楼板做了规定，所以可以直接选择对话框中的“楼板”选项卡进行信息设置，在“圆形生成套管大小”选项栏中选择“大于管道 2 个规格型号的管径”，如图 1-78 所示，单击对话框中的“选择构件”按钮，弹出“选择构件图元”对话框，选择给水管路 2 一、二层管道，如图 1-79 所示，单击“选择构件图元”对话框中的“确定”按钮，界面返回到“生成设置”对话框，再单击“确定”按钮，就能得到套管数量，如图 1-80 所示。

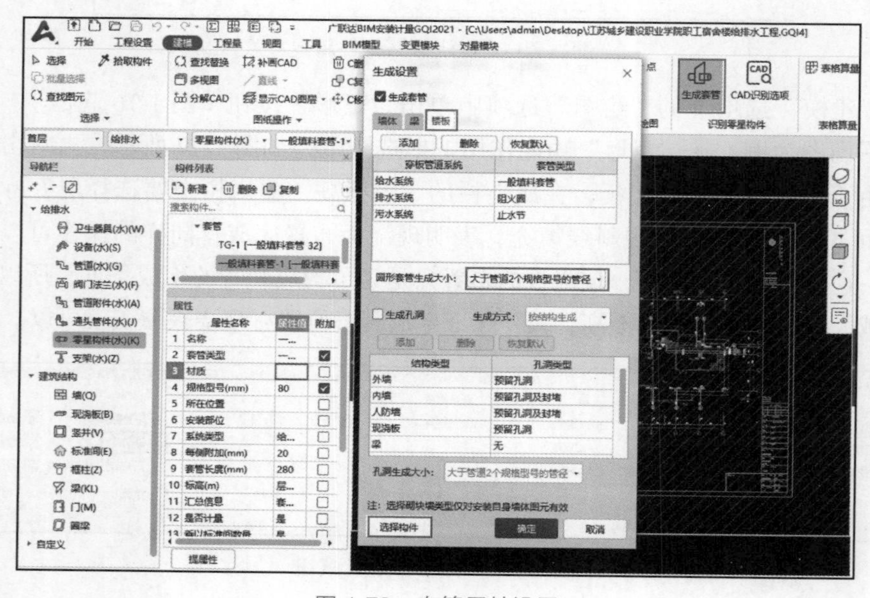

图 1-78　套管属性设置

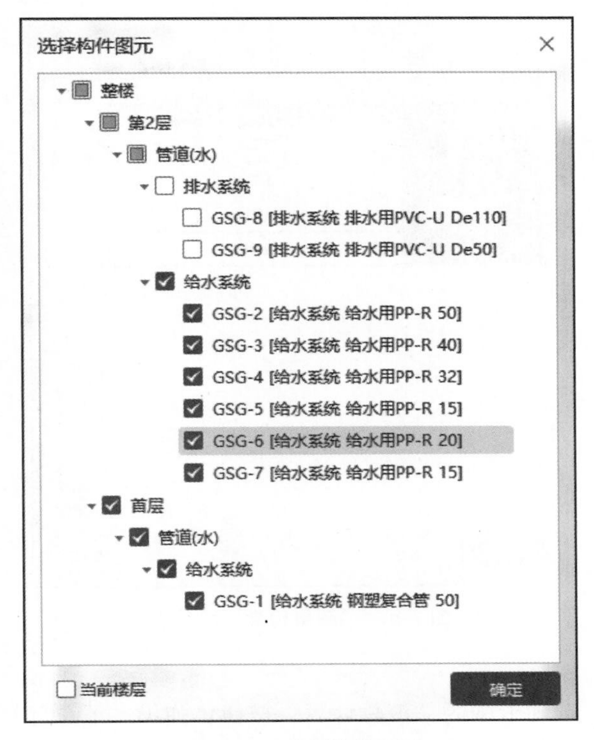

图 1-79　选择构件图元

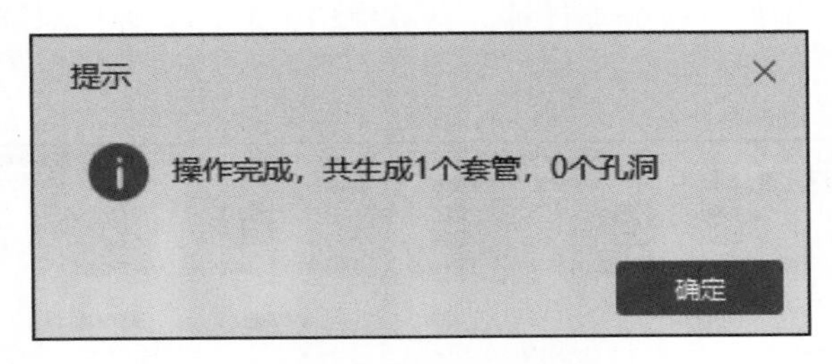

图 1-80　识别成果“提示”框

1.4.11　检查与汇总计算

在建模完成以后，需要进行模型检查，然后就能汇总计算得到工程量了。

1. 漏量检查

在“建模”选项卡的“检查 / 显示”选项中单击“漏量检查”按钮，弹出“漏量检查”对话框，如图 1-81 所示，单击对话框左下方的“检查”按钮，对话框中就会出现一些未识别的图例以及“楼层 +（数字）”的位置信息，楼层表示图例所在楼层，“数字”表示图例未识别数量。这里需要注意的是，并不是对话框中所有出现的图例符号都需要重新识别，比如有些并不是安装图例。双击其中一个图例符号，绘图区域会定位到该图例所在的图纸位置，并且图例会变为深蓝色，可以根据实际情况判断该图例是否为遗漏图例。

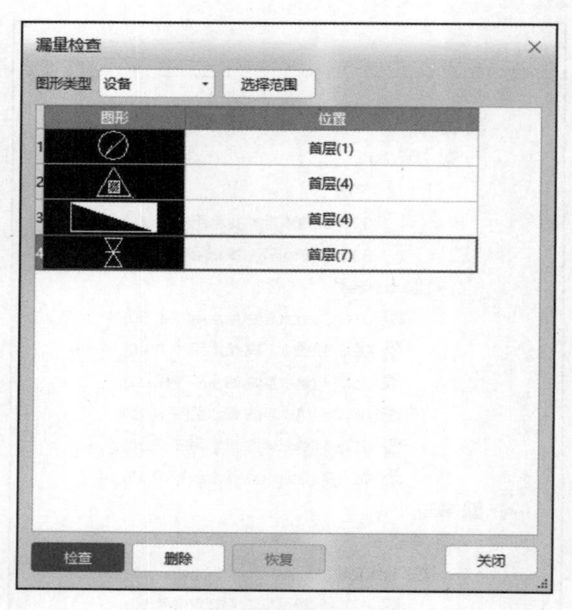

图 1-81 “漏量检查”对话框

2. 汇总计算

单击“工程量”选项卡中的“汇总计算”按钮，弹出“汇总计算”对话框，在对话框中单击“全选”按钮，将所有楼层选中，再单击“计算”按钮，如图 1-82 所示，软件就会对已经识别的构件进行分类计算。计算完毕，软件会弹出对话框提示工程量计算完成。

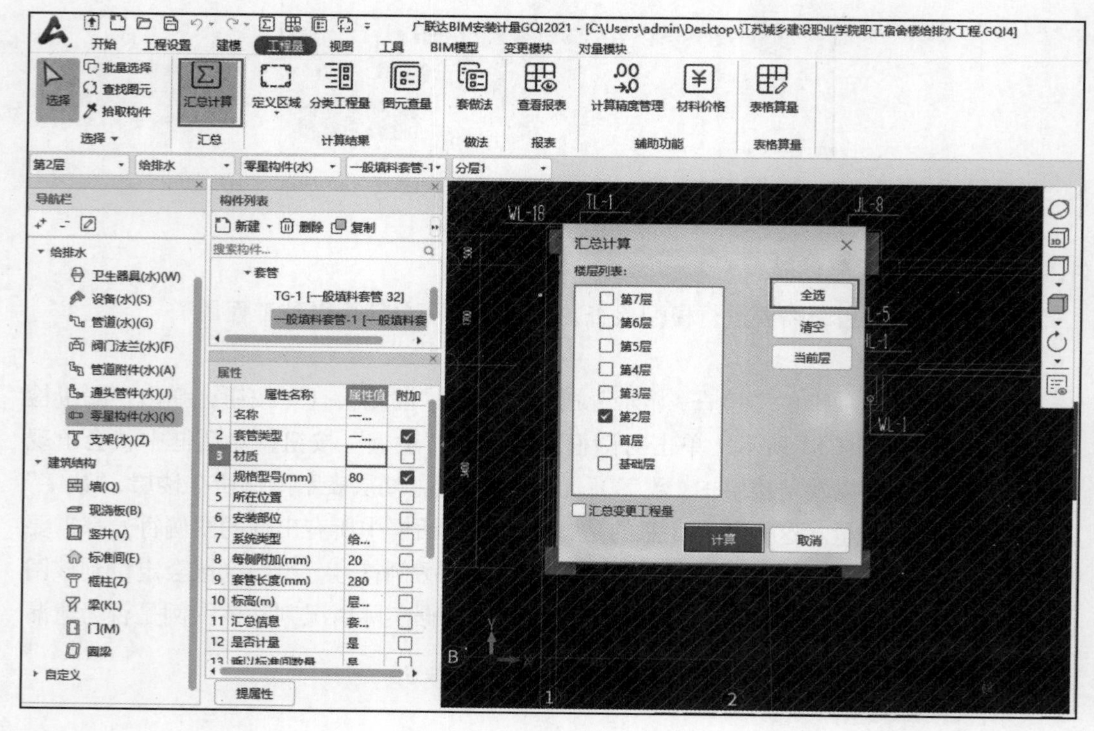

图 1-82 “汇总计算”对话框

1.4.12　集中套用做法

通过集中套用的做法，可以将计量的结果以清单的形式导入广联达计价软件中，从而实现量与价的无缝对接。

单击“工程量”选项卡中的“套做法”按钮，如图 1-83 所示，界面跳至“集中套做法”界面，如图 1-84 所示。

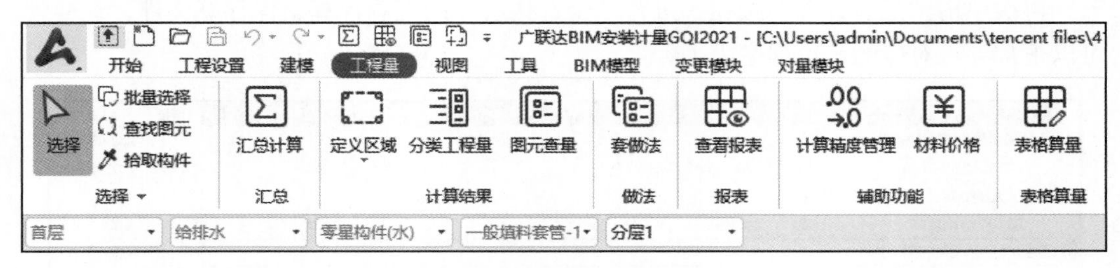

图 1-83　“套做法”按钮

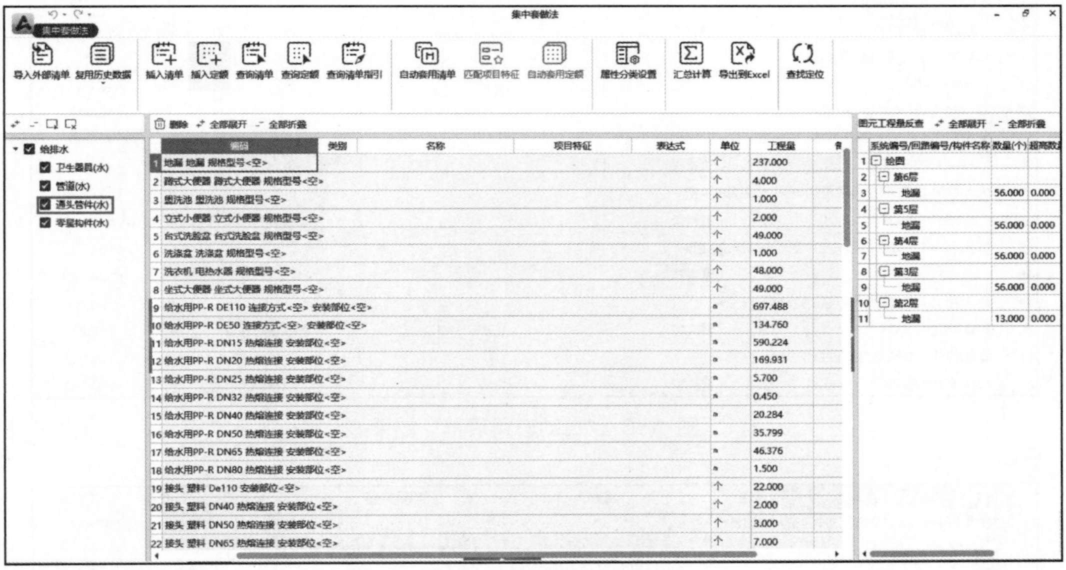

图 1-84　“集中套做法”界面

该界面中间“工程量数据区域”构件类型很多，但有些构件并不需要进行单独的计价，比如导航栏中的“通头管件（水）”，里面包含给排水管道塑料管弯头、三通等构件等；取消勾选“通头管件（水）”。

设置完成以后，就可以自动套用清单。单击界面上方“自动套用清单”按钮，如图 1-85 所示，此时，软件会在“工程量数据区域”对应的各个工程量下方自动生成最匹配的清单，但仍有部分工程量无法自动匹配清单，如图 1-86 所示，无法匹配的项可以单击“插入清单”按钮，通过手动选择的方式添加。

此时的清单仍缺少项目特征的文字描述，可以单击“自动匹配清单”旁边的“匹配项目特征”按钮，项目特征就添加完毕了，如图 1-87 所示。

图 1-85 “自动套用清单”按钮

再次单击“汇总计算”按钮，进行“全选楼层”的汇总计算，保存好文件，这样就可以正常导入对应的计价程序中了。

	编码	类别	名称	项目特征	表达式	单位	工程量
1	⊟ 地漏 地漏 规格型号<空>					个	237.000
2	031004014001	项	给、排水附(配)件		SL	个/组	237.000
3	⊟ 蹲式大便器 蹲式大便器 规格型号<空>					个	4.000
4	031004006001	项	大便器		SL	组	4.000
5	盥洗池 盥洗池 规格型号<空>					个	1.000
6	⊟ 立式小便器 立式小便器 规格型号<空>					个	2.000
7	031004007001	项	小便器		SL	组	2.000
8	⊟ 台式洗脸盆 台式洗脸盆 规格型号<空>					个	49.000
9	031004003001	项	洗脸盆		SL	组	49.000
10	⊟ 洗涤盆 洗涤盆 规格型号<空>					个	1.000
11	031004004001	项	洗涤盆		SL	组	1.000
12	洗衣机 电热水器 规格型号<空>					个	48.000
13	⊟ 坐式大便器 坐式大便器 规格型号<空>					个	49.000
14	031004006002	项	大便器		SL	组	49.000
15	⊟ 给水用PP-R DE110 连接方式<空> 安装部位<空>					m	697.488
16	031001006001	项	塑料管		CD+CGCD	m	697.488
17	⊟ 给水用PP-R DE50 连接方式<空> 安装部位<空>					m	134.760
18	031001006002	项	塑料管		CD+CGCD	m	134.760
19	⊟ 给水用PP-R DN15 热熔连接 安装部位<空>					m	590.224
20	031001006003	项	塑料管		CD+CGCD	m	590.224
21	⊟ 给水用PP-R DN20 热熔连接 安装部位<空>					m	169.931
22	031001006004	项	塑料管		CD+CGCD	m	169.931

图 1-86 “自动套用清单”效果

	编码	类别	名称	项目特征	表达式	单位	工程量
16	⊟ 给水用PP-R DE110 连接方式<空> 安装部位<空>					m	697.488
17	031001006001	项	塑料管	1. 材质、规格：给水用PP-R DE110	CD+CGCD	m	697.488
18	⊟ 给水用PP-R DE50 连接方式<空> 安装部位<空>					m	134.760
19	031001006002	项	塑料管	1. 材质、规格：给水用PP-R DE50	CD+CGCD	m	134.760
20	⊟ 给水用PP-R DN15 热熔连接 安装部位<空>					m	590.224
21	031001006003	项	塑料管	1. 材质、规格：给水用PP-R DN15 2. 连接形式：热熔连接	CD+CGCD	m	590.224
22	⊟ 给水用PP-R DN20 热熔连接 安装部位<空>					m	169.931
23	031001006004	项	塑料管	1. 材质、规格：给水用PP-R DN20 2. 连接形式：热熔连接	CD+CGCD	m	169.931
24	⊟ 给水用PP-R DN25 热熔连接 安装部位<空>					m	5.700
25	031001006005	项	塑料管	1. 材质、规格：给水用PP-R DN25 2. 连接形式：热熔连接	CD+CGCD	m	5.700
26	⊟ 给水用PP-R DN32 热熔连接 安装部位<空>					m	0.450
27	031001006006	项	塑料管	1. 材质、规格：给水用PP-R DN32 2. 连接形式：热熔连接	CD+CGCD	m	0.450

图 1-87 项目特征匹配完毕

任务书

按照《建设工程量清单计价规范》(GB 50500—2013),《通用安装工程工程量计算规范》(GB 50856—2013)和《江苏省安装工程计价定额》(2014 年版)规范要求，运用广联达 BIM 安装计量 GQI2021 对江苏城乡建设职业学院职工宿舍楼给排水工程图纸进行建模，并对给水管路、排水管路、卫生器具、阀门、套管等构件计量，编制清单。

任务分组

根据任务安排，填写表 1-19。

表 1-19　任务分组表

<table>
<tr><td>班级</td><td></td><td>姓名</td><td></td><td>学号</td></tr>
<tr><td>组号</td><td></td><td>指导教师</td><td></td><td></td></tr>
<tr><td colspan="5">组长：
成员：</td></tr>
<tr><td>小组任务</td><td colspan="4"></td></tr>
<tr><td>个人任务</td><td colspan="4"></td></tr>
</table>

工作准备

(1)阅读任务书，识读项目图纸，厘清图纸重难点。

(2)收集《建设工程量清单计价规范》(GB 50500—2013),《通用安装工程工程量计算规范》(GB 50856—2013)和《江苏省安装工程计价定额》中关于给排水计量的相关知识。

(3)结合工程任务分析给排水工程软件建模计量的难点和常见问题。

任务实施

1. 工程设置

引导问题 1：楼层设置的基本步骤是什么？带地下室的建筑地下部分如何设置？

______

______

引导问题 2：如何快速精准地定位图纸？为什么要定位图纸？

______

______

引导问题 3：图纸设置比例的步骤是什么？

______

______

2. 卫生器具识别

引导问题 4：本工程需要计量的卫生器具有哪些？以“坐式大便器”为例，如何根据图纸信息新建构件并编辑属性?

____

____

引导问题 5：卫生器具的识别步骤是什么?

____

3. 给排水管路

引导问题 6：给排水管路新建构件及属性编辑步骤是什么?

____

引导问题 7：运用“选择识别”功能识别给排水管路步骤是什么?

____

引导问题 8：运用“直线”功能绘制给排水管路步骤是什么?

____

引导问题 9：运用“动态观察”功能检查给排水管路模型步骤是什么？通过此操作能检查出的常见错误有哪些?

____

____

4. 阀门

引导问题 10：阀门构件新建的步骤是什么?

____

引导问题 11：阀门的识别步骤是什么?

____

5. 套管

引导问题 12：现浇板构件新建和识别的步骤是什么？套管识别为什么要先识别现浇板?

____

____

引导问题 13：套管的识别步骤是什么?

____

6. 检查与汇总计算

引导问题 14：“漏量检查”的步骤是什么?

____

引导问题 15：“漏量检查”出未识别的图例如何判别是否为“漏量”?

____

7. 集中套用做法

引导问题 16：DN50 圆形地漏应按____________项目进行清单列项，清单编码为____________，项目特征为____。

引导问题 17：DN50 截止阀应按____________项目进行清单列项，清单编码为____________，项目特征为____。

引导问题 18：DN50 给水管应按______________项目进行清单列项，清单编码为____________，项目特征为____。

8. 手算量与软件算量对比

引导问题 19：使用什么功能，可以计算全部或部分构件工程量？

____

引导问题 20：将实训任务 1.1 中手算得到的给水管路 2 支管工程量与软件算量做对比，找出差异点及原因。

____

____

评价反馈

根据学习情况，完成表 1-20。

表 1-20　给排水工程软件建模学习情境评价表

序号	评价项目	评价标准	满分	评价			综合得分
				自评	互评	师评	
1	卫生器具软件计量	卫生器具构件新建正确； 卫生器具识别正确	20				
2	给排水软件计量	给排水管道构件新建正确； 给排水管道识别或绘制正确	30				
3	阀门及套管软件计量	阀门或套管构件新建正确； 现浇板设置正确； 阀门或套管识别正确	10				
4	做法套用	卫生器具列项与提量正确； 给排水管路列项与提量正确； 阀门、套管列项与提量正确	20				
5	工程量计算及查看	能根据需要计算所需工程量； 能根据需要查看所需工程量	10				
6	工作过程	严格遵守工作纪律，按时提交工作成果； 积极参与教学活动，具备自主学习能力； 积极参与小组活动，具备倾听、协作与分享意识	10				

项目2　电气照明工程工程量清单计价

通过本项目的学习，能完成江苏城乡建设职业学院职工宿舍楼电气照明工程工程量计算、工程量清单的编制和招标控制价的编制。

知识目标

- 掌握电气照明工程工程量计算规则。
- 掌握电气照明工程清单编制规范。
- 掌握电气照明工程综合单价编制方法。
- 掌握广联达建模软件使用方法。
- 掌握广联达计价使用方法。

能力目标

- 能准确计算电气照明工程施工图工程量。
- 能熟练编制电气照明工程工程量清单。
- 能熟练根据电气照明工程量清单编制综合单价。
- 能熟练运用广联达建模软件对水电安装工程建模。
- 能熟练运用广联达计价软件进行计价。
- 能正确编制电气照明工程招标控制价。

素养目标

- 培养学生细致耐心的职业素养。
- 培养学生善于思考、勤于学习、脚踏实地的学习态度。
- 强化学生的责任意识。

实训任务 2.1　电气照明工程工程量计算

学习场景描述

按照《建设工程量清单计价规范》(GB 50500—2013),《通用安装工程工程量计算规范》(GB 50856—2013)和《江苏省安装工程计价定额》(2014 年版)的有关规定，对图 2-1 所示工程电气照明工程量进行计算。

图 2-1　职工宿舍楼电气照明工程

学习目标

(1)掌握电气照明工程管线计算方法。

(2)掌握电气照明工程电气计量方法。

(3)掌握电气照明工程工程量计算顺序。

相关知识

2.1.1　电气照明工程需计量内容

(1)配电箱：既包括成套与非成套配电箱，还包含配电箱内部的接线。

(2)配管配线：分为配管与配线工程。

(3)灯具：区分不同的灯具与安装方式。

(4)开关、插座：开关区分“控”与“联”，插座区分“相”与“孔”。

(5)防雷接地：包括避雷针或避雷网、避雷引下线、户外接地母线、接地极、接地电阻测试等内容。

2.1.2　电气照明工程量计算顺序

电气照明工程量计算顺序是根据照明平面图和系统图，按进户线，总配电箱，向各照明分配电箱配线，经各照明分配电箱向灯具、用电器具的顺序逐项进行计算。

2.1.3 电气照明工程量计算方法

电气照明工程量需按规定的计算规则计算。照明工程量根据该工程电气设计施工的照明平面图、照明系统图以及设备材料表等进行计算。照明线路的工程量按施工图上标明的敷设方式和导线的型号规格，根据轴线尺寸结合比例尺量取进行计算。照明设备、用电器具的安装工程量是根据施工图上标明的图例、文字符号分别统计出来的。

（1）为了准确计算照明线路工程量，不仅要熟悉照明的施工图，还应熟悉或查阅建筑施工图上的相关尺寸。因为一般电气施工图只有平面图，没有立面图，故需要根据建筑施工图的立面图和电气照明施工图的平面图配合计算。

（2）照明线路的工程量，一般先算干线，后算支线，按不同的敷设方式、不同型号和规格的导线分别进行计算。

（3）配管、配线工程量的计算，应弄清每层之间的供电关系，注意引上管和引下管，防止漏算干线。

（4）管线计算应“先管后线”，可照回路编号依次进行，也可按管径大小排列顺序计算；管内穿线根数在配管计算时，用符号表示，以便简化和校核。

① 计算配管的工程量分两步，先算水平配管，再算垂直配管。

a. 水平方向敷设的管，以施工平面图的管线走向部位为依据，并借用建筑物平面图所标墙、柱轴线尺寸进行线管长度的计算。

b. 垂直方向敷设的管（沿墙、柱引上或引下），其工程量计算与楼层高度及与箱、柜、盘、板、开关等设备安装高度有关。

c. 配管工程量计算时应注意，配管工程量计算在电气施工图预算中所占比重较大，是预算编制中工程量计算的关键之一。

（a）无论明配管还是暗配管，其工程量均以管子轴线为理论长度计算。水平管长度可按平面图所示标注尺寸或用比例尺量取，垂直管长度可根据层高和安装高度计算。

（b）明配管工程量计算时，要考虑管轴线距墙的距离，如设计无要求，可以墙皮作为量取计算的基准；设备、用电器具作为管路的连接终端时，可以其中心作为量取计算的基准。

（c）暗配管工程量计算时，可依墙体轴线作为量取计算的基准；如设备和用电器具作为管路的连接终端时，可以其中心线与墙体轴线的垂直交点作为量取计算的基准。

（d）在钢索上配管时，另外计算钢索架设和钢索拉紧装置制作与安装两项。

② 计算配线的工程量，应该以配管工程量为基础，结合配管中的导线根数，以单线延长米计算。

建筑照明进户线的工程量，原则上是从进户横担到配电箱的长度。进户横担以外的线段不计入照明工程量中。除了施工图上所表示的分项工程外，还应计算施工图样中没有表示出来但施工中又必须进行的工程项目，以免漏项。如在遇到建筑物沉降缝时，暗配管工程应做接线箱过渡等。

（5）其他的开关、插座、灯具等用电设备均以个、套等作为计量单位，工程量计算时用“统筹法”计算数量。

（6）防雷接地系统与测试均以“系统”为计量单位，较为简单。

2.1.4 电气照明工程量计算规则

微课：电气照明工程量计算规则

1. 控制设备及低压电器工程量计算规则

（1）控制设备及低压电器安装均以“台”为计量单位。以上设备安装均未包括基础槽钢、角钢的制作安装，其工程量应按相应定额另行计算。

（2）铁构件制作安装均按施工图设计尺寸，成品重量以“kg”为计量单位。

（3）网门、保护网制作安装，按网门或保护网设计图示的框外围尺寸，以“m^2”为计量单位。

（4）盘柜配线分不同规格，以“m”为计量单位。

（5）盘、箱、柜的外部进出线预留长度按表 2-1 计算。

表 2-1 盘、箱、柜的外部进出线预留长度

序号	项目	预留长度 /(m/ 根)	说明
1	各种箱、柜、盘、板、盒	高 + 宽	盘面尺寸
2	单独安装的铁壳开关、自动开关、刀开关、启动器、箱式电阻器、变阻器	0.5	从安装对象中心算起
3	继电器、控制开关、信号灯、按钮、熔断器等小电器	0.3	从安装对象中心算起
4	分支接头	0.2	分支线预留

（6）配电板制作安装及包铁皮，按配电板图示外形尺寸，以“m^2”为计量单位。

（7）焊（压）接线端子定额只适用于导线，电缆终端头制作安装定额中已包括压接线端子，不得重复计算。

（8）端子板外部接线按设备盘、箱、柜、台的外部接线图计算，以“个”为计算单位。

（9）盘、柜配线定额只适用于盘上小设备元件的少量现场配线，不适用于工厂的设备修、配、改工程。

盘、柜配线计算公式为

各种盘、柜、箱板的半周长 × 元器件之间的连接线根数

增加盘顶上安装小母线工作量计算公式为

同一个平面内所安装的盘宽之和 × 小母线根数 + 小母线根数 × 预留长度（0.05m）

2. 电缆安装工程量计算规则

（1）电缆敷设中涉及土方开挖回填、破路等，执行建筑工程计价定额。

（2）直埋电缆的挖、填土（石）方量，除特殊要求外，可按表 2-2 计算。

（3）电缆沟盖板揭、盖定额，按每揭或每盖一次以延长米计算。如又揭又盖，则按两次计算。

（4）电缆保护管长度，除按设计规定长度计算外，如有下列情况，应按以下规定增加保护管长度。

① 横穿道路，按路基宽度两端各增加 2m。

表 2-2 直埋电缆的挖、填土（石）方量

项　目	电缆根数	
	1～2 根	每增一根
每米沟长挖方量 /m^3	0.45	0.153

注：

1. 两根以内的电缆沟，系按上口宽度 600mm、下口宽度 400mm、深度 900mm 计算的常规土方量（深度按规范的最低标准）。
2. 每增加一根电缆，其宽度增加 170mm。
3. 以上土（石）方量系按埋深从自然地坪算起，如设计埋深超过 900mm 时，多挖的土（石）方量应另行计算。

② 垂直敷设时，管口距地面增加 2m。

③ 穿过建筑物外墙时，按基础外缘以外增加 1m。

④ 穿过排水沟，按沟壁外缘以外增加 1m。

（5）电缆保护管埋地敷设，其土方量凡有施工图注明的，按施工图计算；无施工图的一般按沟深 0.9m, 沟宽按最外边的保护管两侧边缘外各增加 0.3m 工作面计算。

（6）电缆敷设长度应根据敷设路径的水平和垂直敷设长度，另按表 2-3 规定增加附加长度。

表 2-3 电缆敷设预留长度

序号	项　　目	预留长度	说　　明
1	电缆敷设弛度、波形弯度、交叉	2.5%	按电缆全长计算
2	电缆进入沟内或吊架时引上、下预留	1.5m	规范规定最小值
3	变电所进线、出线	1.5m	规范规定最小值
4	电力电缆终端头	1.5m	检修余量最小值
5	电缆中间接头盒	两端各留 2.0m	检修余量最小值
6	电缆进控制、保护屏及模拟盘等	高 + 宽	按盘面尺寸
7	电缆进入建筑物	2.0m	规范规定最小值
8	高压开关柜及低压配电盘、箱	2.0m	规范规定最小值
9	电缆至电动机	0.5m	从电机接线盒起算
10	厂用变压器	3.0m	从地坪起算
11	电缆绕过梁柱等增加长度	按实计算	按被绕物的断面情况计算增加长度
12	电梯电缆与电缆架固定点	每处 0.5m	规范最小值

注：

1. 电缆附加及预留的长度是电缆敷设长度的组成部分，应计入电缆长度工程量之内。
2. 表中“电缆敷设的附加长度”不适用于矿物绝缘电缆预留长度，矿物绝缘电缆预留长度按实际计算。

（7）电缆终端头及中间头均以“个”为计量单位。电力电缆和控制电缆均按一根电缆有两个终端头考虑。中间电缆头设计有图示的，按设计确定；设计没有规定的，按实际情况计算或按平均 250m 一个中间头考虑。

（8）$16mm^2$ 以下截面电缆头执行压接线端子或端子板外部接线。

（9）吊电缆的钢索及拉紧装置的工程量，应按本册相应定额另行计算。

（10）钢索的计算长度以两端固定点的距离为准，不扣除拉紧装置的长度。

3. 防雷及接地装置工程工程量计算规则

（1）接地极制作安装以“根”为计量单位。其长度按设计长度计算，设计无规定时，每根按 2.5m 计算。若设计有管帽，管帽另按加工件计算。

（2）接地母线敷设，按设计长度以“m”为计量单位计算工程量。接地终线、避雷线敷设，均按延长米计算，其长度按施工图设计的水平和垂直长度另加 3.9% 的附加长度（包括转弯、上下波动、避绕障碍物、搭接头所占长度）计算。计算主材费时另加规定的损耗率。

（3）接地跨接线以“处”为计量单位，按规程规定凡需作接地跨接线的工程内容，每跨接一次按一处计算，户外配电装置构架均需接地，每副构架按“一处”计算。

（4）避雷针的加工、制作、安装以“根”为计量单位，独立避雷针安装以“基”为计量单位。长度、高度、数量均按设计规定。独立避雷针的加工制作应执行“一般铁件”制作定额或按成本计算。

（5）半导体长针消雷装置以“套”为计量单位，按设计安装高度分别执行相应定额。装置本身由设备制造厂成套供货。

（6）利用建筑物内主筋作接地引下线安装以“10m”为计量单位，每一柱子内按焊接两根主筋考虑，如果焊接主筋数超过两根时，可按比例调整。

（7）断接卡子制作安装以“套”为计量单位，按设计规定装设的断接卡子数量计算；接地检查井内的断接卡子安装按每井一套计算，井的制作执行相应定额。

（8）高层建筑物屋顶的防雷接地装置应执行“避雷网安装”定额，电缆支架的接地线安装应执行“户内接地母线敷设”定额。

（9）均压环敷设以“m”为单位计算，主要考虑利用圈梁内主筋作均压环接地连线，焊接时按两根主筋考虑，超过两根时，可按比例调整。长度按设计需要作为均压接地的圈梁中心线长度，以“延长米”为计量单位计算。

（10）钢窗、铝窗接地以“处”为计量单位（高层建筑 6 层以上的金属窗设计一般要求接地），按设计要求接地的金属窗数进行计算。

（11）柱子主筋与圈梁连接以“处”为计量单位，每处按两根主筋与两根圈梁钢筋分别按焊接连接考虑。如果焊接主筋和圈梁钢筋超过两根，可按比例调整，需要连接的柱子主筋和圈梁钢筋“处”数按规定设计计算。

4. 配管、配线工程量计算规则

（1）各种配管应区别不同敷设方式、敷设位置、管材材质、规格，以“延长米”为计量单位，不扣除管路中间的连接箱（盒）、灯头盒、开关盒所占长度。

（2）定额中未包括钢索架设及拉紧装置、接线盒、支架的制作安装，其工程量应另行计算。

（3）管内穿线的工程量，应区别线路性质、导线材质、导线截面，以单线“延长米”为计量单位。线路分支接头线的长度已综合考虑在定额中，不另行计算。照明线路中的导线截面大于或等于 6mm^2 时，应执行动力线路穿线相应项目。

（4）线夹配线工程量，应区别线夹材质（塑料、瓷质）、线式（二线、三线）、敷设位置（木结构、砖、混凝土结构）以及导线规格，以线路“延长米”为计量单位。

（5）绝缘子配线工程量，应区别绝缘子形式（针式、鼓式、蝶式）、绝缘子配线位置（沿屋架、梁、柱、墙，跨屋架、梁、柱，木结构、顶棚内、砖、混凝土结构，沿钢支架及钢索）、导线截面积，以线路“延长米”为计量单位计算。绝缘子暗配，引下线按线路支持点至天棚下缘距离的长度计算。

（6）槽板配线工程量，应区别槽板材料（木质、塑料），配线位置（木结构、砖、混凝土结构）、导线截面、线式（二线、三线），以线路“延长米”为计量单位计算。

（7）塑料护套线明敷设工程量，应区别导线截面、导线芯数（二芯、三芯）、敷设位置（在木结构、砖、混凝土结构，沿钢索），以单根线路“延长米”为计量单位计算。

（8）线槽配线工程量，应区别导线截面，以单根线路“延长米”为计量单位计算。若为多芯导线，两芯导线时，按相应截面定额子目基价乘以系数 1.2；四芯导线时，按相应截面定额子目基价乘以系数 1.4；八芯导线时，按相应截面定额子目基价乘以系数 1.8；十六芯导线时，按相应截面定额子目基价乘以系数 2.1。

（9）钢索架设工程量，应区别圆钢、钢索直径（ϕ6mm、ϕ9mm），按图示墙（柱）内缘距离，以“延长米”为计量单位计算，不扣除拉紧装置所占长度。

（10）母线拉紧装置及钢索拉紧装置制作安装工程量，应区别母线截面、花篮螺栓直径（M12、M16、M18），以“套”为计量单位计算。

（11）车间带形母线安装工程量，应区别母线材质（铝、钢）、母线截面、安装位置（沿屋架、梁、柱、墙，跨屋架、梁、柱），以“延长米”为计量单位计算。

（12）动力配管混凝土地面刨沟工程量，应区别管子直径，以“延长米”为计量单位计算。

（13）接线箱安装工程量，应区别安装形式（明装、暗装）、接线箱半周长，以“个”为计量单位计算。

（14）接线盒安装工程量，应区别安装形式（明装、暗装、钢索上）以及接线盒类型，以“个”为计量单位计算。

（15）灯具、明（暗）开关、插座、按钮等的预留线，已分别综合在相应定额内，不另行计算。

（16）配线进入开关箱、柜、板的预留线，按表 2-4 的长度，分别计入相应的工程量。

表 2-4 配线进入开关箱、柜、板的预留线

序号	项 目	预留长度 /（m/根）	说 明
1	各种开关箱、柜、板	宽 + 高	盘面尺寸
2	单独安装（无箱、盘）的铁壳开关、闸刀、开关、启动器、母线槽进出线盒等	0.3	从安装对象中心算起
3	由地面管子出口引至动力接线箱	1.0	从管口计算
4	电源与管内导线连接（管内穿线与软、硬母线节点）	1.5	从管口计算
5	出户线	1.5	从管口计算

（17）桥架安装，按桥架中心线长度，以“10m”为计量单位。

5. 照明灯具工程量计算规则

（1）普通灯具安装的工程量，应区别灯具的种类、型号、规格，以“套”为计量单位计算。普通灯具安装定额适用范围见下方二维码。

（2）吊式艺术装饰灯具的工程量，应根据装饰灯具示意图集所示，区别不同装饰物以及灯体直径垂吊长度，以“套”为计量单位计算。灯体直径为装饰物的最大外缘直径；灯体垂吊长度为灯座底部到灯梢之间的总长度。

（3）吸顶式艺术装饰灯具安装的工程量，应根据装饰灯具示意图集所示，区别不同装饰物、吸盘的几何形状、灯体直径、灯体周长和灯体垂吊长度，以“套”为计量单位计算。灯体直径为吸盘最大外缘直径；灯体半周长为矩形吸盘的半周长；吸顶式艺术装饰灯具的灯体垂吊长度为吸盘到灯梢之间的总长度。

（4）荧光式艺术装饰灯具安装的工程量，应根据装饰灯具示意图集所示，区别不同安装形式和计量单位计算。

① 组合荧光灯光带安装的工程量，应根据装饰灯具示意图集所示，区别安装形式、灯管数量，以“延长米”为计量单位计算，灯具的设计数量与定额不符时，可以按设计量加损耗量调整主材。

② 内藏组合式灯安装的工程量，应根据装饰灯具示意图集所示，区别灯具组合形式，以“延长米”为计量单位。灯具的设计数量与定额不符时，可根据设计数量加损耗量调整主材。

③ 发光棚安装的工程量，应根据装饰灯具示意图集所示，以“m^2”为计量单位，发光棚灯具按设计用量加损耗量计算。

④ 立体广告灯箱、荧光灯光沿的工程量，应根据装饰灯具示意图集所示，以“延长米”为计量单位。灯具设计用量与定额不符时，可根据设计数量加损耗量调整主材。

⑤ 几何形状组合艺术灯具安装的工程量，应根据装饰灯具示意图集所示，区别不同安装形式及灯具的不同形式，以“套”为计量单位计算。

⑥ 标志、诱导装饰灯具安装的工程量，应根据装饰灯具示意图集所示，区别不同安装形式，以“套”为计量单位计算。

⑦ 水下艺术装饰灯具安装的工程量，应根据装饰灯具示意图集所示，区别不同安装形式，以“套”为计量单位计算。

⑧ 点光源艺术装饰灯具安装的工程量，应根据装饰灯具示意图集所示，区别不同安装形式、不同灯具直径，以“套”为计量单位计算。

⑨ 草坪灯具安装的工程量，应根据装饰灯具示意图集所示，区别不同安装形式，以“套”为计量单位计算。

⑩ 歌舞厅灯具安装的工程量，应根据装饰灯具示意图集所示，区别不同灯具形式，分别以“套”“延长米”“台”为计量单位计算。装饰灯具安装定额适用范围见下方二维码。

（5）荧光灯具安装的工程量，应区别灯具的安装形式、灯具种类、灯管数量，以“套”为计量单位计算。荧光灯具安装定额适用范围见下方二维码。

（6）工厂灯及防水防尘灯安装的工程量，应区别不同安装形式，以“套”为计量单位计算。工厂灯及防水防尘灯安装定额适用范围见下方二维码。

（7）工厂其他灯具安装的工程量，应区别不同灯具类型、安装形式、安装高度，以“套”“个”“延长米”为计量单位计算。工厂其他灯具安装定额适用范围见下方二维码。

（8）医院灯具安装的工程量，应区别灯具种类，以“套”为计量单位计算。医院灯具安装定额适用范围见下方二维码。

（9）路灯安装工程，应区别不同臂长、不同灯数，以“套”为计量单位计算。

工厂厂区内、住宅小区内路灯安装执行本册定额，城市道路的路灯安装执行《全国统一市政工程预算定额》。路灯安装定额范围见下方二维码。

6. 附属工程量计算规则

铁构件制作安装均按施工图设计尺寸，以成品重量“kg”为计量单位。

7. 电气调整试验工程量计算规则

（1）电气调试系统的划分以电气原理系统图为依据。电气设备元件的本体试验均包括在相应定额的系统调试之内，不得重复计算。绝缘子和电缆等单体试验，只在单独试验时使用。

（2）电气调试所需的电力消耗已包括在定额内，一般不另计算。但 10kW 以上电机及发电机的启动调试用的蒸汽、电力和其他动力能源消耗及变压器空载试运转的电力消耗，另行计算。

（3）供电桥回路的断路器、母线分段断路器，均按独立的送配电设备系统计算调试费。

（4）送配电设备系统调试，系按一侧有一台断路器考虑，若两侧均有断路器，则应按两个系统计算。

（5）送配电设备系统调试，适用于各种供电回路（包括照明供电回路）的系统调试。电磁开关等调试元件（不包括闸刀开关、保险器），均按调试系统计算。移动式电器和以插座连接的家电设备已经厂家调试合格、不需要用户自调的设备，均不应计算调试费用。

（6）变压器系统调试，以每个电压侧有一台断路器为准。多于一个断路器的，按相应电压等级送配电设备系统调试的相应定额另行计算。

（7）干式变压器的调试，执行相应容量变压器调试定额乘以系数 0.8。

（8）特殊保护装置，均以构成一个保护回路为一套，其工程量计算规定如下（特殊保护装置未包括在各系统调试定额之内，应另行计算）。

① 发电机转子接地保护，按全厂发电机共用一套考虑。

② 距离保护和高频保护按设计规定所保护的送电线路断路器台数计算。

③ 故障录波器的调试，以一块屏为一套系统计算。

④ 失灵保护，按该保护的断路器台数计算。

⑤ 失磁保护，按所保护的电机台数计算。

⑥ 变流器的断电保护，按变流器台数计算。

⑦ 小电流接地保护，按装设该保护的供电回路断路器台数计算。

⑧ 保护检查及打印机调试，按构成该系统的完整回路为一套计算。

（9）自动装置及信号系统调试，均包括继电器、仪表等元件本身和二次回路的调整试验，具体规定如下。

① 备用电源自动投入装置，按连锁机构的个数确定备用电源自投装置系统数。一个备用厂用变压器，作为三段厂用工作母线备用的厂用电源，计算备用电源自动投入装置调试时，应为三个系统。装设自动投入装置的两条互为备用的线路或两台变压器，计算备用电源自动投入装置调试时，应为两个系统。备用电动机自动投入装置也按此计算。

② 线路自动重合闸调试系统，按采用自动重合闸装置的线路自动断路器的台数计算系统数。综合重合闸也按此规定计算。

③ 自动调频装置的调试，以一台发电机为一个系统。

④ 同期装置调试，按设计构成一套能完成同期并车行为的装置为一个系统计算。

⑤ 蓄电池及直流监视系统调度，一组蓄电池按一个系统计算。

⑥ 事故照明切换装置调试，按设计能完成交直流切换的一套装置为一个调试系统计算。

⑦ 周波减负荷装置调试，凡有一个周率继电器，不论带几个回路，均按一个调试系统计算。

⑧ 变送器屏以屏的个数计算。

⑨ 中央信号装置调试，按每一个变电所或配电室为一个调试系统计算工程量。

⑩ 不间断电源装置调试，按容量以“套”为单位计算。

（10）接地网的调试规定如下。

① 接地网接地电阻的测定。一般的发电厂或变电站连为一体的母网，按一个系统计算；自成母网，不与厂区母网相连的独立接地网，另按一个系统计算。大型建筑群各有自己的接地网（接地电阻值设计有要求），虽然在最后也将各接地网连在一起，但应按各自的接地网计算，不能作为一个网，具体应按接地网的试验情况而定。

② 避雷针接地电阻的测定。每一种避雷针均有单独接地网（包括独立的避雷针、烟囱避雷针等）时，均按一组计算。

③ 独立的接地装置接组计算。如一台柱上变压器有一独立的接地装置，即按一组计算。

（11）避雷器、电容器的调试，按每三相为一组计算；单个装设的也按一组计算，上述设备如设置在发动机、变压器、输、配电线路的系统或回路内，仍应按相应定额另外计算调试费用。

（12）高压电气除尘系统调试，按一台升压变压器、一台机械整流器及附属设备为一个系统计算，分别按除尘器面积（m^2）范围执行定额。

（13）硅整流装置调试，按一套硅整流装置为一个系统计算。

（14）普通电动机的调试，分别按电动机的控制方式、功率、电压等级，以“台”为计量单位。

（15）可控硅调速直流电动机调试以“系统”为计量单位，其调试内容包括可控硅整流装置系统和直流电动机控制回路系统两个部分。

（16）交流变频调速电动机调试以“系统”为计量单位，其调试内容包括变频装置系统和交流电动机控制回路系统两个部分。

（17）微型电机系指功率在 0.75kW 以下的电机，不分类别，一律执行微电机综合调试定额，以“台”为计量单位。电动功率在 0.75kW 以上的电机调试应按电机类别和功率分别执行相应调试定额。

（18）一般的住宅、学校、办公楼、旅馆、商店等民用电气工程的供电调试规定如下。

① 配电室内带有调试元件的盘、箱、柜和带有调试元件的照明主配电箱，应按供电方式执行相应的“配电设备系统调试”定额。

② 每个用户房间的配电箱（板）上虽装有电磁开关等调试元件，但如果生产厂家已按固定的常规参数调整好，不需要安装单位进行调试就可直接投入使用的，不得计取调试费用。

③ 民用电度表的调整校验属于供电部门的专业管理，一般皆由用户向供电局订购调试完毕的电度表，不得另外计算调试费用。

（19）高标准的高层建筑、高级宾馆、大会堂、体育馆等具有较高控制技术的电气工程（包括照明工程中由程控调光控制的装饰灯具），应按控制方式执行相应的电气调试定额。

例题解析

电气照明工程量计算实例

任务书

根据以下工程条件完成该宿舍楼一层活动室电气照明工程工程量计算。

1. 设计说明

（1）该建筑物为框架结构，建筑物层高为 3m，顶板为现浇，建筑物室内外高差 0.3m。电气图纸见图 2-2～图 2-4。

（2）照明支线采用 BV-450/750V 导线穿 JDG 管沿墙、顶棚或埋地敷设 BV-2×2.5mm^2，3～4 根 2.5mm^2 穿 16JDG 管。

（3）系统接地设在配电箱 AW1 下，采用 -25×4 镀锌扁钢，埋地敷设，埋深 0.7m，接地极采用镀锌钢管 DN40，L=2.5m；接地电阻要求小于或等于 1Ω。

（4）配电箱 AW1 型号为 GXL11，厂家成品供应，箱内无端子板；配电箱尺寸为 600mm（高）×900mm（宽）×200mm（深），底边安装高度距地 1.8m。

（5）其他安装高度：单极开关、三极开关安装高度为 1.3m，二、三极带安全门插座安装高度 0.3m，荧光灯 2 × T5 28W、节能灯 PAK-DO1 1 × 13W 吸顶安装。

2. 答题要求

（1）电气配管进入地坪或顶板的深度均按 100mm 计算。

（2）不考虑挖填土工程量。

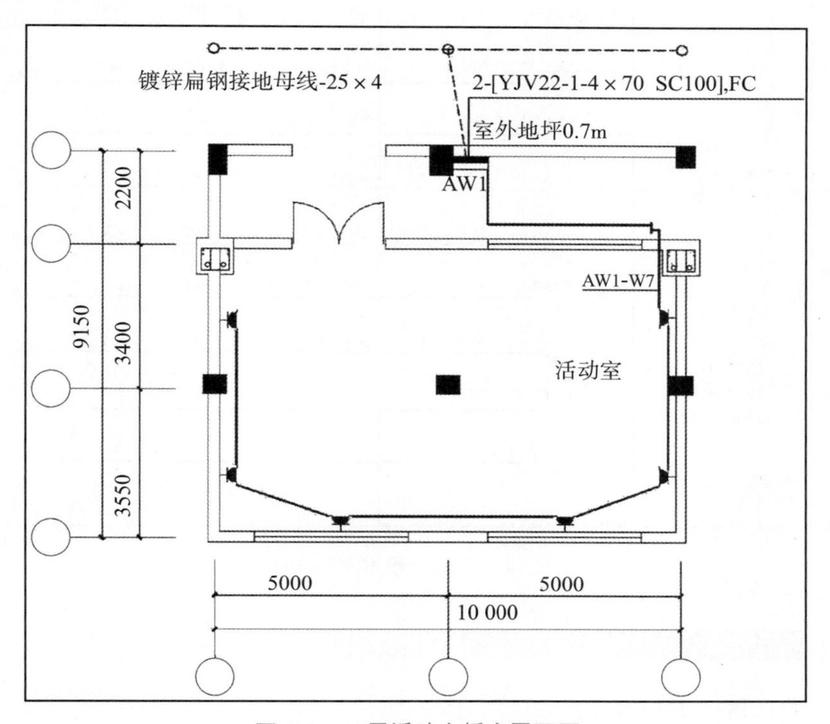

图 2-2　一层活动室插座平面图

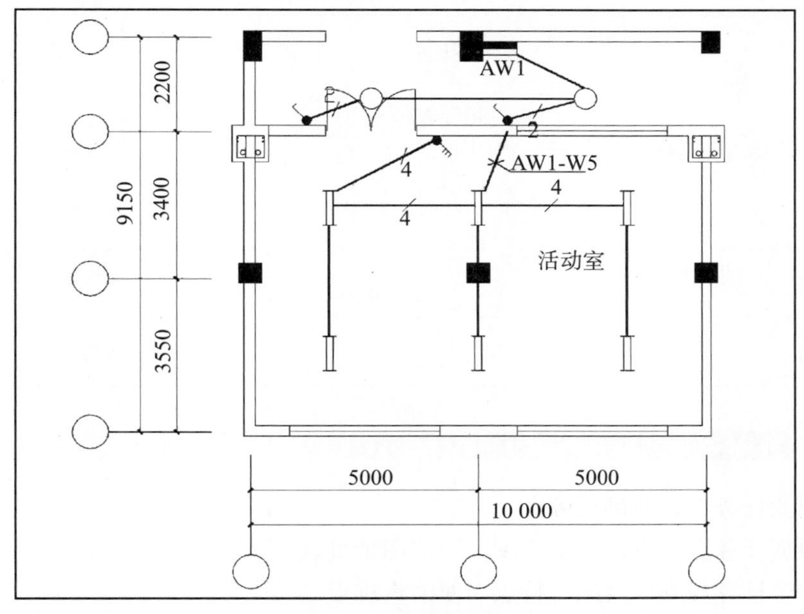

图 2-3　一层活动室照明平面图

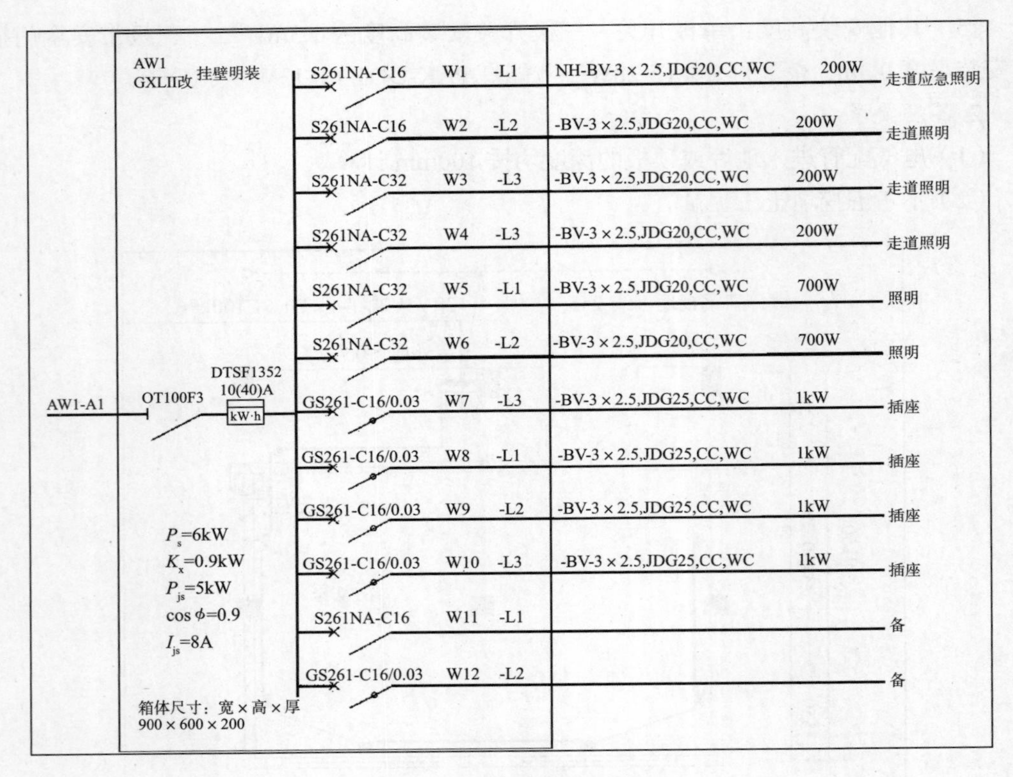

图 2-4　二层公厕排水系统图

任务分组

根据任务安排，填写表 2-5。

表 2-5　任务分组表

班级		姓名		学号
组号		指导教师		
组长： 成员：				
小组任务				
个人任务				

工作准备

（1）阅读任务书，明确任务点。

（2）根据任务点认真识读施工图，厘清图纸难点。

（3）结合计算规则以及题目特点，厘清重难点。

任务实施

引导问题 1：本案例中需要计量的项有哪些？

____

引导问题 2：电气照明工程工程量计算顺序是什么？

____

引导问题 3：配电箱如何计量？配电箱中无端子外部接线，接线端子等数量如何确定？如果配电箱有基础槽钢，需不需要单独计量，为什么？

____

____

引导问题 4：配管如何区分列项？配管的计量方法是什么？管路在经过开关盒、接线盒等要不要扣除？

____

____

引导问题 5：配线如何区分列项？配线的计量方法是什么？配线进入开关、插座、灯具等的预留线需不需要计量？为什么？配线进入开关箱、柜、板的预留线需不需要计量？如果需要，该如何计量？

____

____

____

引导问题 6：插座如何区分列项？

____

引导问题 7：开关如何区分列项？

____

引导问题 8：电缆计量如何区分列项？__________电缆敷设长度应根据敷设路径的________和__________敷设长度，另外还要加上规定的__________。例如：电缆敷设弛度、波形弯度、交叉时预留长度为__________；电力电缆设置终端头时预留长度为__________；电缆进入建筑物时预留长度为__________。（注：电缆在计量时，弛度、波形弯度及交叉的预留长度必须要考虑，并且要在计量了其他预留长度后，再计量。）

引导问题 9：电缆终端头的数量如何确定？中间电缆头数量如何确定？

____

引导问题 10：接地母线的长度按施工图设计的__________和__________长度另加__________的附加长度。利用建筑物内主筋作为接地引下线时，每一柱子内按焊接__________根主筋考虑，如果超过两根，按比例调整。

评价反馈

根据学习情况，完成表 2-6。

表 2-6 电气照明工程工程量计算学习情境评价表

序号	评价项目	评价标准	满分	评价			综合得分
				自评	互评	师评	
1	控制设备及低压电器计量	配电箱、照明开关、插座等列项正确； 配电箱、照明开关、插座等工程量计算正确	10				
2	电缆计量	电缆与电力电缆头列项正确； 电缆与电力电缆头工程量计算正确	20				
3	防雷接地计量	接地母线、接地极等列项正确； 接地母线、接地极等工程量计算正确	20				
4	配管、配线计量	配管、配线列项正确； 配管、配线工程量计算正确	20				
5	照明灯具计量	照明灯具列项正确； 照明灯具工程量计算正确	10				
6	电气调整试验计量	电气调整试验列项正确； 电气调整试验工程量计算正确	10				
7	工作过程	严格遵守工作纪律，按时提交工作成果； 积极参与教学活动，具备自主学习能力； 积极参与小组活动，具备倾听、协作与分享意识	10				

实训任务 2.2 电气照明工程工程量清单编制

学习场景描述

按照《建设工程量清单计价规范》(GB 50500—2013)和《通用安装工程工程量计算规范》(GB 50856—2013)的有关规定，对图 2-5 所示工程电气照明工程量进行清单编制。

图 2-5 职工宿舍楼电气照明工程

学习目标

（1）掌握电气照明工程工程量清单编制方法。

（2）掌握项目特征描述方法。

（3）掌握清单包含的工作内容。

相关知识

2.2.1 概述

《通用安装工程工程量计算规范》（GB 50856—2013）（以下简称“计算规范”）附录D“电气设备安装工程”适用于工业与民用建设工程中10kV以下变配电设备及线路安装工程工程量清单编制与计量。其主要内容包括变压器、配电装置、母线、控制设备及低压电器、蓄电池、电机检查接线与调试、滑触线装置、电缆、防雷及接地装置、10kV以下架空配电线路、电气调整试验、配管及配线、照明器具等安装工程。

2.2.2 与其他相关工程的界限划分

（1）与“计算规范”附录A“机械设备安装工程”的界限划分。

① 切削设备、锻压设备、铸造设备、起重设备、输送设备等的安装在“计算规范”附录A中编码列项，其中的电气柜（箱）、开关控制设备、盘柜配线、照明装置和电气调试在“计算规范”附录D中编码列项。

② 电机安装在“计算规范”附录A中编码列项，电机检查接线、干燥、调试在“计算规范”附录D中编码列项。

③ 各种电梯的机械部分及电梯电气安装在“计算规范”附录A中编码列项，电源线路及控制开关、基础型钢及支架制作、接地极及接地母线敷设、电气调试仍在“计算规范”附录D中编码列项。

（2）与“计算规范”附录F“自动化控制仪表安装工程”的界限划分：“计算规范”附录F“自动化控制仪表安装工程”中的控制电缆、电气配管配线、桥架安装、接地系统安装应按“计算规范”附录D相关项目编码列项。

（3）与“计算规范”附录K“采暖、给排水、燃气工程”的界限划分：过梁、墙、楼板的钢（塑料）套管，应按本规范附录K“采暖、给排水、燃气工程”相关项目编码列项。

（4）与“计算规范”附录M“刷油、防腐蚀、绝热工程”的界限划分：除锈、刷漆（补刷漆除外）、保护层安装，应按本规范附录M“刷油、防腐蚀、绝热工程”相关项目编码列项。

（5）与《房屋建筑与装饰工程工程量计算规范》（GB 50854—2013）的界限划分：挖土、填土工程，应按现行国家标准《房屋建筑与装饰工程工程量计算规范》（GB 50854—2013）相关项目编码列项。

（6）与《市政工程工程量计算规范》（GB 50857—2013）的界限划分：开挖路面，应按现行国家标准《市政工程工程量计算规范》（GB 50857—2013）相关项目编码列项。

（7）由国家或地方检测验收部门进行的检测验收应按本规范附录 N“措施项目”编码列项。

2.2.3 电气设备安装工程（附录 D）项目清单项目设置中照明部分介绍

附录 D 共计 148 个项目，本小节对常用部分进行说明。

1. 控制设备及低压电器

控制设备及低压电器工程量清单项目设置、项目特征描述的内容、计量单位及工程量计算规则，应按表 2-7 的规定执行。

微课：电气照明工程量清单编制

表 2-7 控制设备及低压电器安装（编码：030404）

<table>
<tr><th>项目编码</th><th>项目名称</th><th>项目特征</th><th>计量</th><th>工程量计算规则</th><th>工作内容</th></tr>
<tr><td>030404001</td><td>控制屏</td><td rowspan="5">1. 名称
2. 型号
3. 规格
4. 种类
5. 基础型钢形式、规格
6. 接线端子材质、规格
7. 端子板外部接线材质、规格
8. 小母线材质、规格
9. 屏边规格</td><td rowspan="5">台</td><td rowspan="6">按设计图示数量计算</td><td rowspan="3">1. 本体安装
2. 基础型钢制作、安装
3. 端子板安装
4. 焊、压接线端子
5. 盘柜配线、端子接线
6. 小母线安装
7. 屏边安装
8. 补刷（喷）油漆
9. 接地</td></tr>
<tr><td>030404002</td><td>继电、信号屏</td></tr>
<tr><td>030404003</td><td>模拟屏</td></tr>
<tr><td>030404004</td><td>低压开关柜（屏）</td><td>1. 本体安装
2. 基础型钢制作、安装
3. 端子板安装
4. 焊、压接线端子
5. 盘柜配线、端子接线
6. 屏边安装
7. 补刷（喷）油漆
8. 接地</td></tr>
<tr><td>030404005</td><td>弱电控制返回屏</td><td>1. 基础型钢制作、安装
2. 本体安装
3. 端子板安装
4. 焊、压接线端子
5. 盘柜配线、端子接线
6. 小母线安装
7. 屏边安装
8. 补刷（喷）油漆
9. 接地</td></tr>
<tr><td>030404006</td><td>箱式配电室</td><td>1. 名称
2. 型号
3. 规格
4. 质量
5. 基础规格、浇筑材质
6. 基础型钢形式、规格</td><td>套</td><td>1. 本体安装
2. 基础型钢制作、安装
3. 基础浇筑
4. 补刷（喷）油漆
5. 接地</td></tr>
</table>

续表

<table>
<tr><th>项目编码</th><th>项目名称</th><th>项 目 特 征</th><th>计量</th><th>工程量
计算规则</th><th>工 作 内 容</th></tr>
<tr><td>030404007</td><td>硅整流柜</td><td>1. 名称
2. 型号
3. 规格
4. 容量（A）
5. 基础型钢形式、规格</td><td rowspan="12">台</td><td rowspan="12">按设计图示数量计算</td><td rowspan="2">1. 本体安装
2. 基础型钢制作、安装
3. 补刷（喷）油漆
4. 接地</td></tr>
<tr><td>030404008</td><td>可控硅柜</td><td>1. 名称
2. 型号
3. 规格
4. 容量（kW）
5. 基础型钢形式、规格</td></tr>
<tr><td>030404009</td><td>低压电容器柜</td><td rowspan="6">1. 名称
2. 型号
3. 规格
4. 基础型钢形式、规格
5. 接线端子材质、规格
6. 端子板外部接线材质、规格
7. 小母线材质、规格
8. 屏边规格</td><td rowspan="6">1. 本体安装
2. 基础型钢制作、安装
3. 端子板安装
4. 焊、压接线端子
5. 盘柜配线、端子接线
6. 小母线安装
7. 屏边安装
8. 补刷（喷）油漆
9. 接地</td></tr>
<tr><td>030404010</td><td>自动调节励磁屏</td></tr>
<tr><td>030404011</td><td>励磁灭磁屏</td></tr>
<tr><td>030404012</td><td>蓄电池屏（柜）</td></tr>
<tr><td>030404013</td><td>直流馈电屏</td></tr>
<tr><td>030404014</td><td>事故照明切换屏</td></tr>
<tr><td>030404015</td><td>控制台</td><td rowspan="3">1. 名称
2. 型号
3. 规格
4. 基础型钢形式、规格
5. 接线端子材质、规格
6. 端子板外部接线材质、规格
7. 小母线材质、规格</td><td rowspan="2">1. 本体安装
2. 基础型钢制作、安装
3. 端子板安装
4. 焊、压接线端子
5. 盘柜配线、端子接线
6. 小母线安装
7. 补刷（喷）油漆
8. 接地</td></tr>
<tr><td>030404016</td><td>控制箱</td></tr>
<tr><td>030404017</td><td>配电箱</td><td>1. 本体安装
2. 基础型钢制作、安装
3. 焊、压接线端子
4. 补刷（喷）油漆
5. 接地</td></tr>
<tr><td>030404018</td><td>插座箱</td><td>1. 名称
2. 型号
3. 规格
4. 安装方式</td><td>1. 本体安装
2. 接地</td></tr>
</table>

续表

项目编码	项目名称	项 目 特 征	计量	工程量计算规则	工 作 内 容
030404019	控制开关	1. 名称 2. 型号 3. 规格 4. 接线端子材质、规格 5. 额定电流（A）	个		1. 本体安装 2. 焊、压接线端子 3. 接线
030404020	低压熔断器				
030404021	限位开关				
030404022	控制器				
030404023	接触器				
030404024	磁力启动器				
030404025	Y-△自耦减压启动器	1. 名称 2. 型号 3. 规格 4. 接线端子材质、规格	台		1. 本体安装 2. 焊、压接线端子 3. 接线
030404026	电磁铁（电磁制动器）				
030404027	快速自动开关				
030404028	电阻器		箱	按设计图示数量计算	
030404029	油浸频敏变阻器		台		
030404030	分流器	1. 名称 2. 型号 3. 规格 4. 容量（A） 5. 接线端子材质、规格	个		1. 本体安装 2. 焊、压接线端子 3. 接线
030404031	小电器	1. 名称 2. 型号 3. 规格 4. 接线端子材质、规格	个（套、台）		
030404032	端子箱	1. 名称 2. 型号 3. 规格 4. 安装部位	台		1. 本体安装 2. 接线
030404033	风扇	1. 名称 2. 型号 3. 规格 4. 安装方式			1. 本体安装 2. 调速开关安装

续表

项目编码	项目名称	项 目 特 征	计量	工程量计算规则	工 作 内 容
030404034	照明开关	1. 名称 2. 材质 3. 规格 4. 安装方式	个	按设计图示数量计算	1. 本体安装 2. 接线
030404035	插座		个（套、台）		1. 本体安装 2. 接线
030404036	其他电器	1. 名称 2. 规格 3. 安装方式			1. 安装 2. 接线

编制清单时应注意以下几点。

（1）对各种铁构件有特殊要求的，如需镀锌、镀锡、喷塑等，需予以描述。

（2）凡导线进出屏、柜、箱、低压电器的，该清单项目应描述是否要焊（压）接线端子。而电缆进出屏、柜、箱、低压电器的，可不描述焊（压）接线端子，因为已综合在电缆敷设的清单项目中（电缆头制作安装）。

（3）凡需做盘（屏、柜）配线的清单项目必须予以描述。

（4）小电器包括：按钮、电笛、电铃、水位电气信号装置、测量表计、继电器、电磁锁、屏上辅助设备、辅助电压互感器、小型安全变压器等。

（5）控制开关包括：自动空气开关、刀形开关、铁壳开关、胶盖刀闸开关、组合控制开关、万能转换开关、风机盘管三速开关、漏电保护开关等。

（6）其他电器安装：本节未列的电器项目。其他电器必须根据电器实际名称确定项目名称，明确描述工作内容、项目特征、计量单位、计算规则。

（7）盘、箱、柜的外部进出电线的预留长度见表 2-8。

表 2-8　盘、箱、柜的外部进出线的预留长度

序号	项　　目	预留长度 / (m/ 根)	说　　明
1	各种箱、柜、盘、板、盒	高 + 宽	盘面尺寸
2	单独安装的铁壳开关、自动开关、刀开关、启动器、箱式电阻器、变阻器	0.5	从安装对象中心算起
3	继电器、控制开关、信号灯、按钮、熔断器等小电器	0.3	从安装对象中心算起
4	分支接头	0.2	分支线预留

2. 电缆安装

电缆工程量清单项目设置、项目特征描述的内容、计量单位及工程量计算规则，应按表 2-9 的规定执行。

表 2-9 电缆安装（编码：030408）

项目编码	项目名称	项 目 特 征	计量单位	工程量计算规则	工 程 内 容
030408001	电力电缆	1. 名称 2. 型号 3. 规格 4. 材质 5. 敷设方式、部位 6. 电压等级（kV） 7. 地形	m	按设计图示尺寸以长度计算（含预留长度及附加长度）	1. 电缆敷设 2. 揭（盖）盖板
030408002	控制电缆				
030408003	电缆保护管	1. 名称 2. 材质 3. 规格 4. 敷设方式		按设计图示尺寸以长度计算	保护管敷设
030408004	电缆槽盒	1. 名称 2. 材质 3. 规格 4. 型号			槽盒安装
030408005	铺砂、盖保护板（砖）	1. 种类 2. 规格			1. 铺砂 2. 盖板（砖）
030408006	电力电缆头	1. 名称 2. 型号 3. 规格 4. 材质、类型 5. 安装部位 6. 电压等级（kV）	个	按设计图示数量计算	1. 电缆头制作 2. 电缆头安装 3. 接地
030408007	控制电缆头	1. 名称 2. 型号 3. 规格 4. 材质、类型 5. 安装方式 6. 电压等级（kV）			
030408008	防火堵洞	1. 名称 2. 材质 3. 方式 4. 部位	处		安装
030408009	防火隔板		m^2	按设计图示尺寸以面积计算	
030408010	防火涂料		kg	按设计图示尺寸以质量计算	
030408011	电缆分支箱	1. 名称 2. 型号 3. 规格 4. 基础形式、材质、规格	台	按设计图示数量计算	1. 本体安装 2. 基础制作、安装

编制清单时应注意以下几点。

（1）电缆沟土方工程量清单按《房屋建筑与装饰工程工程量计算规范》（GB 50854—2013）编码列项。项目表述时，要表明沟的平均深度、土质和铺砂盖砖的要求。

（2）由于电缆、控制电缆型号、规格繁多，敷设方式也多，设置清单编码时，一定要按型号、规格、敷设方式分别列项。

（3）电缆穿刺线夹按电缆头编码列项。

（4）电缆井、电缆排管、顶管，应按《市政工程工程量计算规范》（GB 50857—2013）相关项目编码列项。

（5）电缆敷设预留（附加）长度见表 2-10。

表 2-10 电缆敷设预留（附加）长度

序号	项 目	预留（附加）长度	说 明
1	电缆敷设弛度、波形弯度、交叉	2.5%	按电缆全长计算
2	电缆进入建筑物	2.0m	规范规定最小值
3	电缆进入沟内或吊架时引上（下）预留	1.5m	规范规定最小值
4	变电所进线、出线	1.5m	规范规定最小值
5	电力电缆终端头	1.5m	检修余量最小值
6	电缆中间接头盒	两端各留 2.0m	检修余量最小值
7	电缆进控制、保护屏及模拟盘、配电箱等	高 + 宽	按盘面尺寸
8	高压开关柜及低压配电盘、箱	2.0m	盘下进出线
9	电缆至电动机	0.5m	从电动机接线盒算起
10	厂用变压器	3.0m	从地坪算起
11	电缆绕过梁、柱等增加长度	按实计算	按被绕物的断面情况计算增加长度
12	电梯电缆与电缆架固定点	每处 0.5m	规范规定最小值

3. 防雷及接地装置工程

防雷及接地装置工程量清单项目设置、项目特征描述的内容、计量单位及工程量计算规则，应按表 2-11 的规定执行。

表 2-11 防雷及接地装置工程（编码：030409）

项目编码	项目名称	项 目 特 征	计量单位	工程量计算规则	工 作 内 容
030409001	接地极	1. 名称 2. 材质 3. 规格 4. 土质 5. 基础接地形式	根（块）	按设计图示数量计算	1. 接地极（板、桩）制作、安装 2. 基础接地网安装 3. 补刷（喷）油漆

续表

项目编码	项目名称	项 目 特 征	计量单位	工程量计算规则	工 作 内 容
030409002	接地母线	1. 名称 2. 材质 3. 规格 4. 安装部位 5. 安装形式	m	按设计图示尺寸以长度计算（含附加长度）	1. 接地母线制作、安装 2. 补刷（喷）油漆
030409003	避雷引下线	1. 名称 2. 材质 3. 规格 4. 安装部位 5. 安装形式 6. 断接卡子、箱材质、规格			1. 避雷引下线制作、安装 2. 断接卡子、箱制作、安装 3. 利用主钢筋焊接 4. 补刷（喷）油漆
030409004	均压环	1. 名称 2. 材质 3. 规格 4. 安装形式			1. 均压环敷设 2. 钢铝窗接地 3. 柱主筋与圈梁焊接 4. 利用圈梁钢筋焊接 5. 补刷（喷）油漆
030409005	避雷网	1. 名称 2. 材质 3. 规格 4. 安装形式 5. 混凝土块标号			1. 避雷网制作、安装 2. 跨接 3. 混凝土块制作 4. 补刷（喷）油漆
030409006	避雷针	1. 名称 2. 材质 3. 规格 4. 安装形式、高度	根	按设计图示数量计算	1. 避雷针制作、安装 2. 跨接 3. 补刷（喷）油漆
030409007	半导体少长针消雷装置	1. 型号 2. 高度	套		本体安装
030409008	等电位端子箱、测试板	1. 名称 2. 材质 3. 规格	台（块）		
030409009	绝缘垫		m²	按设计图示尺寸以展开面积计算	1. 制作 2. 安装
030409010	浪涌保护器	1. 名称 2. 规格 3. 安装形式 4. 防雷等级	个	按设计图示数量计算	1. 本体安装 2. 接线 3. 接地
030409011	降阻剂	1. 名称 2. 类型	kg	按设计图示以质量计算	1. 挖土 2. 施放降阻剂 3. 回填土 4. 运输

编制清单时应注意以下几点。

（1）利用桩基础作接地极，应描述桩台下桩的根数，每桩台下需焊接主筋根数，其工程量计入引下线的工程量。

（2）利用柱筋作引下线的，需描述柱筋焊接根数。

（3）利用圈梁筋作均压环的，需描述圈梁筋焊接根数。

（4）接地母线材质、埋设深度、土壤类别应描述清楚。

（5）接地母线、引下线、避雷网附加长度按全长乘以 3.9%。

（6）半导体少长针消雷装置清单项目应把引下线要求描述清楚，并综合进去。避雷针的安装部位需要描述清楚，会影响到安装费用。

4. 配管、配线工程

配管、配线工程量清单项目设置、项目特征描述的内容、计量单位及工程量计算规则，应按表 2-12 的规定执行。

表 2-12　配管、配线工程（编码：030411）

项目编码	项目名称	项目特征	计量单位	工程量计算规则	工作内容
030411001	配管	1. 名称 2. 材质 3. 规格 4. 配置形式 5. 接地要求 6. 钢索材质、规格	m	按设计图示尺寸以长度计算	1. 电线管路敷设 2. 钢索架设（拉紧装置安装） 3. 预留沟槽 4. 接地
030411002	线槽	1. 名称 2. 材质 3. 规格			1. 本体安装 2. 补刷（喷）油漆
030411003	桥架	1. 名称 2. 型号 3. 规格 4. 材质 5. 类型 6. 接地方式			1. 本体安装 2. 接地
030411004	配线	1. 名称 2. 配线形式 3. 型号 4. 规格 5. 材质 6. 配线部位 7. 配线线制 8. 钢索材质、规格		按设计图示尺寸以单线长度计算（含预留长度）	1. 配线 2. 钢索架设（拉紧装置安装） 3. 支持体（夹板、绝缘子、槽板等）安装

续表

项目编码	项目名称	项 目 特 征	计量单位	工程量计算规则	工 作 内 容
030411005	接线箱	1. 名称 2. 材质 3. 规格 4. 安装形式	个	按设计图示数量计算	本体安装
030411006	接线盒				

特别提示

编制清单时应注意以下几点。

（1）配管、线槽安装不扣除管路中间的接线箱（盒）、灯头盒、开关盒所占长度。

（2）配管名称指电线管、钢管、防爆管、塑料管、软管、波纹管等。

（3）配管配置形式指明配、暗配、吊顶内、钢结构支架、钢索配管、埋地敷设、水下敷设、砌筑沟内敷设等。

（4）配线名称指管内穿线、瓷夹板配线、塑料夹板配线、绝缘子配线、槽板配线、塑料护套配线、线槽配线、车间带形母线等。

（5）配线形式指照明线路，动力线路，木结构，顶棚内，砖、混凝土结构，沿支架、钢索、屋架、梁、柱、墙，以及跨屋架、梁、柱。

（6）配线保护管遇到下列情况之一时，应增设管路接线盒和拉线盒：①管长度每超过 30m，无弯曲；②管长度每超过 20m，有 1 个弯曲；③管长度每超过 15m，有 2 个弯曲；④管长度每超过 8m，有 3 个弯曲。垂直敷设的电线保护管遇下列情况之一时，应增设固定导线用的拉线盒：①管内导线截面为 $50mm^2$ 及以下，长度每超过 30m；②管内导线截面为 $70 \sim 95mm^2$，长度每超过 20m；③管内导线截面为 $120 \sim 240mm^2$，长度每超过 18m。在配管清单项目计量时，设计无要求时则上述规定可以作为计量接线盒、拉线盒的依据。

（7）配管安装中不包括凿槽、刨沟，应按附属工程相关项目编码列项。

（8）配线进入箱、柜、板的预留长度见表 2-4。

5. 照明器具安装

照明器具工程量清单项目设置、项目特征描述的内容、计量单位及工程量计算规则，应按表 2-13 的规定执行。

表 2-13　照明器具工程（编码：030412）

项目编码	项目名称	项 目 特 征	计量单位	工程量计算规则	工 作 内 容
030412001	普通灯具	1. 名称 2. 型号 3. 规格 4. 类型	套	按设计图示数量计算	本体安装

续表

项目编码	项目名称	项 目 特 征	计量单位	工程量计算规则	工 作 内 容
030412002	工厂灯	1. 名称 2. 型号 3. 规格 4. 安装形式	套	按设计图示数量计算	本体安装
030412003	高度标志（障碍）灯	1. 名称 2. 型号 3. 规格 4. 安装部位 5. 安装高度			
030412004	装饰灯	1. 名称 2. 型号 3. 规格 4. 安装形式			
030412005	荧光灯				
030412006	医疗专用灯	1. 名称 2. 型号 3. 规格			
030412007	一般路灯	1. 名称 2. 型号 3. 规格 4. 灯杆材质、规格 5. 灯架形式及臂长 6. 附件配置要求 7. 灯杆形式（单、双） 8. 基础形式、砂浆配合比 9. 杆座材质、规格 10. 接线端子材质、规格 11. 编号 12. 接地要求			1. 基础制作、安装 2. 立灯杆 3. 杆座安装 4. 灯架及灯具附件安装 5. 焊、压接线端子 6. 补刷（喷）油漆 7. 灯杆编号 8. 接地
030412008	中杆灯	1. 名称 2. 灯杆的材质及高度 3. 灯架的型号、规格 4. 附件配置 5. 光源数量 6. 基础形式、浇筑材质 7. 杆座材质、规格 8. 接线端子材质、规格 9. 铁构件规格 10. 编号 11. 灌浆配合比 12. 接地要求			1. 基础浇筑 2. 立灯杆 3. 杆座安装 4. 灯架及灯具附件安装 5. 焊、压接线端子 6. 铁构件安装 7. 补刷（喷）油漆 8. 灯杆编号 9. 接地

续表

项目编码	项目名称	项目特征	计量单位	工程量计算规则	工作内容
030412009	高杆灯	1. 名称 2. 灯杆高度 3. 灯架形式（成套或组装、固定或升降） 4. 附件配置 5. 光源数量 6. 基础形式、浇筑材质 7. 杆座材质、规格 8. 接线端子材质、规格 9. 铁构件规格 10. 编号 11. 灌浆配合比 12. 接地要求	套	按设计图示数量计算	1. 基础浇筑 2. 立灯杆 3. 杆座安装 4. 灯架及灯具附件安装 5. 焊、压接线端子 6. 铁构件安装 7. 补刷（喷）油漆 8. 灯杆编号 9. 升降机构接线调试 10. 接地
030412010	桥栏杆灯	1. 名称 2. 型号 3. 规格 4. 安装形式			1. 灯具安装 2. 补刷（喷）油漆
030412011	地道涵洞灯				

特别提示

编制清单时应注意以下几点。

（1）普通灯具包括圆球吸顶灯、半圆球吸顶灯、方形吸顶灯、软线吊灯、座灯头、吊链灯、防水吊灯、壁灯等。

（2）工厂灯包括工厂罩灯、防水灯、防尘灯、碘钙灯、投光灯、泛光灯、混光灯、密闭灯等。

（3）高度标志（障碍）灯包括烟囱标志灯、高塔标志灯、高层建筑屋顶障碍指示灯等。

（4）装饰灯包括吊式艺术装饰灯、吸顶式艺术装饰灯、荧光艺术装饰灯、几何形组合艺术装饰灯、标志灯、诱导装饰灯、水下（上）艺术装饰灯、点光源艺术灯、歌舞厅灯具、草坪灯具等。

（5）医疗专用灯包括病房指示灯、病房暗脚灯、紫外线杀菌灯、无影灯等。

（6）中杆灯是指安装在高度小于或等于 19m 的灯杆上的照明器具。

（7）高杆灯是指安装在高度大于 19m 的灯杆上的照明器具。

（8）灯具的安装高度，特别是安装高度超过 5m 的必须注明。

（9）荧光灯和医疗专用灯工作内容中，如需支架制作、安装，也应在项目特征中予以描述。

6. 附属工程

附属工程工程量清单项目设置、项目特征描述的内容、计量单位及工程量计算规则，应按表 2-14 的规定执行。

表 2-14　附属工程（编码：030413）

项目编码	项目名称	项 目 特 征	计量单位	工程量计算规则	工 作 内 容
030413001	铁构件	1. 名称 2. 材质 3. 规格	kg	按设计图示尺寸以质量计算	1. 制作 2. 安装 3. 补刷（喷）油漆
030413002	凿（压）槽	1. 名称 2. 规格 3. 类型 4. 填充（恢复）方式 5. 混凝土标准	m	按设计图示尺寸以长度计算	1. 开槽 2. 恢复处理
030413003	打洞（孔）	1. 名称 2. 规格 3. 类型 4. 填充（恢复）方式 5. 混凝土标准	个	按设计图示数量计算	1. 开孔、洞 2. 恢复处理
030413004	管道包封	1. 名称 2. 规格 3. 混凝土强度等级	m	按设计图示长度计算	1. 灌注 2. 养护
030413005	人（手）孔砌筑	1. 名称 2. 规格 3. 类型	个	按设计图示数量	砌筑
030413006	人（手）孔防水	1. 名称 2. 类型 3. 规格 4. 防水材质及做法	m^2	按设计图示防水面积计算	防水

特别提示

编制清单时应注意以下几点。

（1）铁构件适用于电气工程的各种支架，铁构件的制作安装。

（2）凿（压）槽适用于电气在砖墙内暗配管、给水管道在墙体内暗配所需的墙体切割、凿除及恢复处理，按设计图示尺寸以长度计算。

（3）打洞（孔）适合于管道穿墙、穿楼板所需的开孔，不包括安装工程应该配合土建工程而进行的预留孔洞口，按设计图示数量计算。项目特征中应描述洞口的形状、洞口深度、开孔方式（机械开孔、人工凿除）、填充（恢复）方式、混凝土标准。工作内容包括开孔（洞）、恢复处理。

7. 电气调整试验工程

电气调整试验工程量清单项目设置、项目特征描述的内容、计量单位及工程量计算规则，应按表 2-15 的规定执行。

表 2-15　电气调整试验工程（编码：030414）

项目编码	项目名称	项 目 特 征	计量单位	工程量计算规则	工 作 内 容
030414001	电力变压器系统	1. 名称 2. 型号 3. 容量（kV·A）	系统	按设计图示系统	系统调试
030414002	送配电装置系统	1. 名称 2. 型号 3. 电压等级（kV） 4. 类型			
030414003	特殊保护装置	1. 名称 2. 类型	台（套）	按设计图示数量计算	调试
030414004	自动投入装置		系统（台、套）		
030414005	中央信号装置	1. 名称 2. 类型	系统（台）	按设计图示系统计算	
030414006	事故照明切换装置		系统		
030414007	不间断电源	1. 名称 2. 类型 3. 容量			
030414008	母线	1. 名称 2. 电压等级（kV）	段	按设计图示数量计算	
030414009	避雷器		组		
030414010	电容器				
030414011	接地装置	1. 名称 2. 类别	系统（组）	1. 以系统计量，按设计图示系统计算 2. 以组计量，按设计图示数量计算	接地电阻测试
030414012	电抗器、消弧线圈		台	按设计图示数量计算	调试
030414013	电除尘器	1. 名称 2. 型号 3. 规格	组		
030414014	硅整流设备、可控硅整流装置	1. 名称 2. 类别 3. 电压（V） 4. 电流（A）	系统	按设计图示系统计算	

续表

项目编码	项目名称	项目特征	计量单位	工程量计算规则	工作内容
030414015	电缆试验	1. 名称 2. 电压等级（kV）	次（根、点）	按设计图示数量计算	试验

特别提示

编制清单时应注意以下几点。

（1）功率大于 10kW 电动机及发电机的启动调试用的蒸汽、电力和其他动力能源消耗及变压器空载试运转的电力消耗以及设备需烘干处理应说明。

（2）配合机械设备及其他工艺的单体试车，应按本规范附录 N 措施项目相关项目编码列项。

（3）计算机系统调试应按本规范附录自动化控制仪表安装工程相关项目编码列项。

任务书

根据实训任务 1.1 计算得到的工程量结合图纸信息完成该宿舍楼一层活动室电气照明工程清单编制。

1. 设计说明

（1）该建筑物为框架结构，建筑物层高为 3m，顶板为现浇，建筑物室内外高差 0.3m。

（2）动力支线采用 BV-450/750V 导线穿 SC、JDG 沿墙或埋地暗敷，照明支线采用 BV-450/750V 导线穿 JDG 管沿墙、顶棚或埋地敷设 BV-2 × 2.5mm^2，3 ～ 4 根 2.5mm^2 穿 16JDG 管。

（3）系统接地设在配电箱 AW1 下，采用 -25 × 4 镀锌扁钢，埋地敷设，埋深 0.7m，接地极采用镀锌钢管 DN40，L=2.5m；接地电阻要求≤ 1Ω。

（4）配电箱 AW1 型号为 GXL11，厂家成品供应，箱内无端子板；配电箱尺寸为 600mm（高）× 900mm（宽）× 200mm（深），底边安装高度距地 1.8m。

（5）其他安装高度：单极开关、三极开关安装高度为 1.3m，二、三极带安全门插座安装高度为 0.3m，荧光灯 2 × T5 28W、节能灯 PAK-DO1 1 × 13W 吸顶安装。

2. 答题要求

（1）电气配管进入地坪或顶板的深度均按 100mm 计算。

（2）不考虑挖填土工程量。

任务分组

根据任务安排，填写表 2-16。

表 2-16 任务分组表

班级		姓名		学号
组号		指导教师		
组长： 成员：				
小组任务				
个人任务				

工作准备

（1）阅读工作任务，结合项目图纸，明确列项内容。

（2）收集并熟悉《通用安装工程工程量计算规范》（GB 50856—2013）中关于电气照明编制的相关知识。

（3）结合工作任务分析电气照明工程清单编制中的难点和常见问题。

任务实施

1. 配电箱清单编制

引导问题 1：在编制配电箱清单时，要根据哪些信息分别列项？

____

引导问题 2：配电箱清单的工作内容是什么？有什么作用？

____

引导问题 3：配电箱应按____________项目进行清单列项，清单编码为____________。

引导问题 4：落地配电箱有槽钢基础，槽钢需不需要单独列项？为什么？配电箱项目特征中接线端子和端子板外部接线工程量如何确定？

____

____

2. 照明开关和插座清单编制

引导问题 5：在编制照明开关和插座清单时，要根据哪些信息分别列项？

____

引导问题 6：单极开关、三极开关应按____________项目进行清单列项，清单编码为____________。二、三极带安全门插座应按____________项目进行清单列项，清单编码为____________。

3. 电缆清单编制

引导问题 7：在编制电缆清单时，要根据哪些信息分别列项？

____

引导问题 8：在编制电力电缆头清单时，要根据哪些信息分别列项？

____

引导问题 9：电缆应按__________项目进行清单列项，清单编码为__________。电缆终端头应按__________项目进行清单列项，清单编码为__________。

引导问题 10：揭盖盖板需不需要单独列项？为什么？

____

4. 防雷接地清单编制

引导问题 11：在编制接地母线清单时，要根据哪些信息分别列项？

____

引导问题 12：在编制接地极清单时，要根据哪些信息分别列项？

____

引导问题 13：接地母线应按__________项目进行清单列项，清单编码为__________；接地极应按__________项目进行清单列项，清单编码为__________。

5. 配管、配线清单编制

引导问题 14：在编制配管清单时，要根据哪些信息分别列项？

____

引导问题 15：在编制配线清单时，要根据哪些信息分别列项？

____

引导问题 16：JDG 管应按__________项目进行清单列项，清单编码为__________；SC 管应按__________项目进行清单列项，清单编码为__________；BV 线应按__________项目进行清单列项，清单编码为__________。

6. 照明灯具清单编制

引导问题 17：在编制普通灯具清单时，要根据哪些信息分别列项？

____

引导问题 18：在编制装饰灯清单时，要根据哪些信息分别列项？

____

引导问题 19：在编制荧光灯清单时，要根据哪些信息分别列项？

____

引导问题 20：荧光灯应按__________项目进行清单列项，清单编码为__________；节能灯应按__________项目进行清单列项，清单编码为__________。

引导问题 21：普通灯具清单适用于哪些灯具？

____

引导问题 22：装饰灯清单适用于哪些灯具？

____

引导问题 23：荧光灯清单适用于哪些灯具？

____

7. 电气调整试验清单编制

引导问题 24：在编制接地装置清单时，要根据哪些信息分别列项？

____

引导问题 25：接地电阻测试应按__________项目进行清单列项，清单编码为__________。

评价反馈

根据学习情况，完成表 2-17。

表 2-17 电气照明工程量清单编制学习情境评价表

序号	评价项目	评价标准	满分	评价			综合得分
				自评	互评	师评	
1	控制设备及低压电器安装清单编制	列项完整，不漏项； 项目编码、项目名称、项目特征、计量单位及工程量完整且准确	20				
2	电缆安装清单编制	列项完整，不漏项； 项目编码、项目名称、项目特征、计量单位及工程量完整且准确	20				
3	防雷及接地装置工程清单编制	列项完整，不漏项； 项目编码、项目名称、项目特征、计量单位及工程量完整且准确	20				
4	配管配线清单编制	列项完整，不漏项； 项目编码、项目名称、项目特征、计量单位及工程量完整且准确	15				
5	照明灯具清单编制	列项完整，不漏项； 项目编码、项目名称、项目特征、计量单位及工程量完整且准确	15				
6	工作过程	严格遵守工作纪律，按时提交工作成果； 积极参与教学活动，具备自主学习能力； 积极参与小组活动，具备倾听，协作与分享意识	10				

实训任务 2.3 电气照明工程综合单价编制

学习场景描述

按照《建设工程量清单计价规范》(GB 50500—2013)、《通用安装工程工程量计算规范》(GB 50856—2013)、《江苏省安装工程计价定额》(2014 年版）和《江苏省建设工程费用定额》(2014 年版）及营改增后调整内容的有关规定对图 2-6 所示工程电气照明工程量进行综合单价编制。

图 2-6　职工宿舍楼电气照明工程

学习目标

（1）掌握电气照明工程综合单价编制方法。

（2）掌握定额子目套取方法。

（3）掌握江苏省建设工程费用定额正确使用方法。

相关知识

2.3.1　计价定额中用系数计算的费用

1. 高层建筑增加费

高层建筑增加费是指高度在 6 层以上或 20m 以上的工业与民用建筑（不包括屋顶水箱间、电梯间、屋顶平台出入口等）的建筑增加费。由于高层建筑增加系数是按全部建筑面积的工程量综合计算的，因此在计算工程量时，不扣除 6 层或 20m 以下的工程量。

高层建筑增加费的计取范围有：给水排水、采暖、燃气、电气、消防及安全防范、通风空调等工程。

在计算高层建筑增加费时，应注意下列几点。

（1）计算基数包括 6 层或 20m 以下的全部人工费，并且包括定额各章、节中所规定的应按系数调整的子目中人工调整部分的费用。

（2）同一建筑物有部分高度不同时，可以不同高度分别计算高层建筑增加费。

（3）建筑的高度或层数不包括地下室，半地下室也不计算层数。

（4）高层建筑增加费按表 2-18 费率计算。

2. 超高增加费

工程超高增加费（已考虑了超高因素的定额项目除外）操作物高度离楼地面 5m 以上、20m 以下的电气安装工程，按超高部分人工费的 33% 记取超高费，全部为人工费。超高系数是以安装工程中符合超高条件的全部工程量为计算基础。

表 2-18　高层建筑增加费表

层数	9层以下（30m）	12层以下（40m）	15层以下（50m）	18层以下（70m）	21层以下（70m）	24层以下（80m）	27层以下（90m）	30层以下（100m）	33层以下（110m）
按人工费的百分比/%	6	9	12	15	19	23	26	30	34
其中人工工资占百分比/%	17	22	33	40	42	43	50	53	56
机械费占百分比/%	83	78	67	60	58	57	50	47	44
层数	36层以下（120m）	40层以下（130m）	42层以下（140m）	45层以下（150m）	48层以下（160m）	51层以下（170m）	54层以下（180m）	57层以下（190m）	60层以下（200m）
按人工费的百分比/%	37	43	43	47	50	54	58	62	65
其中人工工资占百分比/%	59	58	65	67	68	69	69	70	70
机械费占百分比/%	41	42	35	33	32	31	31	30	30

特别提示

在计算超高增加费时，应注意下列几点。

（1）在统计超过5m工程量时，应按整根电缆、管线的长度计算，不应扣除5m以下部分的工程量（仅适用于建筑物内）。

（2）当电缆、管线经过配电箱或开关盒而断开时，则超高系数可分别计算。

（3）如多根电缆，只有 n 根电缆符合超高条件的，则只计算 n 根电缆的超高系数。

（4）设备的超高也可按整体计算，一台超过5m，另一台不超高时，则只计算一台的超高系数。

3. 脚手架搭拆费

脚手架搭拆费按人工费的4%计算，其中人工工资占25%、材料占75%。

4. 安装与生产同时进行增加费

安装与生产同时进行增加费按单位工程全部人工费的10%计取，其中人工费100%。

5. 在有害身体健康环境中施工增加费

在有害身体健康环境中施工增加费按单位工程全部人工费的10%计取，其中人工费100%。

2.3.2　控制设备及低压电器

（1）各种控制（配电）屏、柜与其基础槽钢的固定方式，计价定额中均按综合考虑。无论其与基础连接采用螺栓还是焊接方式，均不做调整。柜、屏及母线的连接如因孔距不符或没有留孔，可另行计算。

（2）各种控制（配电）屏、柜、台多数采用镀锌扁钢接地，配电箱半周长 2.5m 的也考虑扁钢接地外，其余配电箱半周长 1.5m以内均考虑裸铜线接地。

（3）各种屏、柜、箱、台安装定额，均不包括端子板的外部接线工作内容，应根据设计图纸中的端子规格、数量，另套“端子外部接线”定额。

（4）各种配电装置的安装定额中不包括母线配制和基础槽钢（角钢）安装，应另套有关定额。

（5）基础槽钢（角钢）安装，包括搬运、平直、下料、钻孔、基础铲平、埋地脚螺栓、接地、油漆等工作内容，但不包括二次浇灌。

（6）集中控制台安装定额适用于长度在 2m 以上 4m 以下的集中控制（操作）台。2m 以下的集中控制台按一般控制台考虑，应分别执行定额。

（7）集装箱式配电室，属于独立式的户外配电装置，内装各种控制、配电屏、柜。“集装箱式低压配电室”其外形像一个大型集装箱，内装 6 ～ 24 台低压配电箱（屏），箱的两端开门，中间为通道。定额单位以重量（t）计算，工作内容不包括二次接线、设备本身处理及干燥。

（8）木配电箱制作定额不包括箱内配电板的制作和各种电气元件的安装及箱内配线等工作。

（9）硅整流柜和可控硅柜安装定额仅包括柜体本身的安装、固定、柜内校线、接地等。其他配件和附属设备的安装应另执行其他有关定额。

（10）自动空气开关的 DZ 装置（塑壳式）属手动式，DW 万能式（框架式）属电动式空气开关。

（11）在控制（配电）屏上加装少量小电器、设备元件的安装，可执行“屏上辅助设备”子目，但定额中不包括现场开孔工作。

2.3.3　电缆安装

（1）新编子目：矿物绝缘电缆、预分支电缆、16mm^2 以下小截面电缆、穿刺线夹等定额子目。

（2）影响电缆敷设工效的因素。

① 重量因素：影响施工工效的比例约占 50%。

② 每根电缆的平均长度：计价表计量单位为 100m，每根电缆的平均长度越短，则 100m 内含的电缆根数越多，影响工效约占 40%。

③ 电缆转弯多少：电缆每增加一个转弯点，就需要增加两个维护人。

④ 施工条件：在地上敷设电缆和在地下电缆隧道内敷设电缆工效不同等。

根据调查收集资料，每 100m 电缆定额考虑的基本情况见表 2-19。

每根电缆敷设的工序：测位 – 搬运电缆至敷设点 – 架盘及开盘 – 放电缆 – 排列整理 – 固定和挂牌。

以上工序，每根电缆做一套程序，两根电缆做两套程序。所以截面电缆的定额工效不可能很高，因为计价定额的计量单位不是“每根”而是“每 100m”电缆。

表 2-19　每 100m 电缆定额考虑的基本情况

项 目 名 称	单位	电力电缆（截面以下）/mm^2				控制电缆
		35	120	240	400	
每根电缆的平均长度	m	30	100	115	125	16
每 100m 电缆含的根数	根	3.33	1	0.87	0.80	6.25
每 100m 电缆含转弯数	个	13	4	3	2.50	25

注：电缆截面越小，它的平均长度则越短，也就是说每 100m 定额内所含的电缆根数就越多。从表中看，35mm^2 以下的电力电缆需要敷设 3.33 根才能完成 100m 定额；而 120mm^2 以下电缆只要敷设一根就可以完成 100m 定额。控制电缆则需敷设 6.25 根才能完成 100m 定额。

2.3.4　防雷及接地装置

（1）防雷及接地装置计价定额适用于各种建筑物、构筑物的防雷接地装置安装，同时适用于变电系统接地、防雷装置、杆上电气设备接地装置等安装。

（2）户外接地母线敷设包括地沟的挖填土方和夯实工作，挖沟的沟底宽按 0.4m、上宽为 0.5m、沟深为 0.75m、每 1m 沟长的方量为 0.34m^3 计算。若设计要求埋深不同，则可按实际土方量计算调整。土质按一般土综合考虑，遇有石方、矿渣、积水、障碍物等情况时，可另行计算。

（3）接地极按在现场制作考虑，长度 2.5m, 安装包括打入地下并与主接地网焊接。

（4）户内接地母线敷设包括打洞、埋卡子、敷设、焊接、油漆等工作内容，卡子的水平间距为 1m、垂直方向 1.5m。穿墙时用 40mm × 400mm 钢管保护，每 10m综合一个保护管。

（5）构架接地是按户外钢结构或混凝土杆构架接地考虑的。每处接地包括 4m 以内的水平接地线。接地跨接线安装扁钢按 40mm × 4mm，采用钻孔方式，管件跨接利用法兰盘连接螺栓；钢轨利用鱼尾板固定螺栓；平行管道采用焊接进行综合考虑的。

（6）避雷针安装。

① 装在木杆上是按木杆高 13m、针长 5m、引下线用 ϕ10mm 圆钢综合考虑的。

② 装在水泥杆上是按水泥杆高 15m、针长 5m、引下线用 ϕ10mm 圆钢综合考虑的。杆顶铁件采用 6mm 厚钢板，四周加肋板（与钢板底座同）。下部四周用 60mm × 6mm × 1000mm 扁钢，分别焊在包箍上，包箍用螺栓紧固。

③ 避雷针装在构筑物上，装在金属设备或金属容器上的定额均不包括构筑物等本身的安装。

（7）半导体少长针消雷装置安装是按生产厂家供应成套装置，现场吊装、组合。接地引下线安装可另套相应定额。

（8）利用建筑物柱子内主筋做接地引下线安装定额是按每一柱子内利用 2 根主筋考虑，连接方式采用焊接。

（9）利用圈梁内主筋作防雷均压环的安装定额也是按利用 2 根主筋考虑的，连接采用焊接。如果采用明敷圆钢或扁钢作建筑物的均压带时，可执行户内接地母线敷设定额。

（10）柱子主筋与圈梁连接安装定额是按 2 根主筋与 2 根圈梁钢筋分别焊接连接考虑。

（11）避雷网安装：支架间距按 1m 考虑，采用焊接，避雷线按主材考虑，混凝土墩考虑在现场浇制。

（12）钢铝窗接地是按采用 ϕ8mm 圆钢一端和窗连接，一端与圈梁内主筋连接的方式考虑的。

（13）电气设备接地引线安装已包括在设备安装定额内，不应重复计算。

2.3.5 配管配线

1. 配管

（1）定额中的电线管敷设、钢管敷设、防爆钢管敷设、塑料管敷设、金属软管敷设等项目的规格不再综合，均按公称直径分别列项。

（2）配管部分，电线管、刚性阻燃管长度按 4m 取定，钢管长度按 6m 取定。

（3）刚性阻燃管：本定额所指刚性阻燃管为刚性 PVC 管。管子的连接方式采用插入法连接，连接处结合面涂专用胶合剂，接口密封。

（4）半硬质阻燃管：本定额所指的半硬质阻燃管是聚乙烯管，采用套接法连接。

（5）可挠性金属套管：本定额所列的可挠性金属管是指普利卡金属套管（PULLKA），它是由镀锌钢带（Fe、Zn）、钢带（Fe）及电工纸（P）构成双层金属制成的可挠性电线、电缆保护套管，主要用于混凝土内埋设及低压室外电气配线方面。可挠性金属套管规格见表 2-20。

表 2-20 可挠性金属套管规格

<table>
<tr><th>规格</th><th>内径 /mm</th><th>外径 / mm</th><th>外径公差 /mm</th><th>每卷长 /m</th><th>螺距 /mm</th><th>每卷重量 /kg</th></tr>
<tr><td>10#</td><td>9.2</td><td>13.3</td><td>± 0.2</td><td>50</td><td rowspan="4">1.6 ± 0.2</td><td>11.5</td></tr>
<tr><td>12#</td><td>11.4</td><td>16.1</td><td>± 0.2</td><td>50</td><td>15.5</td></tr>
<tr><td>15#</td><td>14.1</td><td>19.0</td><td>± 0.2</td><td>50</td><td>18.5</td></tr>
<tr><td>17#</td><td>16.6</td><td>21.5</td><td>± 0.2</td><td>50</td><td>22.0</td></tr>
<tr><td>24#</td><td>23.8</td><td>28.8</td><td>± 0.2</td><td>25</td><td rowspan="4">1.8 ± 0.25</td><td>16.25</td></tr>
<tr><td>30#</td><td>29.3</td><td>34.9</td><td>± 0.2</td><td>25</td><td>21.8</td></tr>
<tr><td>38#</td><td>37.1</td><td>42.9</td><td>± 0.4</td><td>25</td><td>24.5</td></tr>
<tr><td>50#</td><td>49.1</td><td>54.9</td><td>± 0.4</td><td>20</td><td>28.2</td></tr>
</table>

续表

规格	内径 /mm	外径 / mm	外径公差 /mm	每卷长 /m	螺距 /mm	每卷重量 /kg
63#	62.6	69.1	± 0.6	10	2.0 ± 0.3	20.6
76#	76.0	82.9	± 0.6	10		25.4
83#	81.0	88.1	± 10.6	10		26.8
101#	100.2	107.3	± 0.6	6		18.72

（6）配管工程均未包括接线箱、接线盒（开关盒）及支架的制作、安装，其制作、安装另执行相应定额。

（7）各种配管按敷设位置、敷设方式、管材材质、管材规格以“延长米”为计量单位计算，不扣除管路通过接线（箱）盒、灯位盒、开关盒所占长度。

（8）钢结构配管项目不包括支架制作，其工程量另行计算。

（9）钢索配管项目中未包括钢索架设及拉紧装置制作和安装、接线盒安装，发生时其工程量另行计算。

2. 管内穿线

（1）管内穿线以导线性质、导线材质、导线截面按单线“延长米”为计量单位计算（多芯软导线除外）。线路分支接头线的长度已综合在定额内，不得另行计算。

（2）照明线路中的导线截面大于或等于 6mm^2 时，按动力线路管内穿线相应子目执行。

（3）多芯导线管内穿线分别按导线相应芯数及单芯导线截面执行相应定额项目，以“延长米 / 束”为计量单位计算。

（4）照明管内穿线含量详见表 2-21。

表 2-21　照明管内穿线含量

导线截面 /mm^2	预留线长度 /m	接头含量 / 个
1.5	13.90	32.20
2.5	13.90	32.20
4.0	8.10	14.4

（5）照明管内穿线定额 1.5mm^2 的消耗量每 100m 为 116m，即

［100（使用量）+13.9（预留线长度）］×［1+1.8%（损耗量）］=115.95 ≈ 116.00（m），其他规格以此类推。如 BV-4:（100+8.1）× 1.018=110.05 ≈ 110.00（m）。

3. 钢索架设

钢索架设按 100m 为一根考虑，中间吊卡间距 12m，吊卡铁件消耗量见表 2-22。

（1）钢索架设，按材质、直径、图示墙柱净长距离，以“延长米”为计量单位计算，不扣除拉紧装置所占长度。

表 2-22　吊卡铁件消耗量

钢索规格 /mm	吊卡 /kg
ϕ6 以下	3.38
ϕ6 以上	5.07

（2）拉紧装置按柱上、T 形梁上、薄腹梁上、屋架上四种安装方式综合考虑，按一端固定，一端用花篮螺栓紧固考虑，钢索卡子包括在内。

4. 配线

（1）配线进入开关箱、屏、柜、板的预留线按表 2-23 规定的长度计算。

表 2-23　配线进入开关箱、屏、柜、板的预留线

序号	项　　目	预留长度 /（m/ 根）	说　明
1	各种开关箱、柜、板	高 + 宽	盘面尺寸
2	单独安装（无箱、无盘）的铁壳开关、闸刀开关、启动器、母线槽进出线盒等	0.3	以安装对象中心算起
3	由地平管子出口引至动力接线箱	1.0	以管口计算起
4	电源与管内导线连接（管内穿线与软、硬母线接头）	1.5	以管口计算起
5	出户线	1.5	以管口计算起

（2）绝缘子配线，按绝缘子形式、绝缘子配线位置、导线截面，以“延长米”为计量单位计算。从绝缘子引下线的支持点至天棚下缘之间的长度应计算在工程量内。

针式绝缘子配线支持点间距取定见表 2-24。

表 2-24　针式绝缘子配线支持点间距取定

配 线 方 式	导线截面 /mm^2		
	6	16	35 ～ 240
沿墙、梁、屋架支架上 /m	2.5	1.4	4.5
跨梁、柱、屋架支架上 /m	4.8	4.8	4.8

蝶式绝缘子配线支持点间距同针式绝缘子配线。

绝缘导线直线及终端连接长度（包括搭弓子、水弯及回头）见表 2-25。

表 2-25　绝缘导线直线及终端连接长度

导线截面 /mm^2	6 ～ 16	25 ～ 50	70 ～ 240
预留长度 /m	0.8	1.4	1.8
钳压管 / 根	1	1	1

鼓形绝缘子配线主要含量见表 2-26。

表 2-26　鼓形绝缘子配线主要含量

项　目	单位	沿木结构		顶棚内		沿砖、混凝土结构		沿钢支架		沿钢索	
导线截面	mm^2	2.5	6	2.5	6	2.5	6	2.5	6	2.5	6
回头数	个	30	32	40	36	50	12	10	8	4	4
T 形接头	个	10	20	20	15	20	10	8	4	16	10
接包头	个	8.7	8	10.6	6	9	6.4	9.5	5	14.9	8.3
瓷瓶 038	个	104.4		135.7		106.2		76.2		102.3	
瓷瓶 050	个		87.2		104		78.1		31		83
绑线长	m	36.4	34.8	47.6	41.6	37.1	31.2	26.6	12.4	35.7	33.2

鼓形绝缘子配线 T 形及回头导线消耗见表 2-27。

表 2-27　鼓形绝缘子配线 T 形及回头导线消耗

导线截面 /mm^2	终端接头 /mm	分支 T 形连接 /mm	绑线长 /mm
2.5	300	120	650
6	350	140	400

（3）塑料护套线、瓷夹板、塑料夹板、木槽板、塑料槽配线。

塑料护套线卡子间距，除钢索敷设按 200mm 考虑外，其余均按 150mm 考虑。

塑料护套线以导线截面面积、导线芯数、敷设位置，按“延长米 / 束”为计量单位计算。导线穿墙按每根瓷管穿一根考虑；塑料软管用于导线交叉隔离，长度 40mm。

线夹配线，按不同线夹材质、线式、敷设位置以及导线规格，以“延长米”为计量单位计算。

顶棚内配线执行木结构定额。

沿砖、混凝土结构敷设按冲击电钻打眼，埋塑料胀管考虑。其他施工方法工料均不做调整。

槽板配线，以槽板材质、配线位置、导线截面、线制，按“延长米”为计量单位计算。

线槽配线，按导线截面面积，以“延长米”为计量单位计算。

电气器具（开关、灯头、插座）的预留线均包括在器具本身。

5. 车间母线安装

（1）铝母线按每根长 6.6m，平直断料用手工操作考虑。

（2）车间带形母线，按不同材质、不同截面、不同安装位置，以“延长米”为计量单位计算。

6. 动力配管混凝土地面刨沟

动力配管混凝土地面刨沟是指电气工程正常配合主体施工后，如有设计变更，需要将管路再次敷设在混凝土结构内，其混凝土地面刨沟工程量，以管路直径，按“延长米”为计量单位计算。

7. 接线箱

接线箱安装工程量，应区别安装方式（明装、暗装），按接线箱半周长，以“个”为计量单位计算。

8. 接线盒

接线盒安装工程量，应区别安装方式（明装、暗装、钢索上）以及接线盒类型，以“个”为计量单位计算。

9. 预留线

灯具、明（暗）开关、插座、按钮等的预留线，已分别综合在相应定额内，不另行计算。

2.3.6 照明灯具

（1）灯具及其他器具的固定方式见表 2-28。

表 2-28 灯具及其他器具的固定方式

序号	名　称	固定方式
1	软线吊灯、圆球吸顶灯、座灯头、吊链灯、日光灯	在空心板上打洞，用丁字螺栓固定
2	一般弯脖灯、墙壁灯	在墙上打眼缠埋木螺钉固定或塑料胀管
3	直杆、吊链、吸顶、弯杆式工厂灯，防水、防尘、防潮灯，腰形舱顶灯	在现浇混凝土楼板、混凝土柱上用圆头机螺钉固定
4	悬挂式吊灯、投光灯、高压水银整流器	在钢结构上焊接吊钩固定，墙上埋支架固定
5	管形氙灯、碘钙灯	在塔架上固定
6	烟囱和水塔指示灯	在围栏上焊接固定
7	安全、防爆灯、防爆高压水银灯、防爆荧光灯	在现浇混凝土楼板上预埋螺栓
8	病房指示灯、暗脚灯	在墙上嵌入安装
9	无影灯	在现浇混凝土楼板上预埋螺栓
10	装饰灯具	在现浇混凝土楼板上预埋圆钢、钢板、螺栓
11	庭院路灯	用开脚螺栓固定底座
12	明装开关、插座、按钮	在墙上打眼缠埋螺栓或塑料胀管
13	暗装开关、插座、按钮	在砖结构接线盒上固定
14	防爆开关、插座	在钢结构上安装
15	安全变压器	墙上埋支架 1000W 以上支架作支撑
16	电铃及号牌铃箱	在墙上埋木砖或膨胀螺栓安装固定
17	吊风扇	在现浇混凝土楼板上预埋吊钩

续表

序号	名　称	固定方式
18	快慢开关	在墙上缠埋木螺钉或塑料胀管
19	壁扇	在墙上打眼、埋螺栓或塑料胀管

（2）灯具、开关、插座除有说明者外，每套预留线长度为绝缘导线 2×0.15m、3×0.15m 规格与容量相适应。

（3）灯具引下线长度详见下方二维码。

（4）各型灯具的引导线，除注明者外，均已综合考虑在定额内，执行时不得换算。

（5）路灯、投光灯、碘钨灯、氙气灯、烟囱或水塔指示灯，均已考虑了一般工程高空作业因素，不包括脚手架搭拆费用，其他器具安装如超过 5m, 则应按说明规定的超高系数另行计算。

（6）装饰灯具定额项目与示意图号配套使用。

（7）定额内已包括利用摇表测量绝缘及一般灯具的试亮工作（但不包括程控调光控制的灯具调试工作）。

（8）普通灯具安装，应区别灯具的种类、型号、规格，以“套”为计量单位计算。普灯具安装定额适用范围见表 2-29。

表 2-29　普通灯具安装定额适用范围

序号	定额名称	灯具种类
1	圆球吸顶灯	材质为玻璃的螺口、卡口圆球独立吸顶灯
2	半圆球吸顶灯	材质为玻璃的独立的半圆球吸顶灯、扁圆罩吸顶灯、平圆形吸顶灯
3	方形吸顶灯	材质为玻璃的独立的矩形罩吸顶灯、方形罩吸顶灯、大方罩吸顶灯
4	软线吊灯	利用软线为垂吊材料、独立的，材质为玻璃、塑料、搪瓷，形状如碗、伞、平盘灯罩组成的各式软线吊灯
5	吊链灯	利用吊链辅助垂吊材料、独立的，材质为玻璃、塑料的各式吊链灯
6	防水吊灯	一般防水吊灯
7	一般弯脖灯	圆形弯脖灯、风雨壁灯
8	一般墙壁灯	各种材质的一般壁灯、镜前灯
9	软线吊灯头	一般吊灯头
10	声光控座灯头	一般声控、光控座灯头
11	座灯头	一般塑胶、瓷质座灯头

（9）吊式艺术装饰灯具的安装，应根据装饰灯具示意图集所示，区别不同装饰物以及灯体直径和灯体垂吊长度，以“套”为计量单位计算。灯体直径为装饰物的最大外缘直径，灯体垂吊长度为灯座底部到灯梢之间的总长度。

（10）吸顶式艺术装饰灯具的安装，应根据装饰灯具示意图集所示，区别不同装饰物、吸盘的几何形状、灯体周长和灯体垂吊长度，以“套”为计量单位计算。灯体直径为吸盘最大外缘直径；灯体的半周长为矩形吸盘的周长；吸顶式艺术装饰灯具的灯体垂吊长度为吸盘到灯梢之间的总长度。

（11）荧光式艺术装饰灯具的安装，应根据装饰灯具示意图集所示，区别不同安装形式和计量单位计算。

① 组合荧光灯光带的安装，应根据装饰灯具示意图集所示，区别安装形式、灯管数量，以“延长米”为单位计算。灯具的设计量与定额不符时，可以按设计量加损耗率调整主材。

② 内藏组合式灯具的安装，应根据装饰灯具示意图集所示，区别灯具组合形式，以“延长米”为计量单位。灯具的设计数量与定额不符时，可根据设计数量加损耗率调整主材。

③ 发光棚的安装，应根据装饰灯具示意图集所示，以“m”为单位，发光棚灯具按设计用量加损耗率计算（按 40W 考虑）。

④ 立体广告灯箱、荧光灯光沿的安装，应根据装饰灯具示意图集所示，以“延长米”为单位计量单位。灯具设计用量与定额不符时，可根据设计数量加损耗率调整主材（按 40W 考虑）。

（12）几何形状组合艺术灯具的安装，应根据装饰灯具示意图集所示，区别不同安装形式及灯具的不同形式，以“套”为计量单位计算。

（13）标志、诱导装饰灯具的安装，应根据装饰灯具示意图集所示，区别不同安装形式，以“套”为计量单位计算。

（14）水下艺术装饰灯具的安装，应根据装饰灯具示意图集所示，区别不同安装形式，以“套”为计量单位计算。

（15）点光源艺术装饰灯具的安装，应根据装饰灯具示意图集所示，区别不同安装形式，不同灯具直径，以“套”为计量单位计算。

（16）草坪灯具的安装，应根据装饰灯具示意图集所示，区别不同安装形式，以“套”为计量单位计算。

（17）歌舞厅灯具的安装，应根据装饰灯具示意图集所示，区别不同灯具形式，分别以“套”“延长米”“台”为计量单位计算。

（18）装饰灯具安装定额适用范围见表 2-30。

表 2-30 装饰灯具安装定额适用范围

序号	定额名称	灯具种类（形式）
1	吊式艺术装饰灯具	不同材质、不同灯体垂吊长度、不同灯体直径的蜡烛灯、挂片灯、串珠（穗）、串棒灯、吊杆式组合灯、玻璃罩（带装饰）灯

续表

序号	定额名称	灯具种类（形式）
2	吸顶式艺术装饰灯具	不同材质、不同灯体垂吊长度、不同灯体几何形状的串珠（穗）、串棒灯、挂片、挂碗、挂吊碟灯、玻璃罩（带装饰）灯
3	荧光艺术装饰灯具	不同安装形式、不同灯管数量的组合荧光灯光带，不同几何组合形式的内藏组合式灯，不同几何尺寸、不同灯具形式的发光棚，不同形式的立体广告灯箱
4	几何形状组合艺术灯具	不同固定形式、不同灯具形式的繁星灯、钻石星灯、礼花灯、玻璃罩钢架组合灯、凸片灯、反射挂灯、筒型钢架灯、U 形组合灯、弧形管组合灯
5	标志、诱导装饰灯具	不同安装形式的标志灯、诱导灯
6	水下艺术装饰灯具	简易型彩灯、密封型彩灯、喷水池灯、幻光型灯
7	点光源艺术装饰灯具	不同安装形式、不同灯体直径的筒灯、牛眼灯、射灯、轨道射灯
8	草坪灯具	各种立柱式、墙壁式的草坪灯
9	歌舞厅灯具	各种安装形式的变色转盘灯、雷达射灯、幻影转彩灯、维纳斯旋转彩灯、卫星旋转效果灯、飞碟旋转效果灯、多头转灯、滚筒灯、频闪灯、太阳灯、雨灯、歌星灯、边界灯、射灯、泡泡发生器、迷你满天星彩灯、迷你单粒（盘彩）灯、多头宇航灯、镜面球灯、蛇光管

（19）荧光灯具的安装，应区别灯具的安装形式、灯具种类、灯管的数量，以“套”为计量单位计算。荧光灯具安装定额适用范围见表 2-31。

表 2-31　荧光灯具安装定额适用范围

序号	定额名称	灯具种类
1	组装型荧光灯	单管、双管、三管、吊链式、吸顶式、现场组装荧光灯具、吊链及配导线
2	成套型荧光灯	单管、双管、三管、吊链式、吊管式、吸顶式、嵌入式成套荧光灯

（20）工厂灯及防水防尘灯的安装，应区别不同安装形式，以“套”为计量单位计算。工厂灯及防水防尘灯安装定额适用范围见表 2-32。

表 2-32　工厂灯及防水防尘灯安装定额适用范围

序号	定额名称	灯具种类
1	直杆工厂吊灯	配照（GC_1-A）、广照（GC_3-A）、深照（GC_5-A）、斜照（GC_{17}-A），圆球（GC_{17}-A）、双照（GC_{19}-A）
2	吊链式工厂灯	配照（GC_1-B）、深照（GC_3-B）、斜照（GC_5-C）、圆球（GC_7-B）、双照（GC_{19}-A）、广照（GC_{19}-B）
3	吸顶式工厂灯	配照（GC_1-C）、广照（GC_3-C）、深照（GC_5-C）、斜照（GC_7-C）、双照（GC_{19}-C）

续表

序号	定额名称	灯具种类
4	弯杆式工厂灯	配照（GC_1-D/E）、广照（GC_3-D/E）、深照（GC_5-D/E）、斜照（GC_7-D/E）、双照（GC_{19}-C）、局部深照（GC_{26}-F/H）
5	悬挂式工厂灯	配照（GC_{21}-2）、深照（GC_{23}-2）
6	防水防尘灯	广照（GC_9-A、B、C）、广照保护网（GC_{11}-A、B、C）、散照（GC_{15}-A、B、C、D、E、F、G）

（21）工厂其他灯具的安装，应区别不同灯具类型、安装形式、安装高度，以“套”“个”为计量单位计算。工厂其他灯具安装定额适用范围见表 2-33。

表 2-33 工厂其他灯具安装定额适用范围

序号	定额名称	灯具种类
1	防潮灯	扁形防潮灯（GC-31）、防潮灯（GC-33）
2	腰形舱顶灯	腰形舱顶灯 CCD2-1
3	管形氙气灯	自然冷却式 220V/380V，20kW 以内
4	碘钨灯	DW 型、220V、300 ～ 1000W
5	投光灯	TG_1 型、TG_2 型、TG_5 型、TG_7 型、TG_{14} 型室外投光灯
6	高压水银灯整流器	外附式整流器 125 ～ 450W
7	安全灯	AOB-1、2、3 型、AOC-1、2 型安全灯
8	防爆灯	CB_3C-200 型防爆灯
9	高压水银防爆灯	CB_3C-125/250 型高压水银防爆灯
10	防爆荧光灯	CB_3C-1/2 单 / 双管防爆型荧光灯

（22）医院灯具的安装，应区别灯具种类，以“套”为计量单位计算。医院灯具安装定额适用范围见表 2-34。

表 2-34 医院灯具安装定额适用范围

序号	定额名称	灯具种类
1	病房指示灯	病房指示灯
2	病房暗脚灯	病房暗脚灯
3	无影灯	3 ～ 12 孔管式无影灯

（23）路灯安装工程，应区别不同臂长、不同灯数，以“套”为计量单位计算。路灯安装定额适用范围见表 2-35。

表 2-35　路灯安装定额适用范围

序号	定额名称	灯具种类
1	大马路弯灯	臂长 1200mm 以下，臂长 1200mm 以上
2	庭院路灯	三火以下，七火以上

2.3.7　电气调整试验

（1）送配电设备系统调试适用于各种供电回路（包括照明供电回路）的系统调试。凡供电回路中带有仪表、继电器、电磁开关等调试元件的（不包括闸刀开关、保险器），均按调试系统计算。移动式电器和以插座连接的家电设备已经经厂家调试合格、不需要用户自调的设备均不应计算调试费用。

（2）调试子目不包括试验设备、仪器仪表的场外转移费用。

（3）调试子目已包括熟悉资料、核对设备、填写试验记录、保护整定值的整定和调试报告的整理工作。

（4）电气调试系统的划分以电气原理系统图为依据，电气元件的本体试验均包括在相应子目的系统调试之内，不得重复计算。绝缘子和电缆等单体试验，只在单独试验时使用。

（5）母线、避雷器、电容器、接地装置：不包括特殊保护装置调试，避雷器每三相为一组。

（6）接地网的调试规定如下。

① 接地网接地电阻的测定。一般的发电厂或变电站连为一体的母网，按一个系统计算；自成母网不与厂区母网相连的独立接地网，另按一个系统计算。大型建筑群各有自己的接地网（接地电阻值设计有要求），虽然在最后也将各接地网连在一起，但应按各自的接地网计算，不能作为一个网，具体应按接地网的接地情况（独立的单位工程），套用接地调试定额。利用基础钢筋作接地和接地极形成网系统的，应按接地网电阻测试以“系统”为单位计算。建筑物、构筑物、电杆等利用户外接地母线敷设（接地电阻值设计有要求的），应按各自的接地测试点（以断接卡为准）以“组”为单位计算。例如，工程中同时具有上述情况，则分别计算。

② 避雷针接地电阻的测定。每一避雷针均有单独接地网（包括独立的避雷针、烟囱避雷针等）时，均按一组计算。

③ 独立的接地装置按组计算。如一台柱上变压器有一个独立的接地装置，即按一组计算。

（7）避雷器、电容器的调试，按每三相为一组计算；单个装设的也按一组计算，上述设备如设置在发电机、变压器、输、配电线路的系统或回路内，仍应按相应项目另外计算调试费用。

（8）一般的住宅、学校、办公楼、旅馆、商店等民用电气工程的供电调试应按下列规定计算。

① 配电室内带有调试元件的盘、箱、柜和照明主配电箱，应按供电方式执行相应的“配电设备系统调试”子目。

② 每个用户房间的配电箱（板）上虽装有电磁开关等调试元件，但如果生产厂家已按固定的常规参数调整好，不需要安装单位进行调试就可直接投入使用的，不得计取调试费用。

③ 民用电度表的调整校验属于供电部门的专业管理，一般皆由用户向供电局订购调试完毕的电度表，不得另外计算调试费用。

例题解析

综合单价编制案例解析

任务书

结合图纸信息以及实训任务 2.2 完成的电气照明工程清单编制宿舍楼一层活动室电气照明工程综合单价，主材价格见表 2-36。

表 2-36　主材价格表

序号	材料设备名称	规　格	单位	除税单价 / 元	备注
1	焊接钢管	DN100	m	4.89	
2	JDG	DN25	m	9.97	
3	JDG	DN20	m	7.87	
4	翘板式开关（单联）		个	7.62	
5	翘板式开关（三联）		个	13.53	
6	二、三极带安全门插座		个	17	
7	镀锌扁钢	-25 × 4	m	6.9	
8	镀锌钢管 L=2.5m	DN40	m	10.41	
9	配电箱 AW1 GXL11	600 × 900 × 200	台	1032.08	
10	荧光灯 2 × T5 28W		套	95.88	
11	节能灯 PAK-DO1　1 × 13W		套	40.81	
12	BV 2.5mm^2		m	1.86	

任务分组

根据任务安排，填写表 2-37。

表 2-37　任务分组表

班级		姓名		学号	
组号		指导教师			
组长： 成员：					
小组任务					
个人任务					

工作准备

（1）熟悉工作任务，结合项目图纸以及实训任务 2.2 完成的清单，明确综合单价编制任务。

（2）收集并熟悉《通用安装工程工程量计算规范》（GB 50856—2013）、《江苏省安装工程计价定额》（2014 年版）、《江苏省建设工程费用定额》（2014 年版）及营改增后调整内容中关于电气照明工程综合单价的相关知识。

（3）结合工作任务分析电气照明工程综合单价编制中的难点和常见问题。

任务实施

1. 配电箱综合单价编制

引导问题 1：悬挂式配电箱在套取定额子目时，要根据哪些信息确定？

____

引导问题 2：配电箱除了套取配电箱定额子目外，一般还需要套哪些定额子目？

____

引导问题 3：配电箱中的端子板外部接线与接线端子应如何区分套取定额？

____

引导问题 4：在编制配电箱综合单价时，其主材费如何计算？

____

2. 照明开关和插座综合单价编制

引导问题 5：照明开关在套取定额子目时，要根据哪些信息确定？

____

引导问题 6：插座在套取定额子目时，要根据哪些信息确定？

____

引导问题 7：在编制照明开关和插座综合单价时，其主材费如何确定？

____

3. 电缆综合单价编制

引导问题 8：电缆在套取定额子目时，要根据哪些信息确定？

____

引导问题 9：电力电缆头在套取定额子目时，要根据哪些信息确定？

引导问题 10：在编制电缆综合单价时，如果项目特征中有描述揭盖盖板，其工程量如何确定？

---

4. 防雷接地综合单价编制

引导问题 11：接地母线在套取定额子目时，要根据哪些信息确定？

引导问题 12：接地极在套取定额子目时，要根据哪些信息确定？

---

5. 配管、配线综合单价编制

引导问题 13：JDG 管在套取定额子目时，要根据哪些信息确定？

引导问题 14：焊接钢管在套取定额子目时，要根据哪些信息确定？

引导问题 15：BV 线在套取定额子目时，要根据哪些信息确定？

---

6. 照明灯具综合单价编制

引导问题 16：荧光灯在套取定额子目时，要根据哪些信息确定？

引导问题 17：普通灯具在套取定额子目时，要根据哪些信息确定？

引导问题 18：在编制荧光灯综合单价时，如果要计取超高增加费，要如何计算？

---

7. 电气调整试验综合单价编制

引导问题 19：接地装置在套取定额子目时，要根据哪些信息确定？

评价反馈

根据学习情况，完成表 2-38。

表 2-38　电气照明工程综合单价编制学习情境评价表

序号	评价项目	评价标准	满分	评价			综合得分
				自评	互评	师评	
1	控制设备及低压电器综合单价	配电箱、照明开关、插座等套取定额子目正确； 配电箱、照明开关、插座等综合单价计算正确	10				

续表

序号	评价项目	评 价 标 准	满分	评 价			综合得分
				自评	互评	师评	
2	电缆综合单价	电缆、电力电缆头套取定额子目正确； 电缆、电力电缆头综合单价计算正确	20				
3	防雷接地综合单价	接地母线、接地极等套取定额子目正确； 接地母线、接地极等综合单价计算正确	20				
4	配管、配线综合单价	配管、配线套取定额子目正确； 配管、配线综合单价计算正确	20				
5	照明灯具综合单价	照明灯具套取定额子目正确； 照明灯具综合单价计算正确	10				
6	电气调整试验综合单价	电气调整试验套取定额子目正确； 电气调整试验综合单价计算正确	10				
7	工作过程	严格遵守工作纪律，按时提交工作成果； 积极参与教学活动，具备自主学习能力； 积极参与小组活动，具备倾听、协作与分享意识	10				

实训任务 2.4 电气照明工程广联达算量

学习场景描述

按照《建设工程量清单计价规范》(GB 50500—2013)、《通用安装工程工程量计算规范》(GB 50856—2013)和《江苏省安装工程计价定额》(2014 年版)，完成图 2-7 所示的江苏城乡建设职业学院教职工宿舍楼电气工程软件建模及计量。

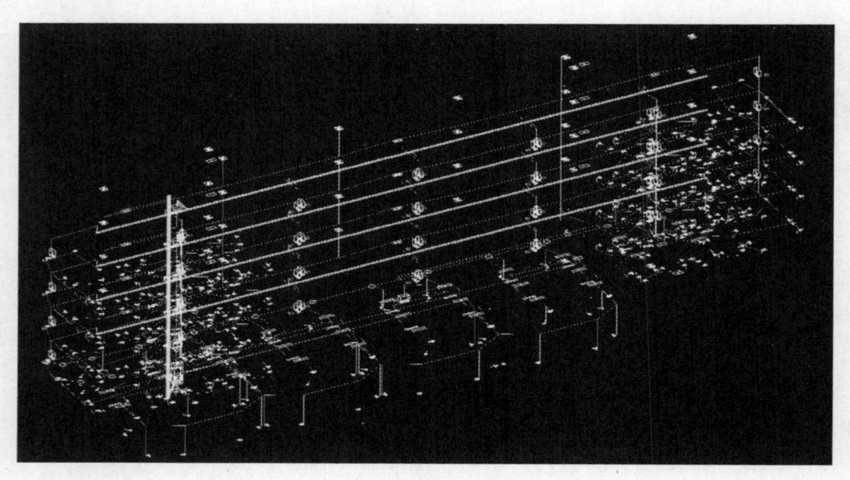

图 2-7 职工宿舍楼电气照明工程模型

学习目标

（1）了解软件算量的基本原理和特点，软件算量的基本流程。

（2）掌握软件算量基本功能应用。

相关知识

2.4.1 工程信息

电气照明
工程施工图

电气工程采用的实例图纸为江苏城乡建设职业学院职工宿舍楼电气工程施工图，本建筑为六层，第一层地面标高为 ±0.000m，一层和二层层高均为 3.2m，其他层高均为 3m。

该施工图共有“施工设计说明及图例”“配电 / 弱电系统图”“一、二、三～六层配电 / 照明 / 应急照明平面图”“一、二、三～六层弱电平面图”“避雷接地平面图”。

微课：新建
打开工程

2.4.2 新建工程

双击快捷图标，运行广联达 BIM 安装计量 GQI2021，打开软件界面，如图 2-8 所示。

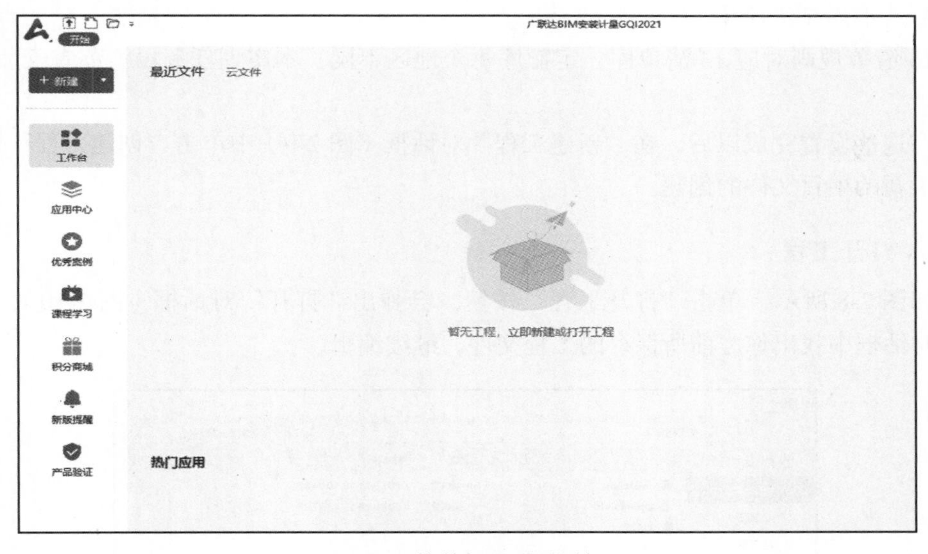

图 2-8 软件打开时对话框

在软件打开时的对话框中单击“立即新建”按钮，会弹出“新建工程”对话框，如图 2-9 所示。

1. 工程名称

工程名称一般按“图纸名称 + 专业”命名，保存时会作为默认的文件名。

2. 工程专业

工程专业包括给排水、电气、采暖燃气、消防、通风空调、智控弱电等不同安装专业，本实训任务以“电气”专业为例讲解软件的使用方法。

新建工程

工程名称 工程1

工程专业 全部

选择专业后软件能提供更加精准的功能服务

计算规则 工程量清单项目设置规则(2013)

清单库 [无]

定额库 [无]

请选择清单库、定额库，否则会影响套做法与材料价格的使用

算量模式 ○ 简约模式：快速出量

◉ 经典模式：BIM算量模式

创建工程 取消

图 2-9 “新建工程”对话框

3. 计算规则

计算规则包括“工程量清单项目设置规则 2008”和“工程量清单项目设置规则 2013”，只需根据工程的要求，选择所需要的计算规则。本实训任务选择“工程量清单项目设置规则 2013”。

4. 清单库与定额库

13 清单规则对应 13 清单库，定额库每个地区不同，本实训任务以江苏省安装定额为例。

在这些设置完成以后，在“新建工程”对话框（图 2-9）中单击“创建工程”按钮，完成了新的项目文件的创建。

2.4.3 打开工程

如图 2-8 所示，单击“打开工程”按钮，会弹出“打开”对话框（图 2-10），可以从本对话框中找出你之前所保存的工程文件，继续编辑。

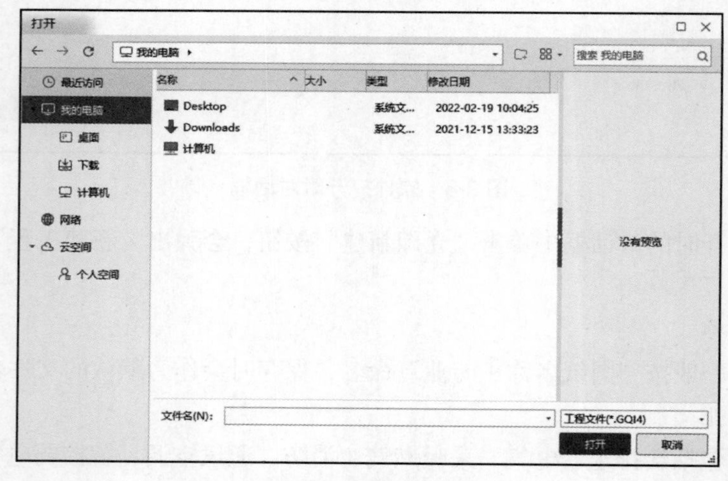

图 2-10 “打开”对话框

2.4.4　工程设置

微课：工程设置

如图 2-11 所示，“工程设置”选项卡有五个功能按钮，分别是“工程信息”“楼层设置”“设计说明”“其他设置”“计算设置”。

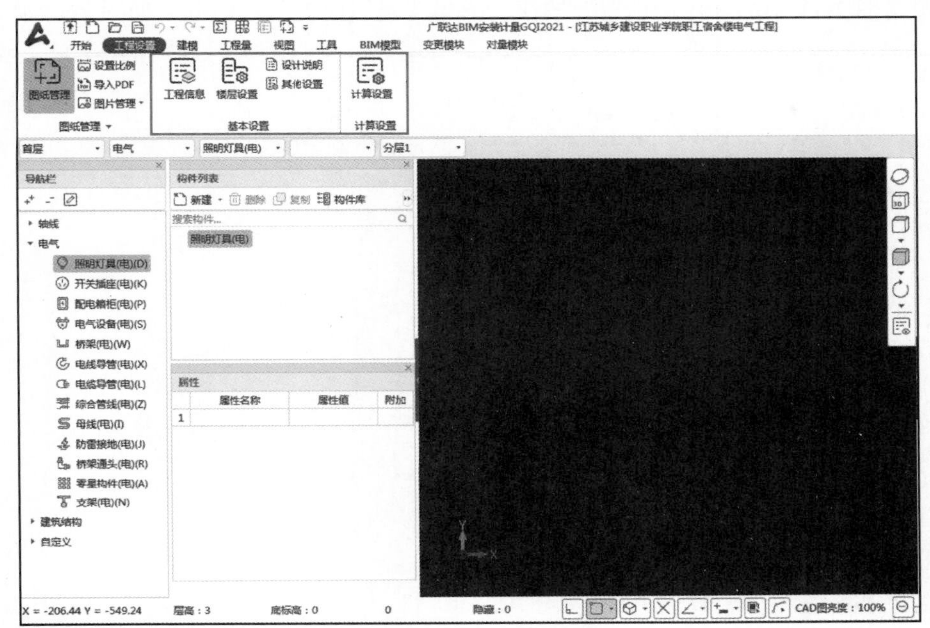

图 2-11　工程信息设置按钮

1. 工程信息

单击“工程信息”按钮，弹出“工程信息”对话框，如图 2-12 所示。

工程信息

	属性名称	属性值
1	⊟ 工程信息	
2	工程名称	江苏城乡建设职业学院职工宿舍楼电气工程
3	计算规则	工程量清单项目设置规则(2013)
4	清单库	工程量清单项目计量规范(2013-江苏)
5	定额库	江苏省安装工程计价定额(2014)
6	项目代号	
7	工程类别	住宅
8	结构类型	框架结构
9	建筑特征	矩形
10	地下层数(层)	
11	地上层数(层)	
12	檐高(m)	35
13	建筑面积(m2)	
14	⊟ 编制信息	
15	建设单位	
16	设计单位	
17	施工单位	
18	编制单位	
19	编制日期	2022-03-07
20	编制人	
21	编制人证号	
22	审核人	
23	审核人证号	

图 2-12　“工程信息”对话框

在“工程信息”对话框中可以对该工程信息进行编辑，所有属性都不影响安装的计算结果，这里信息的填写只起到标识的作用，根据实际工程情况填写相应的内容，汇总报表时，会链接到报表里。

2. 楼层设置

单击图 2-11 中的“楼层设置”按钮，弹出“楼层设置”对话框，如图 2-13 所示。

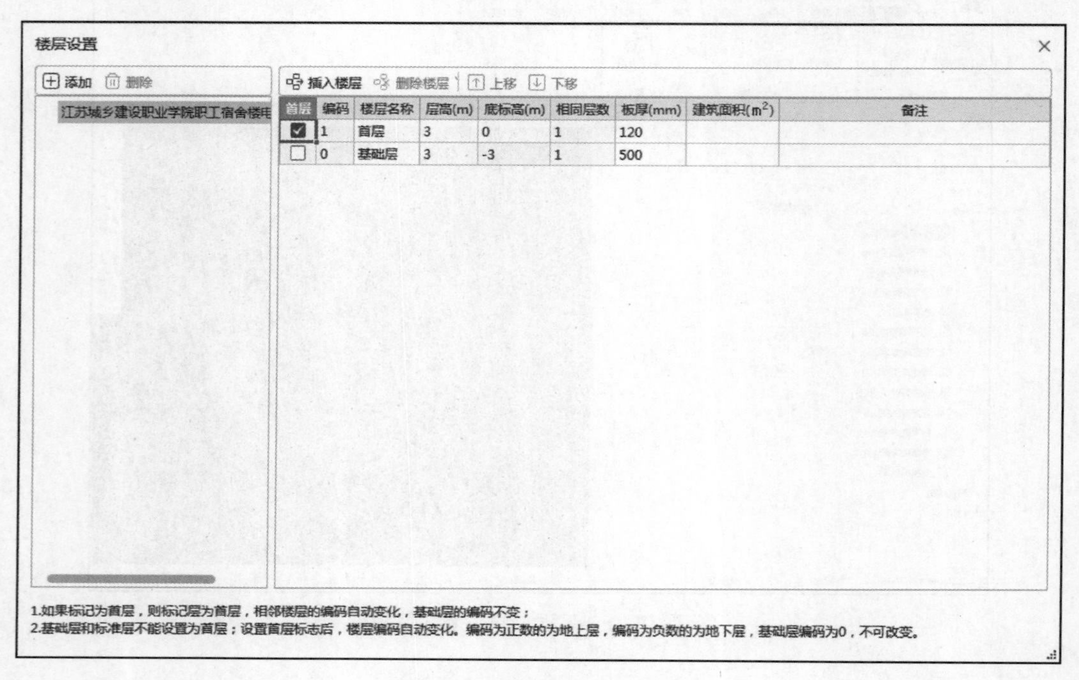

图 2-13 “楼层设置”对话框

由图 2-13 可见，软件默认的有“首层”和“基础层”两个楼层信息。结合本工程实际情况，显然无法满足要求，需要添加楼层。

软件默认单击首层插入楼层是往地上插入楼层，单击基础层插入楼层是往地下插入楼层。楼层表中只有首层底标高可以修改，其他楼层的底标高都是通过修改层高的方式修改。

根据工程信息，单击带有“首层”这一行，单击“插入楼层”按钮，每单击一次就会增加一行楼层信息，本工程有六层，插入完成以后如图 2-14 所示。然后根据工程的实际层高情况，修改楼层信息，主要是层高的修改，三到六层为标准层，可在楼层设置中设置相同楼层，完成以后如图 2-15 所示。

3. 其他设置和设计说明

根据实例图纸的实际情况，不需要对其他设置和设计说明情况进行修改，如果某个工程对这两块有特殊要求的，按要求进行设置修改。

4. 计算设置

查看软件针对电气专业的计算方法，根据工程的实际要求，如果需要修改的，按实际要求进行设置，如图 2-16 所示。本工程没有特殊要求，此处不需要设置。

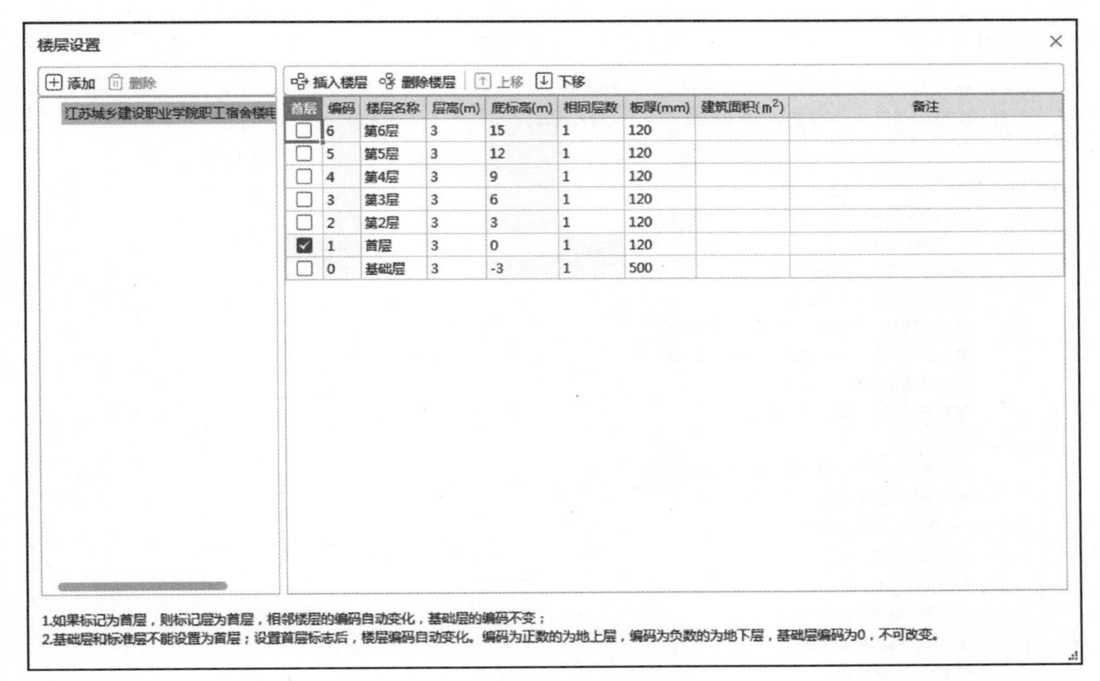

首层	编码	楼层名称	层高(m)	底标高(m)	相同层数	板厚(mm)	建筑面积(m^2)	备注
☐	6	第6层	3	15	1	120		
☐	5	第5层	3	12	1	120		
☐	4	第4层	3	9	1	120		
☐	3	第3层	3	6	1	120		
☐	2	第2层	3	3	1	120		
☑	1	首层	3	0	1	120		
☐	0	基础层	3	-3	1	500		

图 2-14　“楼层设置”对话框

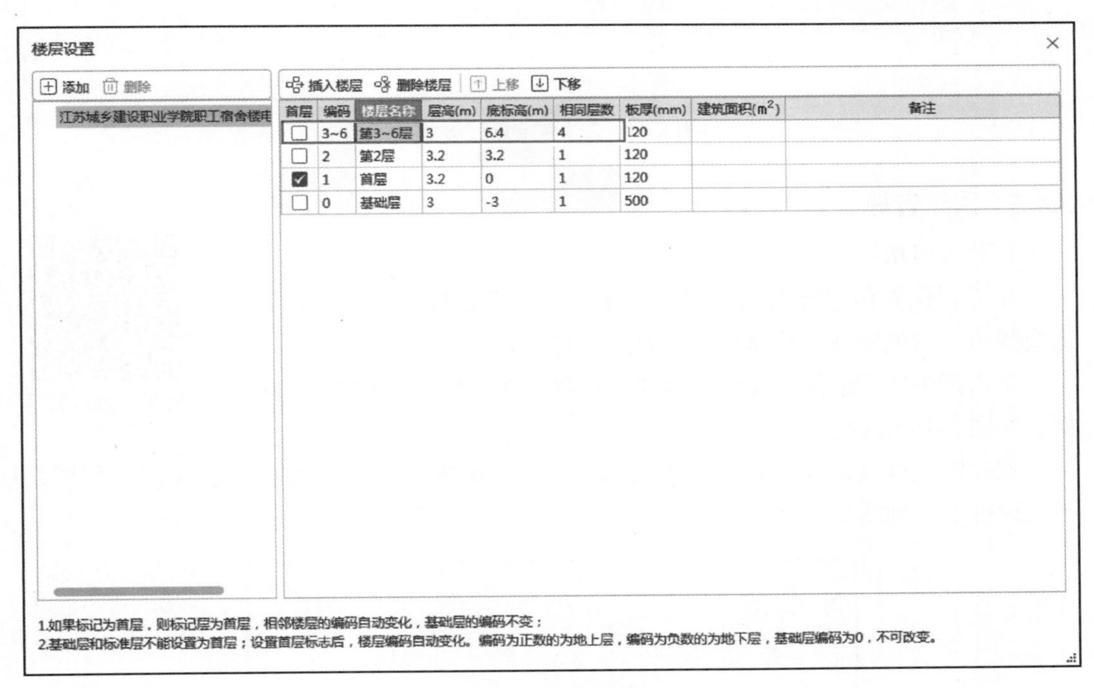

首层	编码	楼层名称	层高(m)	底标高(m)	相同层数	板厚(mm)	建筑面积(m^2)	备注
☐	3~6	第3~6层	3	6.4	4	120		
☐	2	第2层	3.2	3.2	1	120		
☑	1	首层	3.2	0	1	120		
☐	0	基础层	3	-3	1	500		

图 2-15　完成的“楼层设置”对话框

计算设置

电气

恢复当前项默认设置 恢复所有项默认设置 导入规则 导出规则

计算设置	单位	设置值
⊟ 电缆		
⊟ 电缆敷设弛度、波形弯度、交叉的预留长度	%	2.5
计算基数选择		电缆长度
电缆进入建筑物的预留长度	mm	2000
电力电缆终端头的预留长度	mm	1500
电缆进控制、保护屏及模拟盘等预留长度	mm	高+宽
高压开关柜及低压配电盘、箱的预留长度	mm	2000
电缆至电动机的预留长度	mm	500
电缆至厂用变压器的预留长度	mm	3000
⊟ 导线		
配线进出各种开关箱、屏、柜、板预留长度	mm	高+宽
管内穿线与软硬母线连接的预留长度	mm	1500
⊟ 硬母线配置安装预留长度		
带形母线终端	mm	300
槽形母线终端	mm	300
带形母线与设备连接	mm	500
多片重型母线与设备连接	mm	1000
槽形母线与设备连接	mm	500
⊟ 管道支架		
支架个数计算方式	个	四舍五入
⊟ 电线保护管生成接线盒规则		
当管长度超过设置米数，且无弯曲时，增加一个接线盒	m	30
当管长度超过设置米数，且有1个弯曲，增加一个接线盒	m	20

图 2-16 “计算设置”对话框

2.4.5 图纸管理

1. 导入图纸

微课：图纸管理

在工程设置信息修改完成以后，单击“图纸管理”按钮，软件右侧会弹出“图纸管理”功能界面，如图 2-17 所示。

单击图中的“添加”按钮，出现“批量添加 CAD 图纸文件”对话框，如图 2-18 所示。

找到图纸存放位置，如图 2-18 所示，双击添加图纸“职工公寓电气 .dwg”，将图纸导入软件中，如图 2-19 所示。

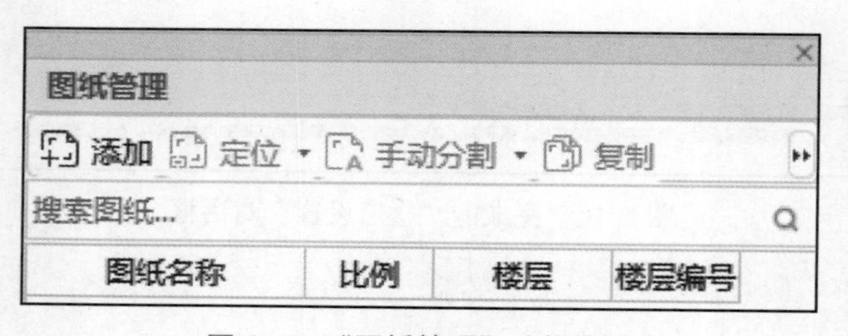

图 2-17 “图纸管理”功能界面

图 2-18　“批量添加 CAD 图纸文件”对话框

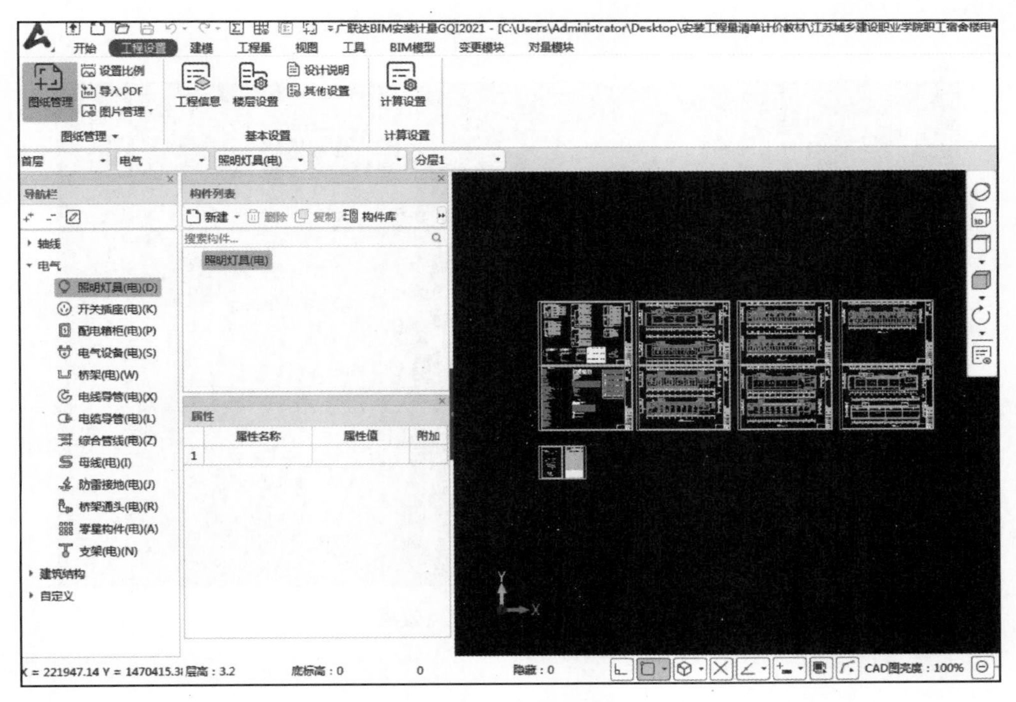

图 2-19　导入图纸效果

2. 定位图纸

在图纸导入完成以后，还需要将各层的图纸进行定位。在电气工程中，公共照明部分各楼层之间是有联系的，比如本工程实例中 AW1 配电箱 W3、W4 回路，配电线路从一层连通至六层，所以需要将每层的图纸进行定位，保证配电线路上下连通。

单击“定位”按钮，如图 2-20 所示，该操作不会弹出对话框，为了能够精确定位，可以单击“工具栏”中的“交点”按钮，如图 2-21 所示，将光标移动到某层轴线 1 的位置，当光标接触到轴线 1 时，光标会出现回字形，单击轴线 1，然后同样操作单击轴线 A，完成操作，这样轴线 1 与轴线 A 的交点处会出现一个红叉，如图 2-22 所示，红叉的交点就是所需的定位点，再右击进行确认。如此重复操作，就可以定位所有的平面图纸。

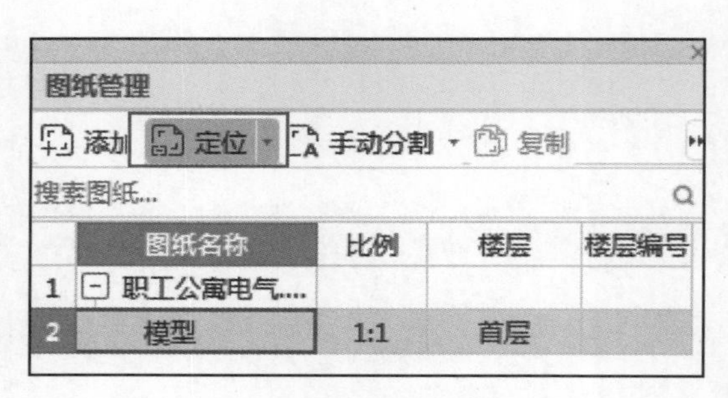

图 2-20 “定位”按钮

图 2-21 “交点捕捉”被激活的状态效果

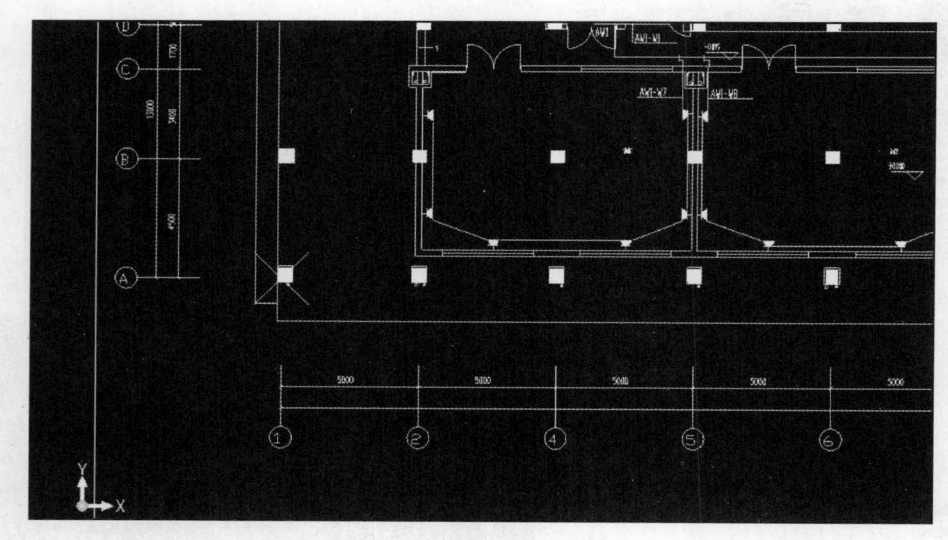

图 2-22 出现定位点效果

3. 手动分割

2.4.4 小节已经针对工程实例对楼层进行了设置，现在需要对图纸进行分割，把对应每一层的图纸分配到具体楼层，方便后期运用软件逐层建模。

单击“手动分割”按钮，如图 2-23 所示，进入绘图区框选需要分割的图纸，选中的图纸会变为蓝色，如图 2-24 所示。然后右击，弹出“请输入图纸名称”对话框，如图 2-25 所示。此时可以在对话框中输入图纸名称，也可以单击对话框中的“识别图名”

按钮，单击按钮后对话框会消失，然后单击图纸标题栏中图纸名称，单击后图纸名称会变成深蓝色，如图 2-26 所示，右击，重新出现对话框，“图纸名称”输入栏中就会出现选中的图纸名称。

图纸名称识别完成以后，还需在对话框中选择图纸的楼层，单击“确定”按钮，图纸自动分配到对应的楼层，如图 2-27 所示，依次对每张图纸进行分割并定位楼层，最终“图纸管理”对话框，如图 2-28 所示。

图纸管理

添加　定位　手动分割　复制　删除

搜索图纸...　手动分割

	图纸名称	比例	楼层	楼层编号
1	职工公寓电气.dwg			
2	模型	1:1	首层	
3	一层配电及应...	1:1	首层	1.1
4	一层照明平面图	1:1	首层	1.2
5	二层照明平面图	1:1	第2层	2.1
6	二层配电及应...	1:1	第2层	2.2

图 2-23 “手动分割”位置

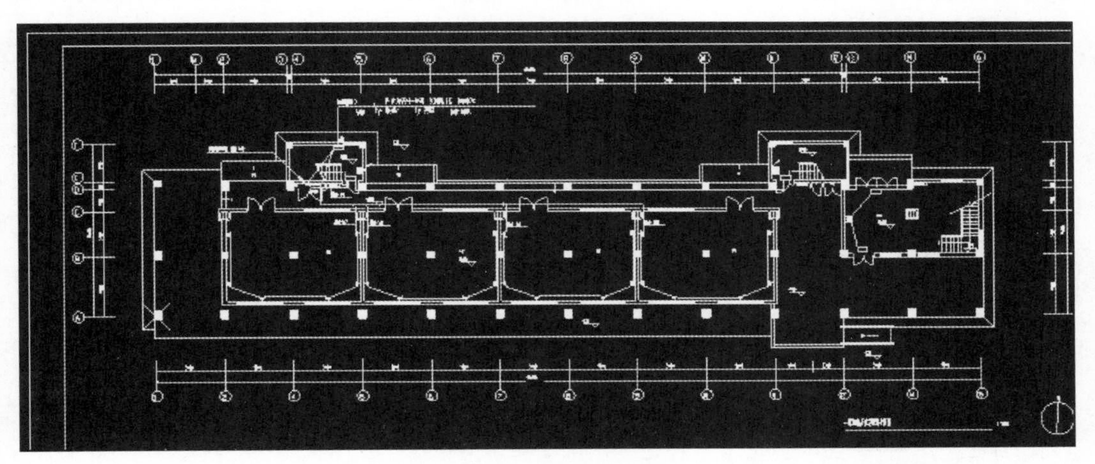

图 2-24 手动分割图纸框选图纸

请输入图纸名称

图纸名称　识别图名

楼层选择　无

确定　取消

图 2-25 “请输入图纸名称”对话框

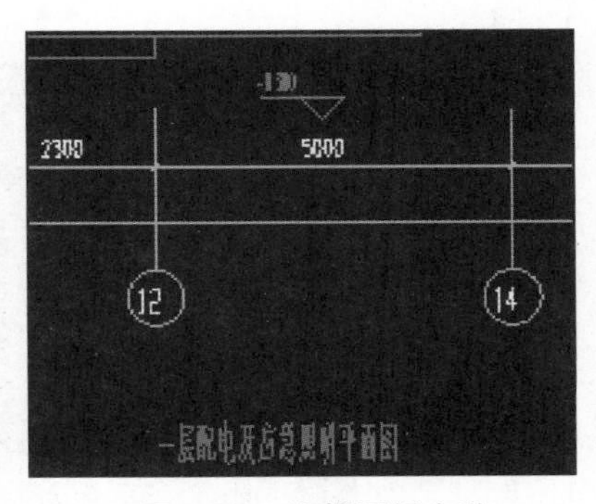

图 2-26 选择图纸名称

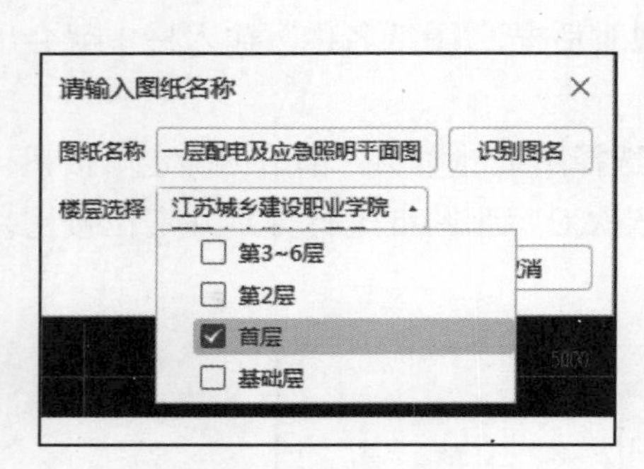

图 2-27　楼层选择

图纸管理

添加　定位　手动分割　复制　删除

搜索图纸...

	图纸名称	比例	楼层	楼层编号
1	职工公寓电气.dwg			
2	模型	1:1	首层	
3	一层配电及应急...	1:1	首层	1.1
4	一层照明平面图	1:1	首层	1.2
5	二层照明平面图	1:1	第2层	2.1
6	二层配电及应急...	1:1	第2层	2.2
7	三~六层配电及...	1:1	第3~6层	3~6.1
8	三~六层照明平...	1:1	第3~6层	3~6.2

图 2-28　最终“图纸管理”对话框

4. 设置比例

软件是依照比例尺对电气管路中的配管配线进行计量的，如果比例尺出现错误，那么得到的工程量就毫无意义，所以在建模前要对图纸的比例尺进行校验。

首先，在图纸管理对话框中通过选择楼层选择校准的图纸，单击“工程设置”选项卡中的“设置比例”按钮，如图 2-29 所示。由图中可以看出，“设置比例”按钮变成了浅蓝色底，表示该功能正在使用。然后框选所需校准的图纸，如图 2-30 所示，再右击，光标会变成十字，如图 2-31 所示，选择轴线 4 与轴线 5 的尺寸标注 5000mm 进行校验，在两点确定以后弹出对话框，如图 2-32 所示，提示量取长度为 5000mm，这与标注尺寸的长度完全一致，表明比例尺正确。如果这里量取长度不是 5000mm，就说明比例尺不正确，需要在图 2-32 所示对话框中输入 5000，单击“确定”按钮，就可以纠正比例尺。

图 2-29　“设置比例”按钮

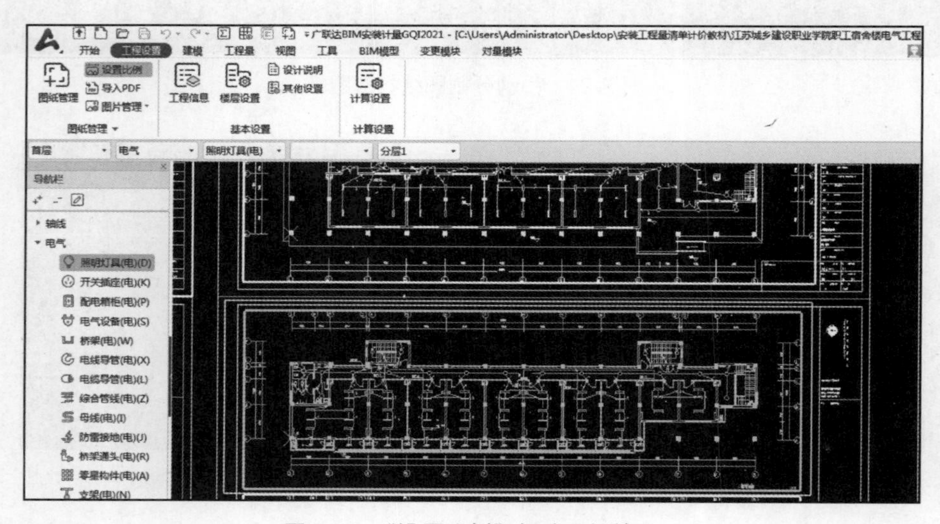

图 2-30　“设置比例”框选图纸效果

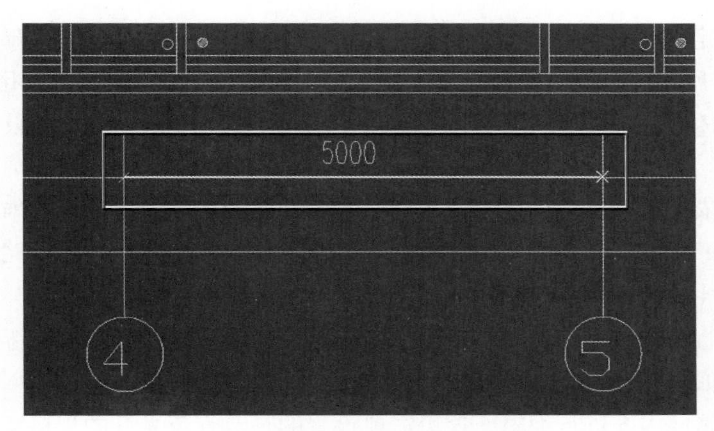

图 2-31　轴线 4 与轴线 5 尺寸标注校准

尺寸输入

输入两点之间实际尺寸以调整比例

5000.000

确定　取消

图 2-32　长度量取对话框

2.4.6　绘图识别顺序

根据软件的特性，应依次进行用电器具、桥架、电线（电缆）导管的识别绘制。

电线（电缆）导管绘图识别是从配电箱开始，按配电系统图依次进行各回路的识别绘制。

利用广联达 BIM 安装算量软件 GQI2021 计算电气工程工程量时，可以分为以下两种方法。

（1）绘图输入。绘图输入是要根据原始的 CAD 平面图纸结合系统图进行重新绘图，该操作最大的特点是时间消耗比较大，但是绘图输入相对于直接识别要准确。

（2）识别。识别是利用软件的智能操作命令，快速地转换成能够计量的模型，但是它要图纸规范，否则会出现很多错误。

2.4.7　用电器具的识别

按照上述的识别顺序，考虑到各层的配电线路均从首层 AW 配电箱送至各层的 AWX 配电箱后再通向室内 AL1 配电箱，最终通过 AL1 配电箱向各用电器具配线，因此配电线路需要从首层开始进行绘制。

微课：用电器具的新建

1. 用电器具的构件新建

在用电器具识别之前，先查找设备材料表以及平面图纸内的用电器具，掌握用电器具的种类，然后根据设备材料表的信息，对用电器具的构件进行新建。

软件左侧定义界面有两个区域，左侧为构件导航栏，右侧为构件新建及属性编辑栏，如图 2-33 所示。在操作软件时经常会因为误操作将这两个区域关闭，这时可以在如图 2-34 所示位置打开。新建构件可以采用单独依次新建和材料表批量新建两种方法进行。

方法一：依次单独新建构件，以照明灯具的新建为例，单击左侧导航栏中的“照明灯具（电）(D)”，再单击右侧区域“构件列表”中的“新建”按钮（图 2-35），选择其中的新建灯具（只连单立管）后“构件列表”中出现“DJ-1【荧光灯】”构件，下方出现该构件的属性对话框，如图 2-36 所示，需要注意的是，软件默认的新建照明灯具为单管荧光灯，如果需要修改，单击“类型”下拉菜单进行选择（图 2-37），可以根据工程实际信息对属性内容进行编辑，这里需要设置的是双管荧光灯的规格型号，标高以及所在位置。以上属性参数可以从设备材料表中查出，具体如图 2-38 所示。

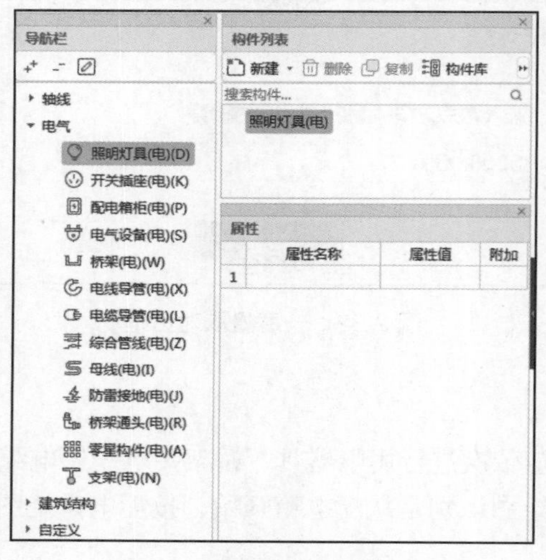

图 2-33　导航栏与属性构件栏

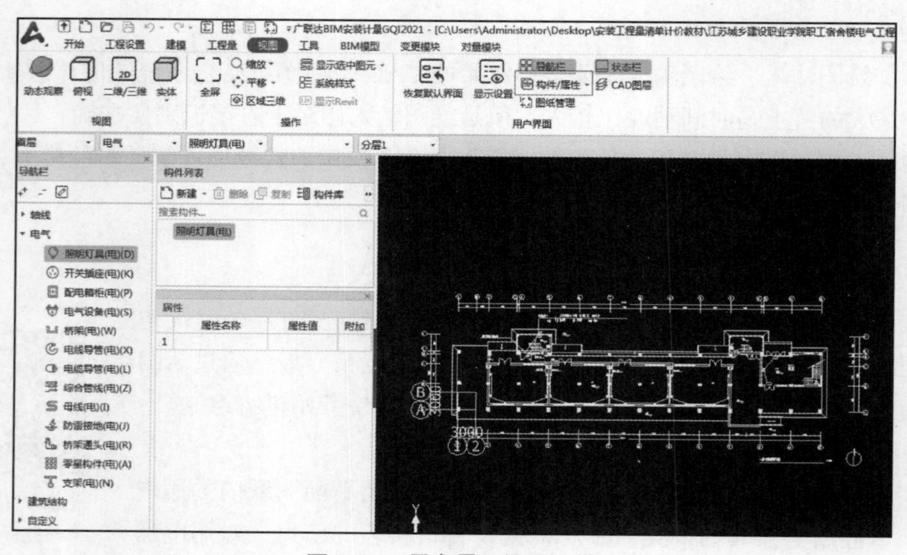

图 2-34　用户界面设置区域

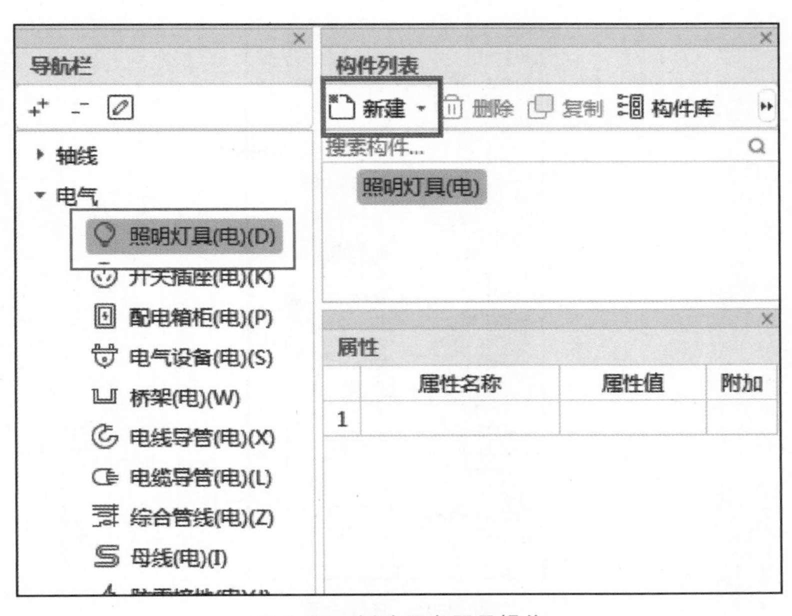

图 2-35　新建用电器具操作

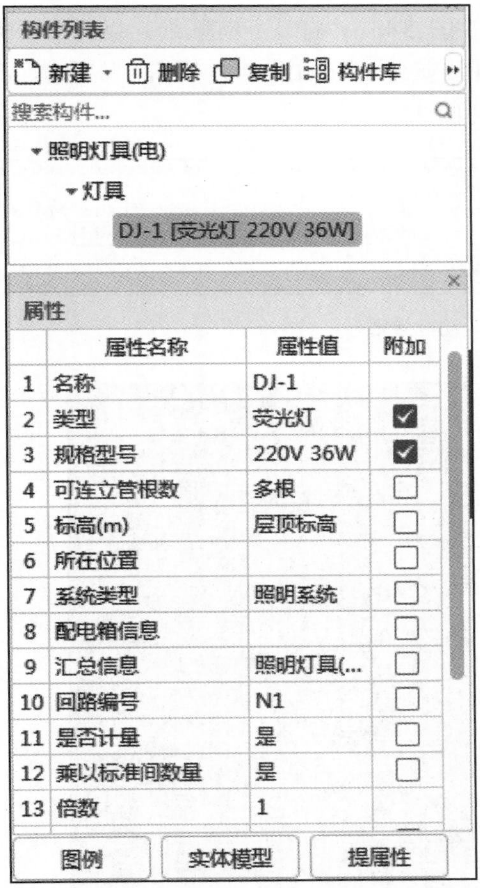

构件列表

新建　删除　复制　构件库

搜索构件...

照明灯具(电)

灯具

DJ-1 [荧光灯 220V 36W]

属性

	属性名称	属性值	附加
1	名称	DJ-1	
2	类型	荧光灯	☑
3	规格型号	220V 36W	☑
4	可连立管根数	多根	☐
5	标高(m)	层顶标高	☐
6	所在位置		☐
7	系统类型	照明系统	☐
8	配电箱信息		☐
9	汇总信息	照明灯具(...	☐
10	回路编号	N1	☐
11	是否计量	是	☐
12	乘以标准间数量	是	☐
13	倍数	1	

图例　实体模型　提属性

图 2-36　“新建”照明灯具界面

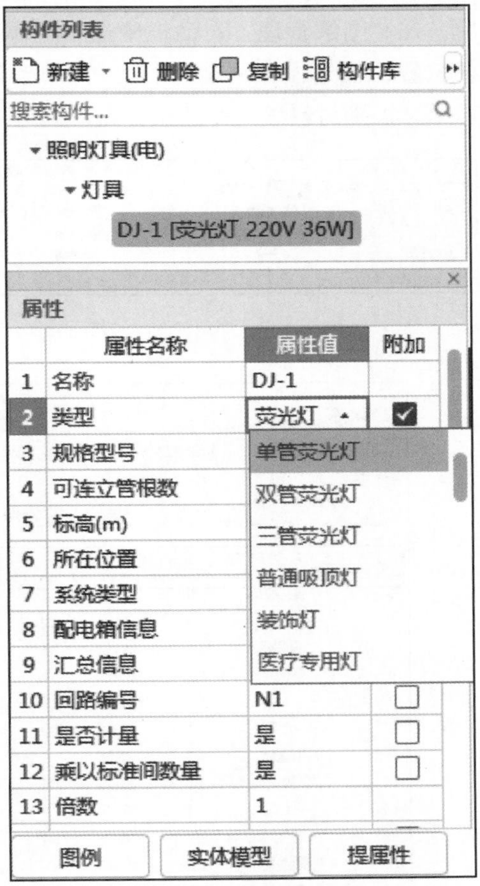

构件列表

新建　删除　复制　构件库

搜索构件...

照明灯具(电)

灯具

DJ-1 [荧光灯 220V 36W]

属性

	属性名称	属性值	附加
1	名称	DJ-1	
2	类型	荧光灯	☑
3	规格型号		
4	可连立管根数		
5	标高(m)		
6	所在位置		
7	系统类型		
8	配电箱信息		
9	汇总信息		
10	回路编号	N1	☐
11	是否计量	是	☐
12	乘以标准间数量	是	☐
13	倍数	1	

单管荧光灯

双管荧光灯

三管荧光灯

普通吸顶灯

装饰灯

医疗专用灯

图例　实体模型　提属性

图 2-37　“类型”下拉选择

图 2-38 属性设置

方法二：使用软件的“材料表”功能（图 2-39）进行批量新建。激活“材料表”之后，在“图纸管理”对话框中选中“模型”行（图 2-40），打开所有图纸，找到图例所在位置，框选图例内容进行选择，选择后呈现浅蓝色底，如图 2-41 所示，右击确认，显示“识别材料表——请选择对应列”对话框（图 2-42）。

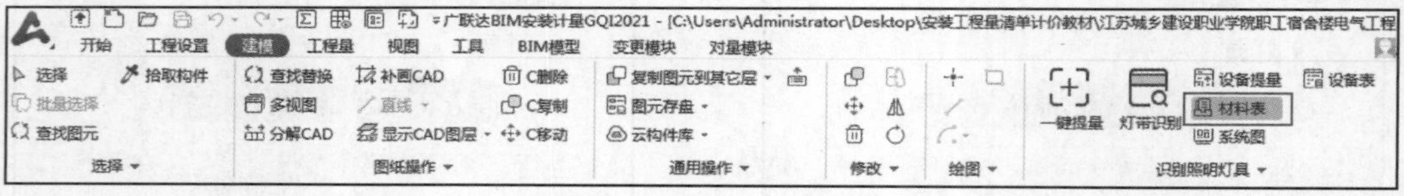

广联达BIM安装计量GQI2021 - [C:\Users\Administrator\Desktop\安装工程量清单计价教材\江苏城乡建设职业学院职工宿舍楼电气工程
开始 工程设置 建模 工程量 视图 工具 BIM模型 变更模块 对量模块
选择 拾取构件 批量选择 查找图元
选择
查找替换 补画CAD 多视图 直线 分解CAD 显示CAD图层 C删除 C复制 C移动
图纸操作
复制图元到其它层 图元存盘 云构件库
通用操作
修改
绘图
一键提量 灯带识别 设备提量 设备表 材料表 系统图
识别照明灯具

图 2-39 “材料表”功能激活

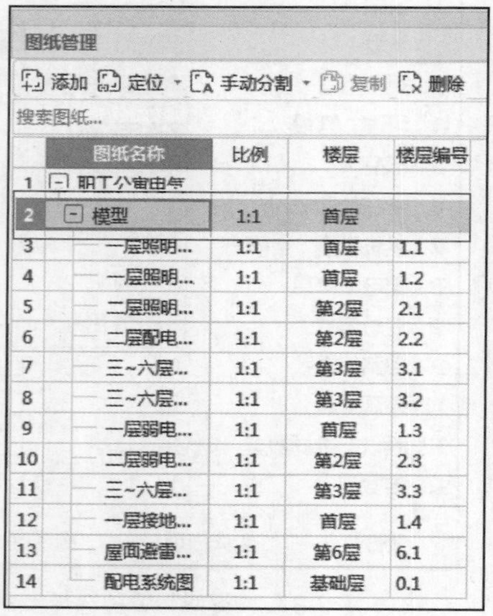

图纸管理

添加 定位 手动分割 复制 删除

搜索图纸...

	图纸名称	比例	楼层	楼层编号
1	职工公寓电气			
2	模型	1:1	首层	
3	一层照明...	1:1	首层	1.1
4	一层照明...	1:1	首层	1.2
5	二层照明...	1:1	第2层	2.1
6	二层配电...	1:1	第2层	2.2
7	三~六层...	1:1	第3层	3.1
8	三~六层...	1:1	第3层	3.2
9	一层弱电...	1:1	首层	1.3
10	二层弱电...	1:1	第2层	2.3
11	三~六层...	1:1	第3层	3.3
12	一层接地...	1:1	首层	1.4
13	屋面避雷...	1:1	第6层	6.1
14	配电系统图	1:1	基础层	0.1

图 2-40 选择“模型”

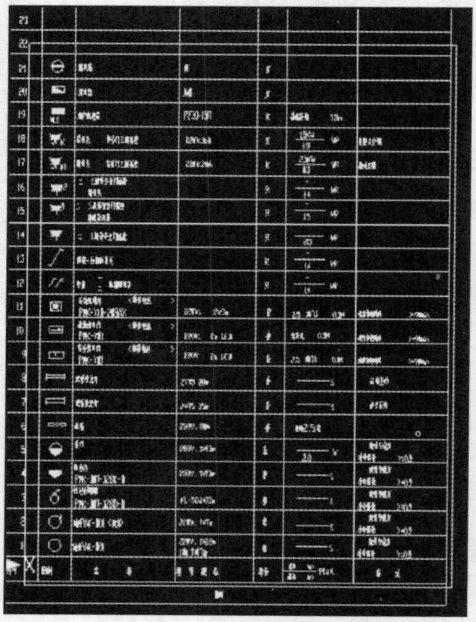

图 2-41 框选“图例”效果

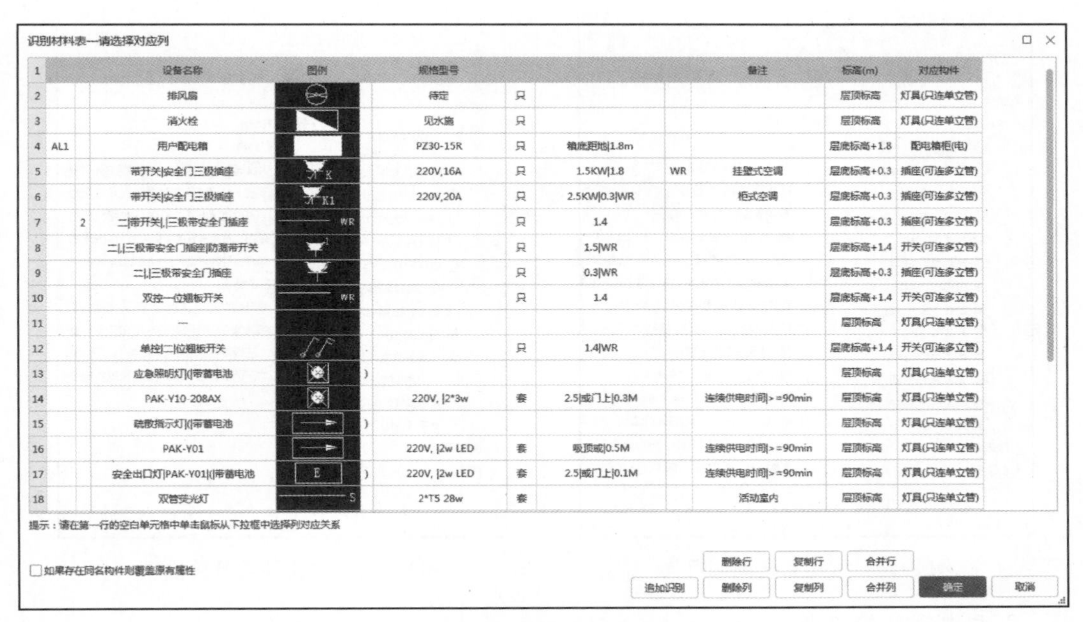

识别材料表—请选择对应列

1			设备名称	图例		规格型号				备注	标高(m)	对应构件
2			排风扇			待定	只				层顶标高	灯具(只连单立管)
3			消火栓			见水施	只				层顶标高	灯具(只连单立管)
4	AL1		用户配电箱			PZ30-15R	只	箱底距地|1.8m			层底标高+1.8	配电箱柜(电)
5			带开关|安全门三极插座	K		220V,16A	只	1.5KW|1.8	WR	挂壁式空调	层底标高+0.3	插座(可连多立管)
6			带开关|安全门三极插座	K1		220V,20A	只	2.5KW|0.3|WR		柜式空调	层底标高+0.3	插座(可连多立管)
7		2	二|带开关|,|三极带安全门插座	WR			只	1.4			层底标高+0.3	插座(可连多立管)
8			二|,|三极带安全门插座|防溅带开关	1			只	1.5|WR			层底标高+1.4	开关(可连多立管)
9			二|,|三极带安全门插座				只	0.3|WR			层底标高+0.3	插座(可连多立管)
10			双控一位翘板开关	WR			只	1.4			层底标高+1.4	开关(可连多立管)
11			—								层顶标高	灯具(只连单立管)
12			单控|二|位翘板开关				只	1.4|WR			层底标高+1.4	开关(可连多立管)
13			应急照明灯|(|带蓄电池		)						层顶标高	灯具(只连单立管)
14			PAK-Y10-208AX			220V, |2*3w	套	2.5|或门上|0.3M		连续供电时间|>=90min	层顶标高	灯具(只连单立管)
15			疏散指示灯|(|带蓄电池		)						层顶标高	灯具(只连单立管)
16			PAK-Y01			220V, |2w LED	套	吸顶或|0.5M		连续供电时间|>=90min	层顶标高	灯具(只连单立管)
17			安全出口灯|PAK-Y01|(|带蓄电池	E	)	220V, |2w LED	套	2.5|或门上|0.1M		连续供电时间|>=90min	层顶标高	灯具(只连单立管)
18			双管荧光灯	S		2*T5 28w	套			活动室内	层顶标高	灯具(只连单立管)

提示：请在第一行的空白单元格中单击鼠标从下拉框中选择列对应关系

☐如果存在同名构件则覆盖原有属性

删除行　复制行　合并行

追加识别　删除列　复制列　合并列　确定　取消

图 2-42　“识别材料表——请选择对应列”对话框

依据识别到的相应参数与系统默认属性进行对应设置，完成用电器具批量新建属性设置（图 2-43），属性设置完成后，单击“确定”按钮完成批量新建构件（图 2-44 和图 2-45）。

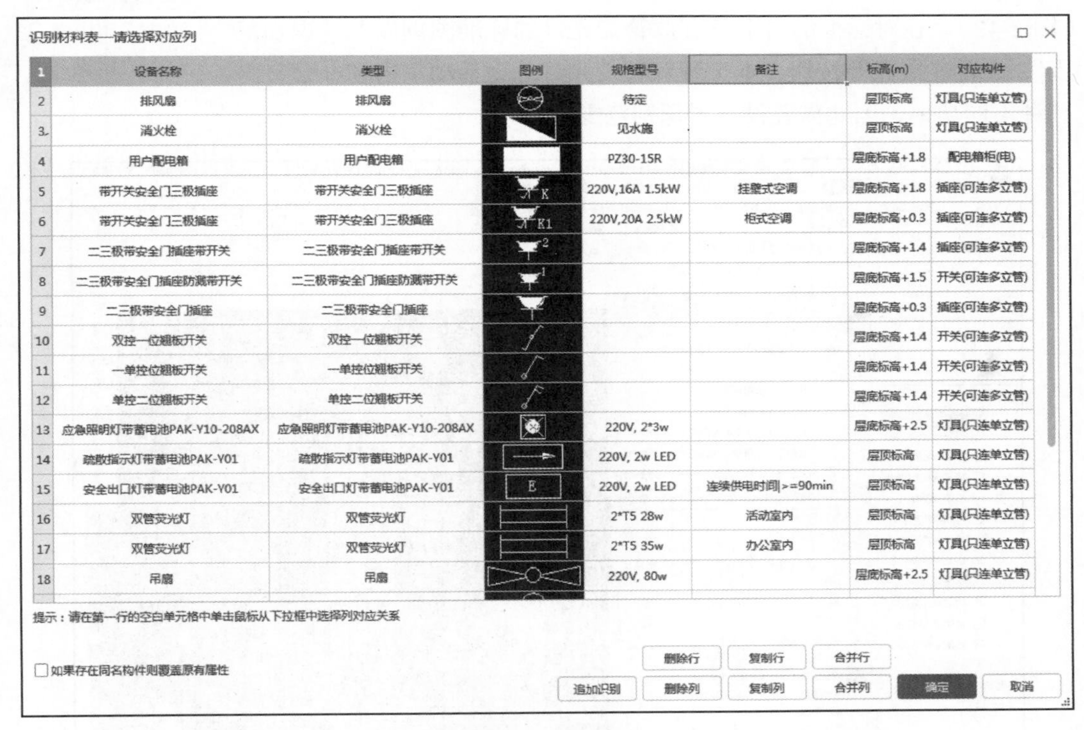

识别材料表—请选择对应列

1	设备名称	类型	图例	规格型号	备注	标高(m)	对应构件
2	排风扇	排风扇		待定		层顶标高	灯具(只连单立管)
3	消火栓	消火栓		见水施		层顶标高	灯具(只连单立管)
4	用户配电箱	用户配电箱		PZ30-15R		层底标高+1.8	配电箱柜(电)
5	带开关安全门三极插座	带开关安全门三极插座	K	220V,16A 1.5kW	挂壁式空调	层底标高+1.8	插座(可连多立管)
6	带开关安全门三极插座	带开关安全门三极插座	K1	220V,20A 2.5kW	柜式空调	层底标高+0.3	插座(可连多立管)
7	二三极带安全门插座带开关	二三极带安全门插座带开关	2			层底标高+1.4	插座(可连多立管)
8	二三极带安全门插座防溅带开关	二三极带安全门插座防溅带开关	1			层底标高+1.5	开关(可连多立管)
9	二三极带安全门插座	二三极带安全门插座				层底标高+0.3	插座(可连多立管)
10	双控一位翘板开关	双控一位翘板开关				层底标高+1.4	开关(可连多立管)
11	一单控位翘板开关	一单控位翘板开关				层底标高+1.4	开关(可连多立管)
12	单控二位翘板开关	单控二位翘板开关				层底标高+1.4	开关(可连多立管)
13	应急照明灯带蓄电池PAK-Y10-208AX	应急照明灯带蓄电池PAK-Y10-208AX		220V, 2*3w		层底标高+2.5	灯具(只连单立管)
14	疏散指示灯带蓄电池PAK-Y01	疏散指示灯带蓄电池PAK-Y01		220V, 2w LED		层顶标高	灯具(只连单立管)
15	安全出口灯带蓄电池PAK-Y01	安全出口灯带蓄电池PAK-Y01	E	220V, 2w LED	连续供电时间|>=90min	层顶标高	灯具(只连单立管)
16	双管荧光灯	双管荧光灯		2*T5 28w	活动室内	层顶标高	灯具(只连单立管)
17	双管荧光灯	双管荧光灯		2*T5 35w	办公室内	层顶标高	灯具(只连单立管)
18	吊扇	吊扇		220V, 80w		层底标高+2.5	灯具(只连单立管)

提示：请在第一行的空白单元格中单击鼠标从下拉框中选择列对应关系

☐如果存在同名构件则覆盖原有属性

删除行　复制行　合并行

追加识别　删除列　复制列　合并列　确定　取消

图 2-43　属性设置

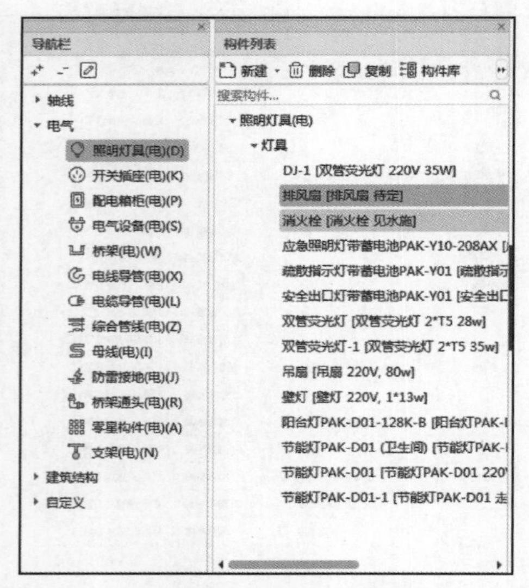

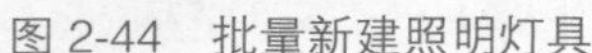
图 2-44 批量新建照明灯具

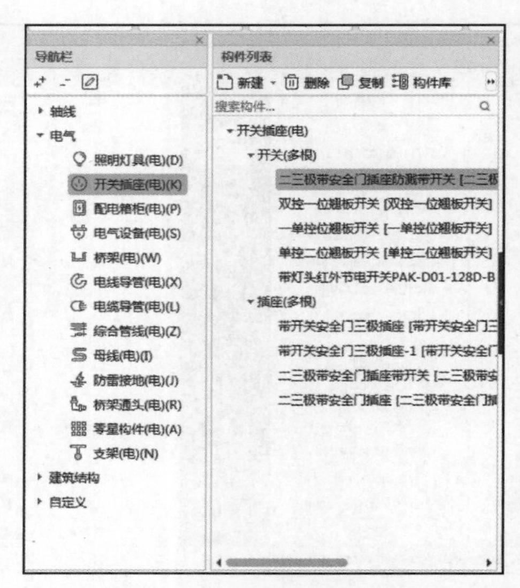

图 2-45 批量新建开关插座

2. 用电器具的识别

以本工程一层照明平面图为例，在“构件栏”中选中“双管荧光灯”，单击“建模”选项卡中的“设备提量”按钮（图 2-46），光标会变成回字形，单击所需要识别的双管荧光灯图例，被选中的图形会变成深蓝色，然后右击，弹出“选择要识别成的构件”对话框（图 2-47）。在对话框的右下角有双管荧光灯的标准图例以及“识别范围”“设置连接点”按钮，本工程双管荧光灯分为活动室内和办公室内两种不同功率，因此需要设置“识别范围”。

微课：用电器具的识别

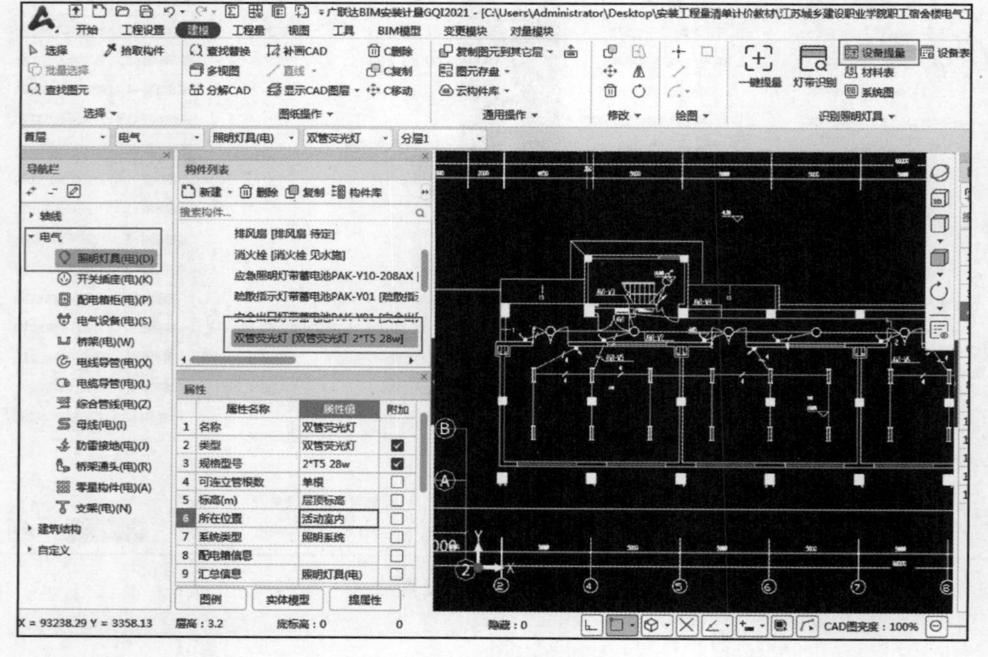

图 2-46 “设备提量”按钮

图 2-47 “选择要识别成的构件”对话框

单击“识别范围”按钮，对话框消失，光标变为回字形，这时可以框选所需要识别的图纸范围，框选完成以后，被框选的图纸会变成深蓝色（图 2-48），再右击，界面又到“选择要识别成的构件”对话框，然后设置连接点，单击“设置连接点”按钮，弹出“设置连接点”对话框（图 2-49），这时可以通过单击确认连接点、再次单击取消连接点完成连接点设置。

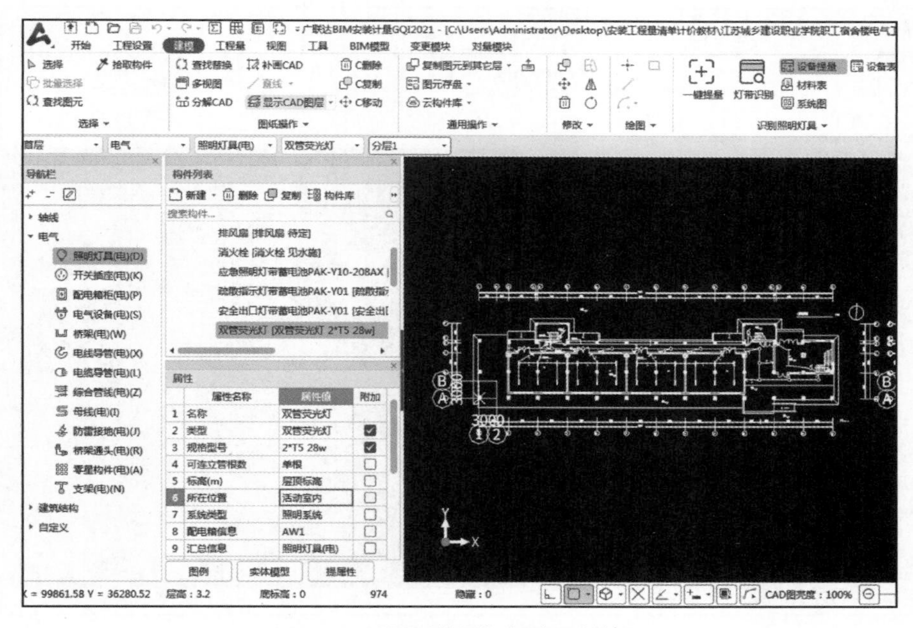

图 2-48 “识别范围”框选图纸效果

设置完成以后，单击“选择要识别成的构件”对话框中的“确认”按钮，软件就可以识别出框选图纸中双管荧光灯的数量，如图 2-50 所示。重复此操作，识别其他用电器具的工程量。

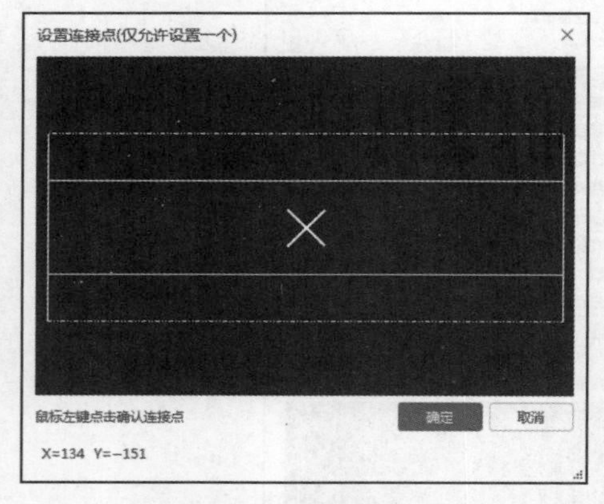

图 2-49 “设置连接点”对话框

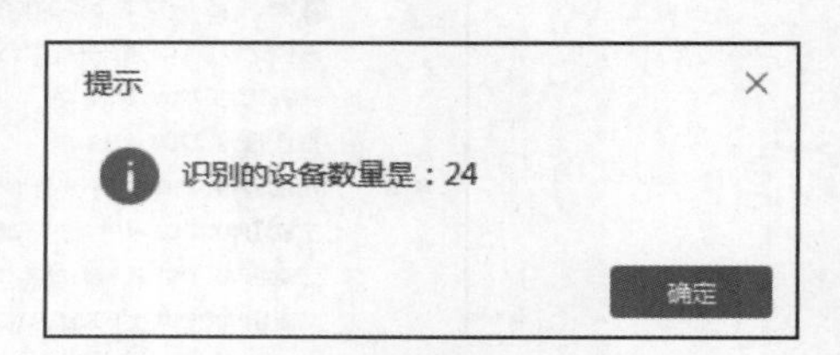

图 2-50 “双管荧光灯”数量

特别提示

CAD 图纸绘制时，类似单管荧光灯和双管荧光灯，各类开关以及插座并不一定以图块的形式存在，因此设备提量时需要从最复杂的荧光灯、开关以及插座开始，由繁至简进行。

在用电器具识别中，需要注意配电箱的识别操作。由于本图纸一至六层平面图均分为配电及应急照明平面图和照明平面图两张，但两张图中的配电线路均从 AW 配电箱引出，因此在识别配电箱后，需要将其中一个配电箱属性设置为不计量，如图 2-51 所示，设置之后配电箱呈现红色，如图 2-52 所示。其余楼层配电箱也采用相同方式进行设置。

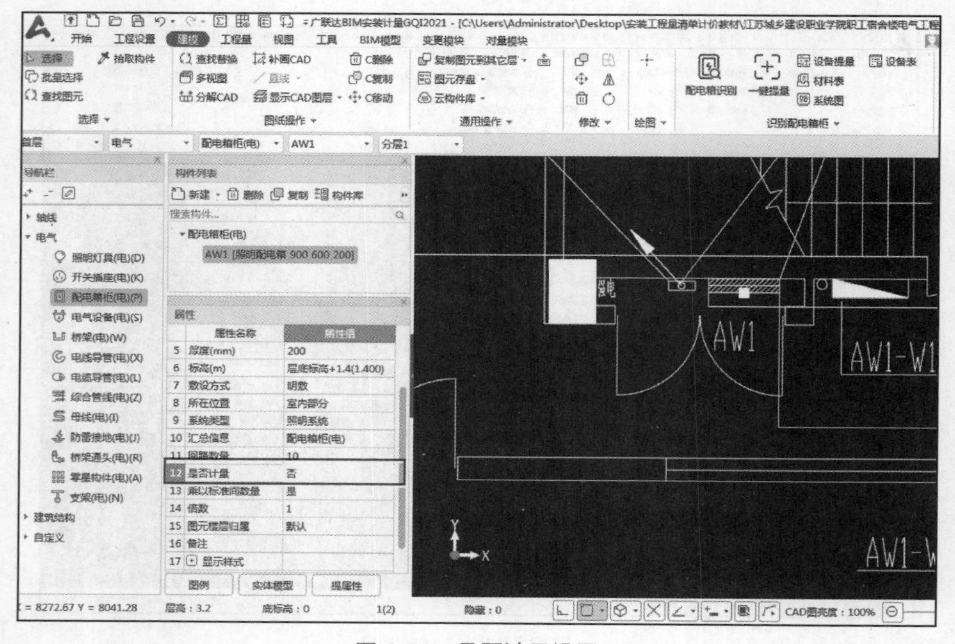

图 2-51 是否计量设置

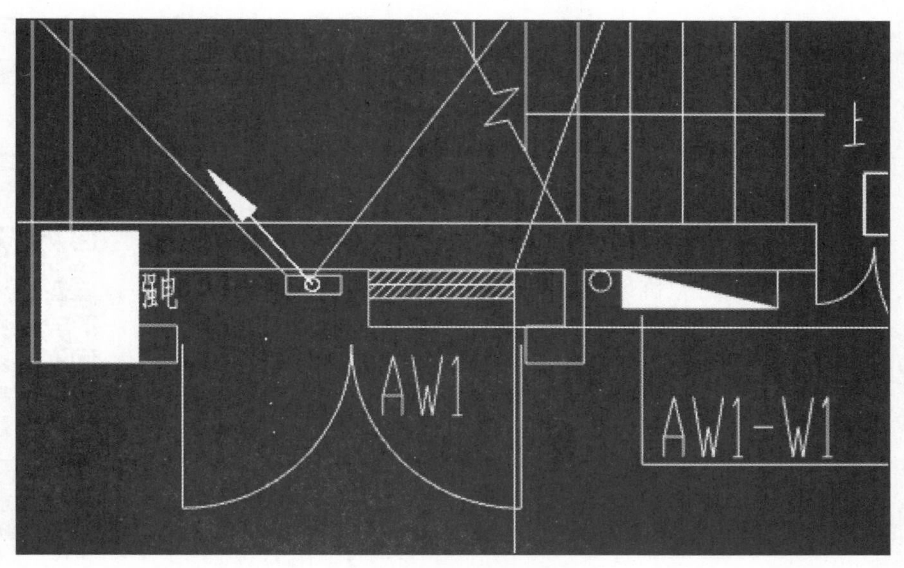

图 2-52　不计量设置效果

2.4.8　桥架的识别

本工程桥架部分主要为 AW 配电箱送至二至六层各 AWX 配电箱，以及二至六层各 AWX 配电箱送至各房间 AL1 配电箱部分线路的绘制。以本工程三至六层配电及应急照明平面图为例，由图 2-53 可见，AW 配电箱至 AW3 配电箱再到各 AL1 分配电箱均为桥架走线，进入 AL1 分配电箱后再向室内各用电器具进行配线。结合系统图和设计说明，AW 配电箱至 AW3 配电箱为竖向桥架沿墙敷设，桥架尺寸为 300 × 100，AW3 配电箱至各 AL1 分配电箱为水平桥架梁下 0.05m 敷设，桥架尺寸为 150 × 100。

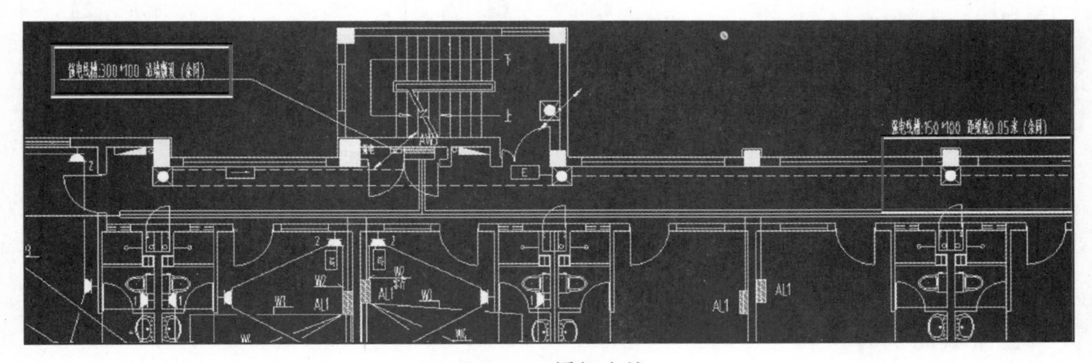

图 2-53　桥架走线

桥架的识别可以在“建模”选项卡的“识别桥架”功能中选用“桥架系统识别”进行批量新建识别，或者“识别桥架”功能进行新建识别（图 2-54）。“识别桥架”功能为先识别桥架 CAD 管线后自动反建桥架构件并生成图元。也可以在“建模”选项卡的“绘图”选项中选用“直线”功能进行桥架的识别，此方法需要先新建桥架构件后进行桥架的绘制。本工程选用“直线”功能进行桥架的识别。

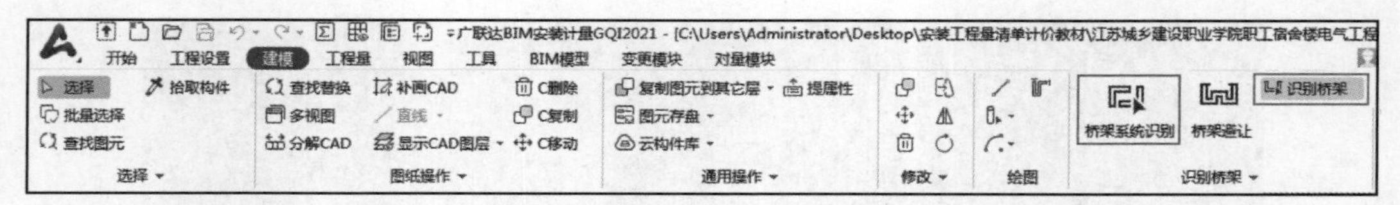

图 2-54 “识别桥架”功能

1. 桥架的新建构件

微课：桥架的新建

在导航栏中，单击“桥架（电）(W)”构件类型，参照前面用电器具新建方式，新建桥架构件（图 2-55），依据图纸的桥架参数设置相应的桥架属性，竖直桥架属性如图 2-55 所示，水平桥架属性如图 2-56 所示。

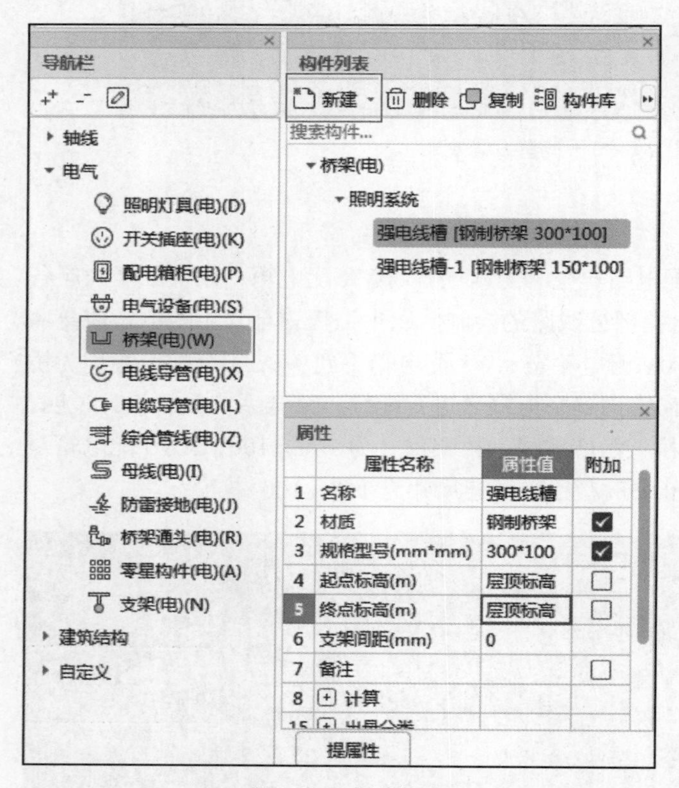

图 2-55 新建构建

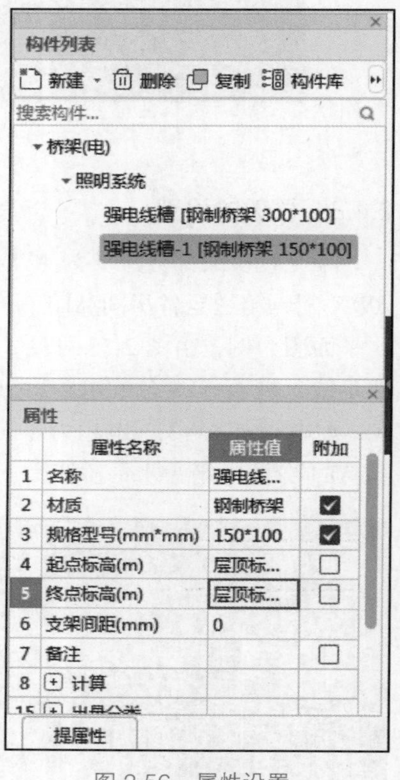

图 2-56 属性设置

2. 桥架的识别

微课：桥架的识别

选择三至六层配电及应急照明平面图界面，先进行竖直桥架的绘制，在构件列表中选中“强电线槽”，在“建模”选项卡的“绘图”中单击立管绘制功能（图 2-57），单击“布置立管”功能，弹出“立管标高设置”对话框（图 2-58），根据图纸信息在对话框的“布置立管方式”栏中选择“布置立管”，在“底标高”和“顶标高”输入栏中分别输入“层底标高”“层顶标高”，标高设置完成以后，移动光标至竖直桥架位置（图 2-59），单击完成操作，右击确认完成竖直桥架的绘制，完成效果如图 2-60 所示。同理进入一层、二层配电及应急照明平面图绘制相应竖直桥架。

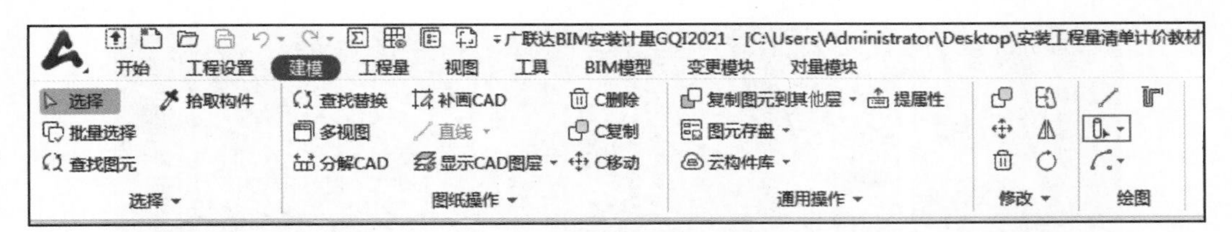

图 2-57　立管绘制功能

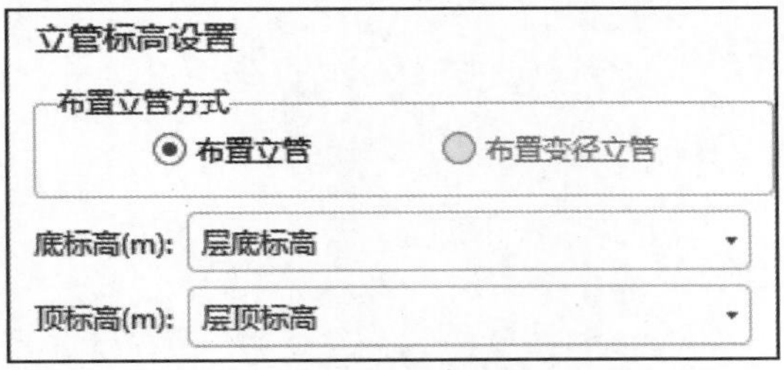

立管标高设置

布置立管方式

布置立管　布置变径立管

底标高(m): 层底标高

顶标高(m): 层顶标高

图 2-58　“立管标高设置”对话框

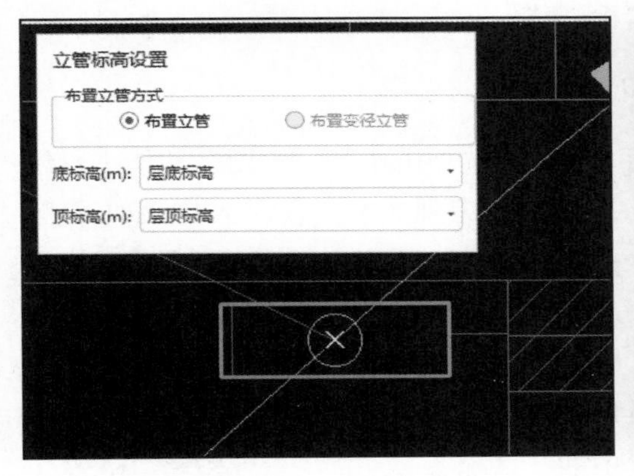

图 2-59　桥架绘制

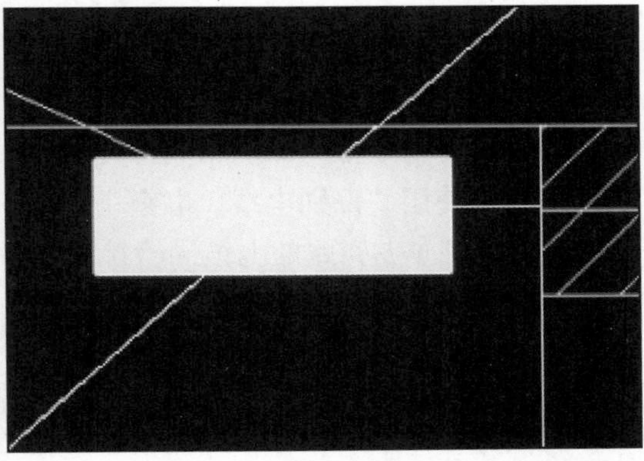

图 2-60　完成效果

3. 水平桥架的识别

竖直桥架识别完毕，开始识别水平桥架。在构件列表中选中“强电线槽 -1”，在“建模”选项卡的“绘图”中单击“直线”按钮（图 2-61），在图纸中水平桥架位置沿 CAD 线进行桥架的绘制，分别选择桥架两端，即完成绘制，完成后动态观察桥架效果图如图 2-62 所示。

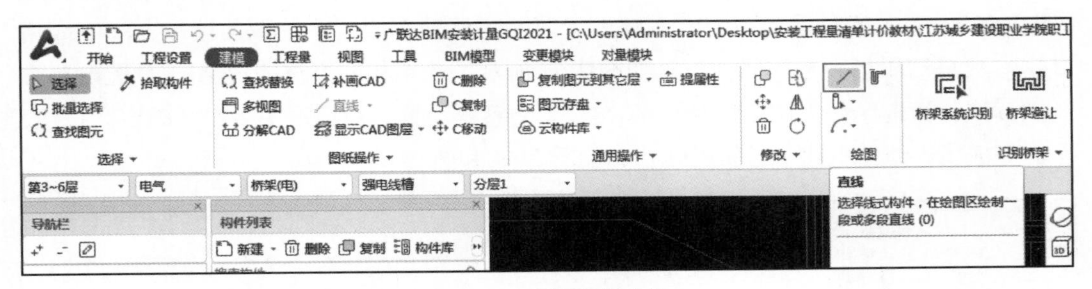

图 2-61　直线绘制功能

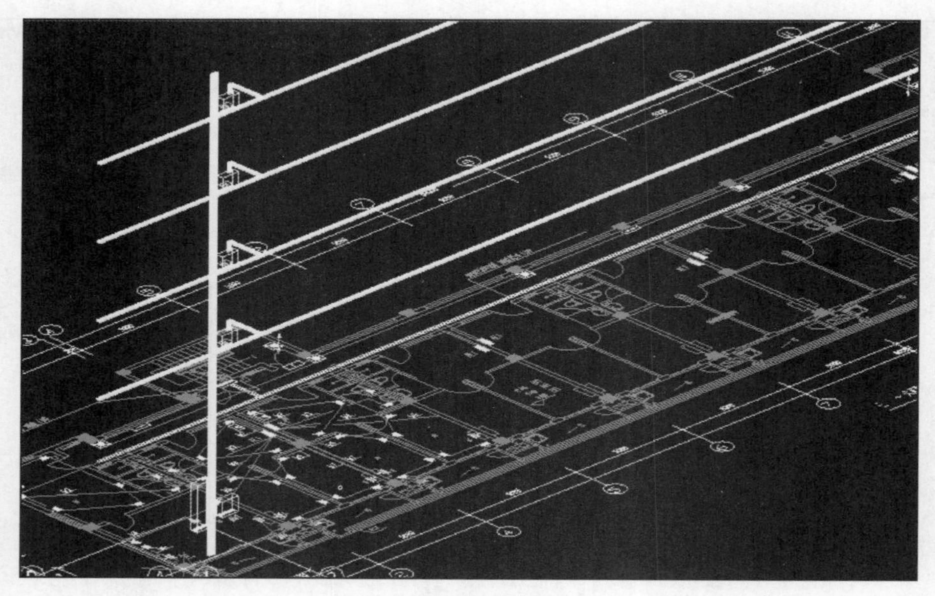

图 2-62 完成效果图

2.4.9 电线（电缆）导管的识别

电线和电缆导管的识别相同，可以使用“建模”选项卡中的“绘图”功能进行绘制，也可以使用“识别电线（电缆）导管”功能进行识别。本工程以 AW3 配电箱到 AL1 分配电箱 W5 回路的电缆导管绘制，以及 AL1 分配电箱到室内用电器具的 W3 回路的电线导管的绘制为例。

1. 电线（电缆）导管的新建

电线（电缆）导管可以依次单独进行新建，具体参见用电器具新建方法一。本工程使用“建模”选项卡中的“系统图”功能（图 2-63）进行电线（电缆）导管的新建。选择“系统图”后，弹出“配电系统设置”对话框，在该对话框中左侧选中需要识别的 AW3 ～ 6 配电箱后，单击“读系统图”按钮进入读取配电系统图功能（图 2-64）。

微课：电线（电缆）导管的新建

因为配电系统图未放置在楼层内，所以读系统图需要进入“模型”图纸中进行（图 2-65）。在图纸中找到 AW3 ～ 6 配电箱系统图，框选配电线路标注部分内容（图 2-66），右击确认回到“配电系统设置”对话框即完成了系统图的读取，配电线路基本参数自动添加到相应属性下，如图 2-67 所示。采用相同方法完成 AL1 分配电箱系统图读取，读取结果如图 2-68 所示。在“配电系统设置”对话框中单击“确定”按钮，至此完成了电线（电缆）导管的新建，如图 2-69 和图 2-70 所示。

图 2-63 “系统图”功能

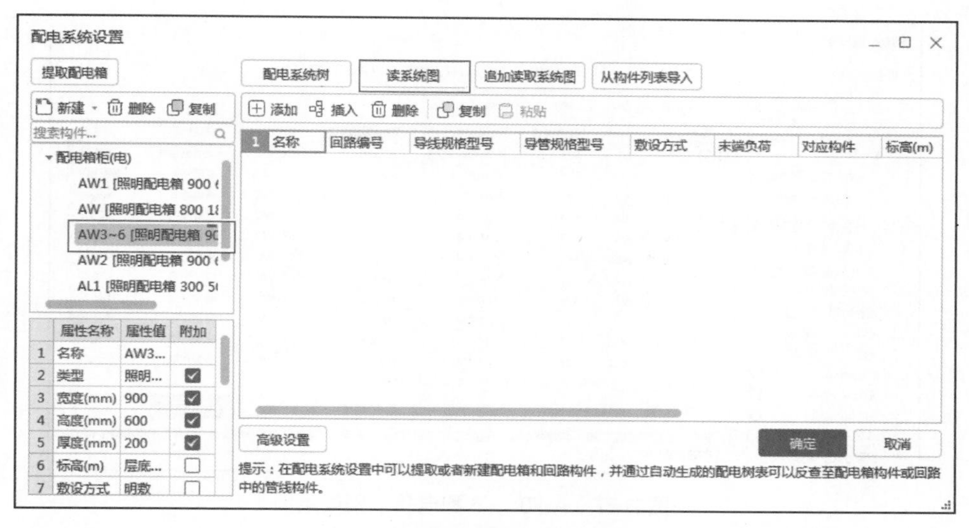

图 2-64　“配电系统设置”对话框

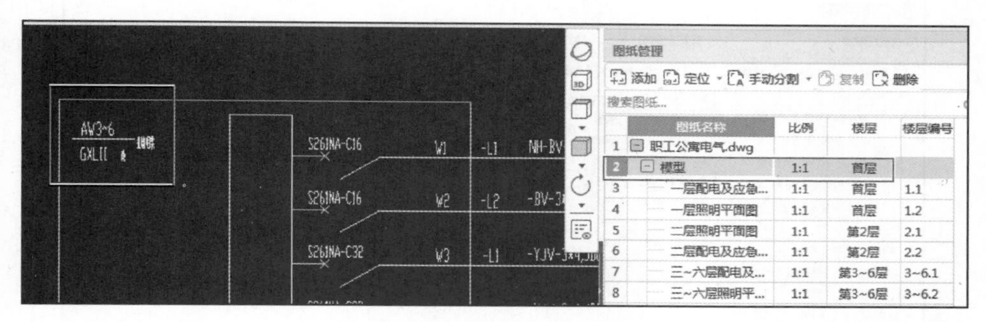

图 2-65　配电系统图

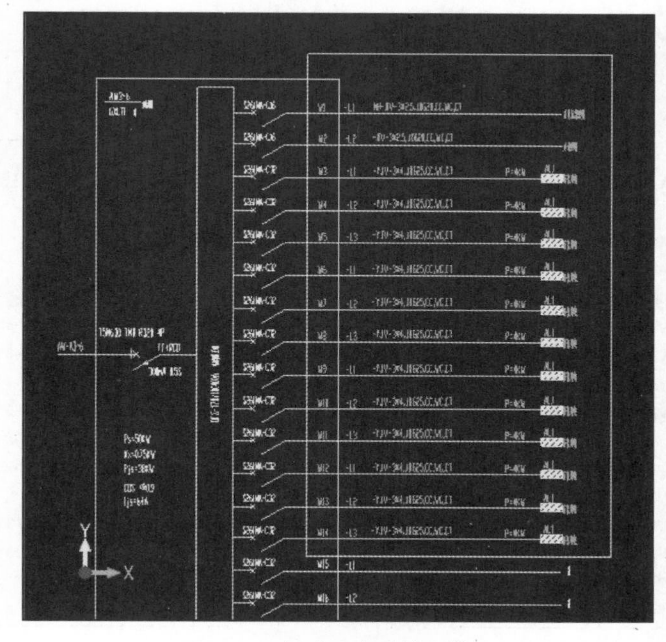

图 2-66　框选配电系统图效果

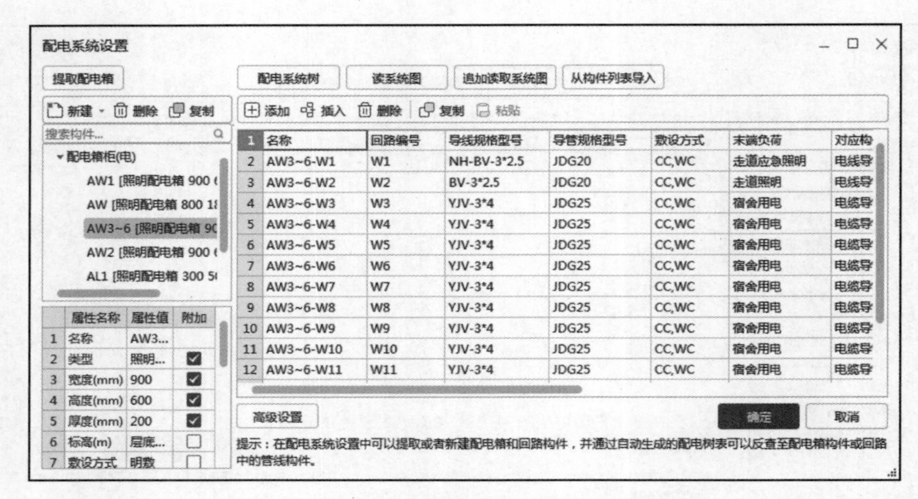

图 2-67 AW3～6 配电箱识别效果

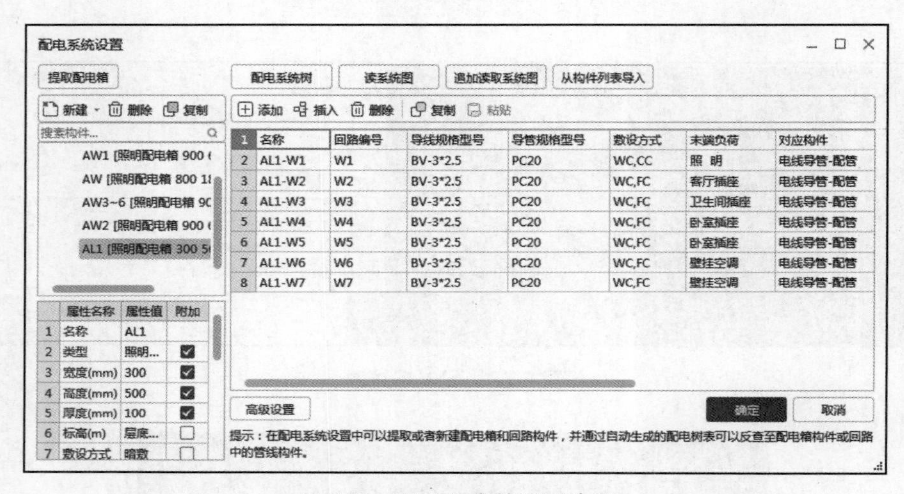

图 2-68 AL1 配电箱识别效果

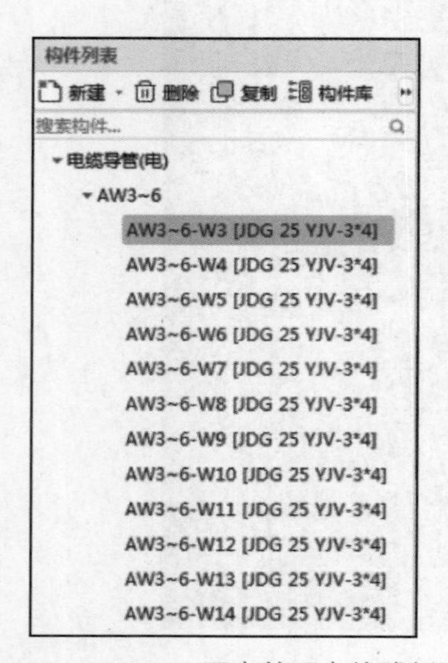

图 2-69 AW3～6 配电箱配电线路新建效果

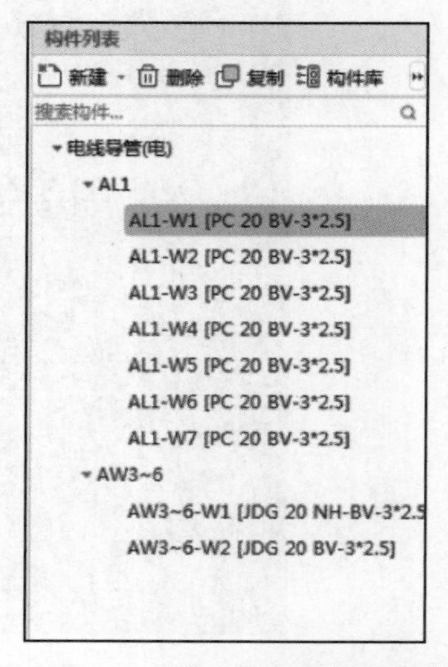

图 2-70 AL1 配电箱配电线路新建效果

2. 电缆导管的识别

微课：电缆导管的识别

电缆导管的识别，可以使用“建模”选项卡中的“绘图”功能进行绘制，也可以使用“识别电缆导管”功能进行识别（图 2-71）。本工程 AW3 配电箱到 AL1 分配电箱电缆导管绘制线路短较为简单，因此选用“绘图”中的“直线”功能（图 2-72）进行。此处以 AW3 配电箱到 AL1 分配电箱的 W5 回路为例，配电线路参数为（YJV-3×4，JDG25，CC，WC，CT），已经在新建阶段识读完成。

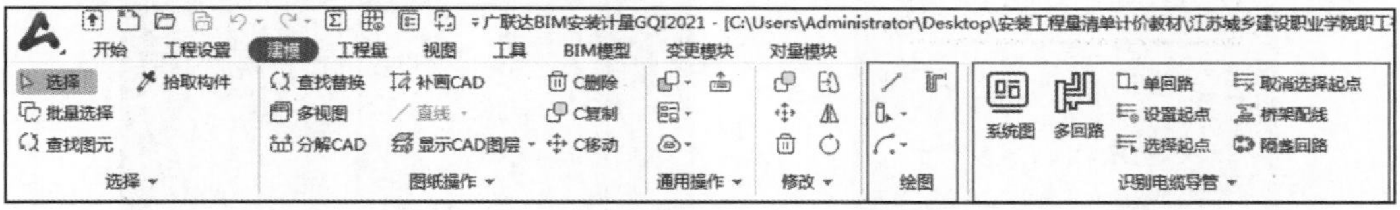

图 2-71　“识别电缆导管”功能区

图 2-72　“直线”绘制功能

在“导航栏”中选择“电缆导管（电）(L)”，在构件列表选中 AW3 ～ 6-W5 回路（图 2-73），激活“直线”绘制功能后选择三～六层配电及应急照明平面图界面，找到 W5 回路，沿 CAD 线进行电缆导管绘制（图 2-74），绘制完成后右击确认完成绘制，系统自动识别连接到的配电箱以及桥架，并且生成立管（图 2-75）。绘制完成效果如图 2-76 所示。

图 2-73　AW3 ～ 6-W5 回路选择

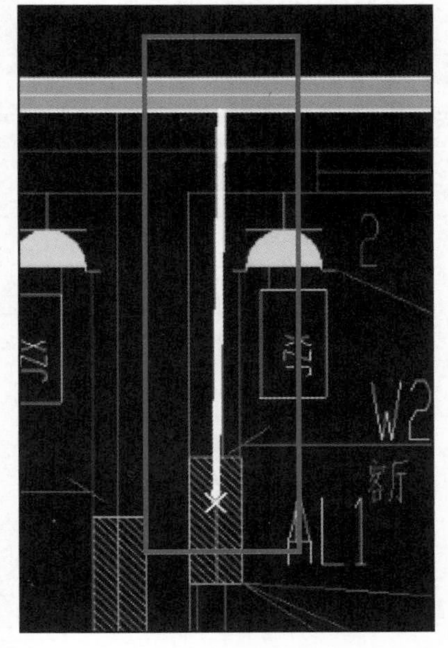

图 2-74　绘制效果

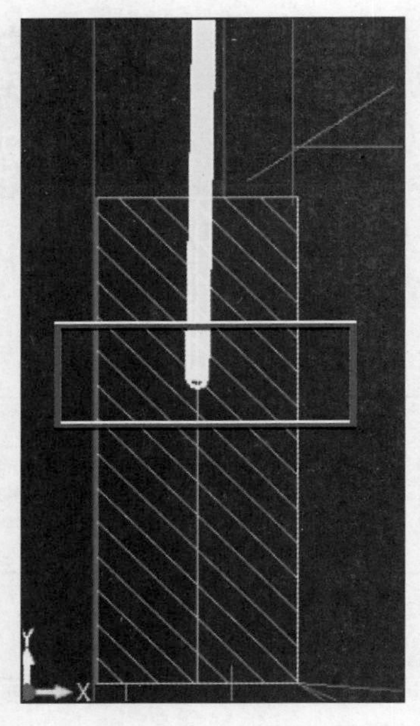

图 2-75 立管生成效果

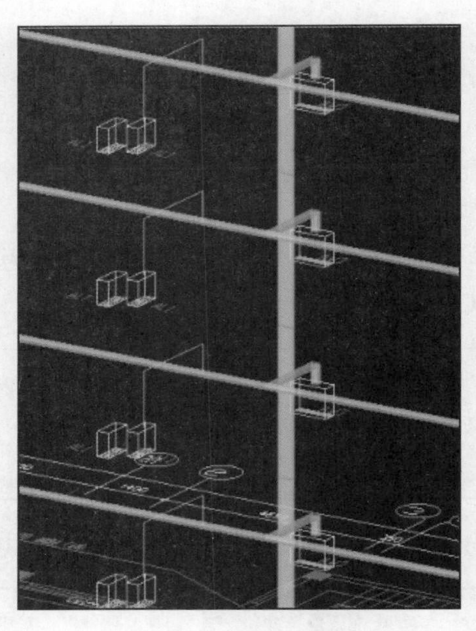

图 2-76 完成效果

绘制完成的电缆导管仅为桥架与电缆导管连接位置到 AL1 分配电箱部分（图 2-76），从 AW3 ～ 6 配电箱开始到连接位置的电缆导管不需要使用“直线”功能进行，此时可以用“设置起点”以及“选择起点”功能进行（图 2-77），该功能是在桥架或线槽上设置起点作为配管或裸线选择起点后计算线缆的用途，设置起点之后选择桥架与导管的连接点，可以完成桥架内配管敷设。

激活“设置起点”功能后，将光标移至桥架的起点，即总配电箱 AW3 ～ 6 与桥架的连接位置，此时光标变为手指样式，单击选择后弹出“设置起点位置”对话框（图 2-78），对话框内选择桥架立管的“底标高”为起点，右击确认完成设置起点，起点有黄叉显示，完成效果如图 2-79 蓝框位置所示。

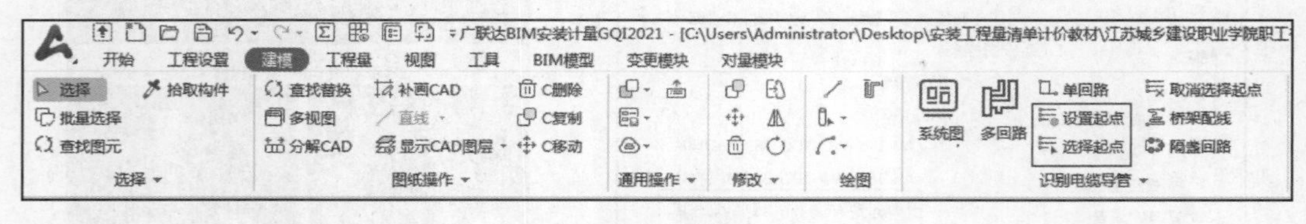

图 2-77 起点设置功能

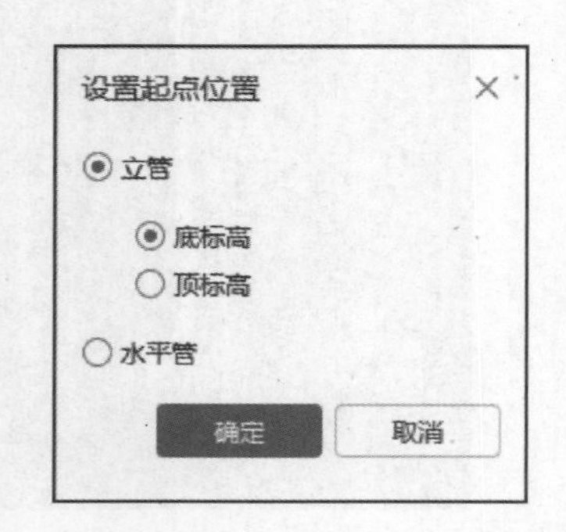

图 2-78 “设置起点位置”对话框

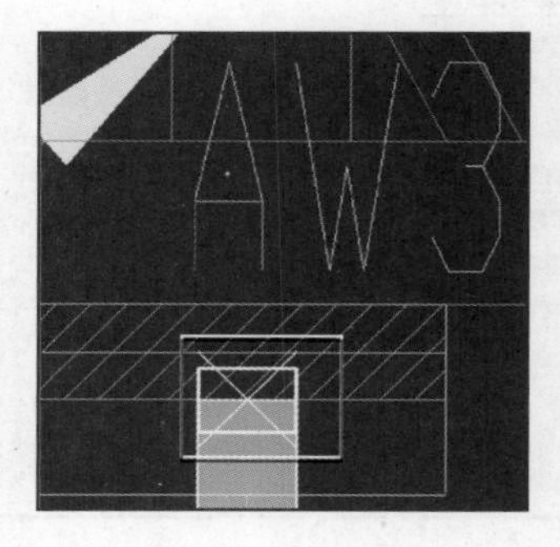

图 2-79 设置起点效果

设置起点完成后，需要进行电缆导管另一端的设置，此时激活“选择起点”功能（图 2-80），框选电缆导管与桥架连接位置的立管（图 2-81），右击确认后弹出“切换起点楼层”对话框，同时设置的桥架起点位置显示紫色圆点（图 2-82），单击紫色圆点后，圆点变为绿色，配电箱至电缆导管连接位置的桥架呈现绿色与黄色，如图 2-83 所示，右击确认完成电缆导管桥架内敷设绘制，完成效果如图 2-84 和图 2-85 所示。至此完成 AW3 配电箱到 AL1 分配电箱 W5 回路电缆导管的绘制。其余电缆导管采用相同绘制方式进行识别。

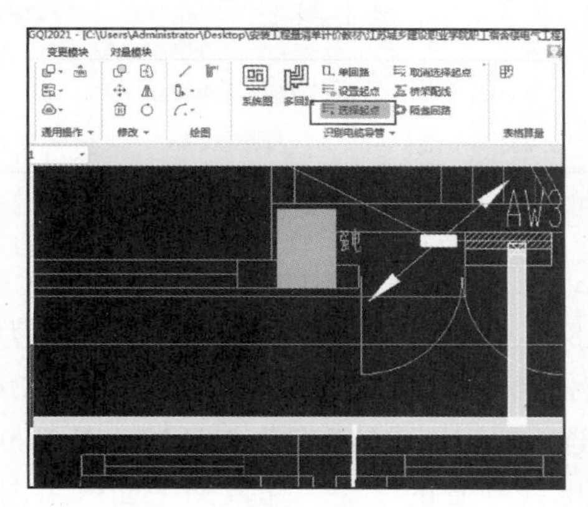

图 2-80　“选择起点”功能

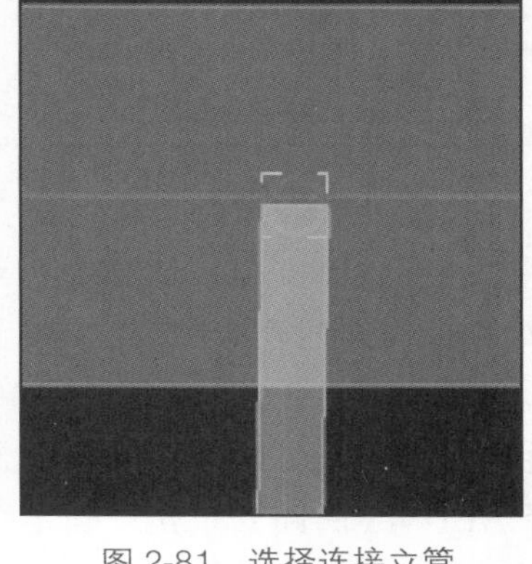

图 2-81　选择连接立管

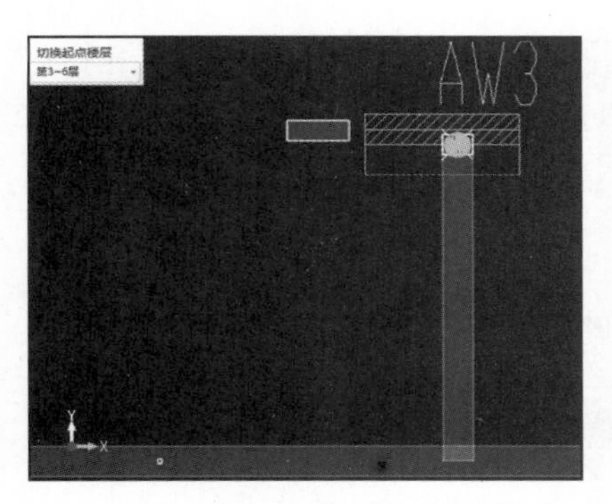

图 2-82　选择起点效果

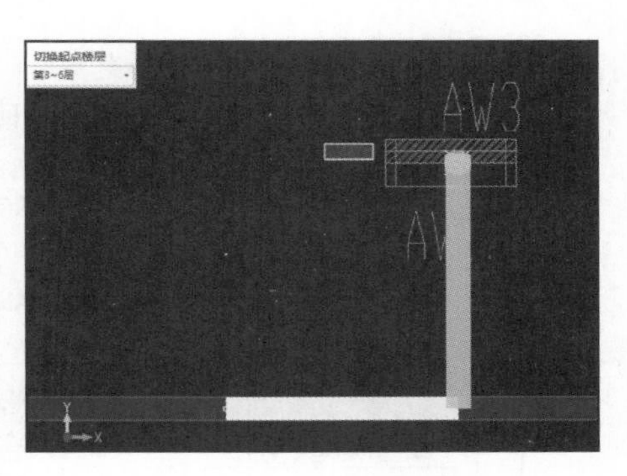

图 2-83　完成选择效果

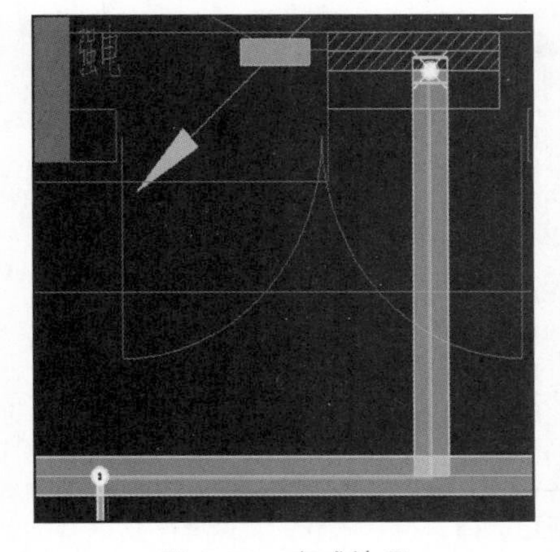

图 2-84　完成效果

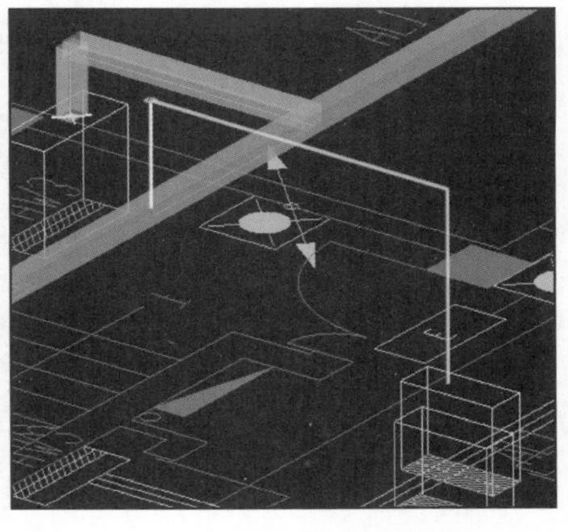

图 2-85　完成三维效果

3. 电线导管的识别

微课：电线导管的识别

电线导管的识别与电缆导管的识别方式相同，可以使用“建模”选项卡中的“绘图”功能进行绘制，也可以使用“识别电线导管”功能进行识别。本工程 AL1 分配电箱到室内用电器具的 W3 回路的电线导管的绘制使用“识别电线导管”功能下的“单回路”功能（图 2-86）进行。

图 2-86 “单回路”功能

电线导管的配电线路信息已经新建完成，在“导航栏”中选择“电线导管（电）（X）”，在构件列表选中 AL1-W3 回路（图 2-87），激活“单回路”功能后光标变为正方形小框，找到 AL1-W3 回路，单击 W3 回路任意一段 CAD 线，选中后整条回路 CAD 线显示为蓝色（图 2-88），右击确认后弹出“选择要识别成的构件”对话框（图 2-89），选择 AL1-W3 回路，单击“确定”按钮完成电线导管的绘制，完成的平面效果图如图 2-90 所示，三维效果如图 2-91 所示。

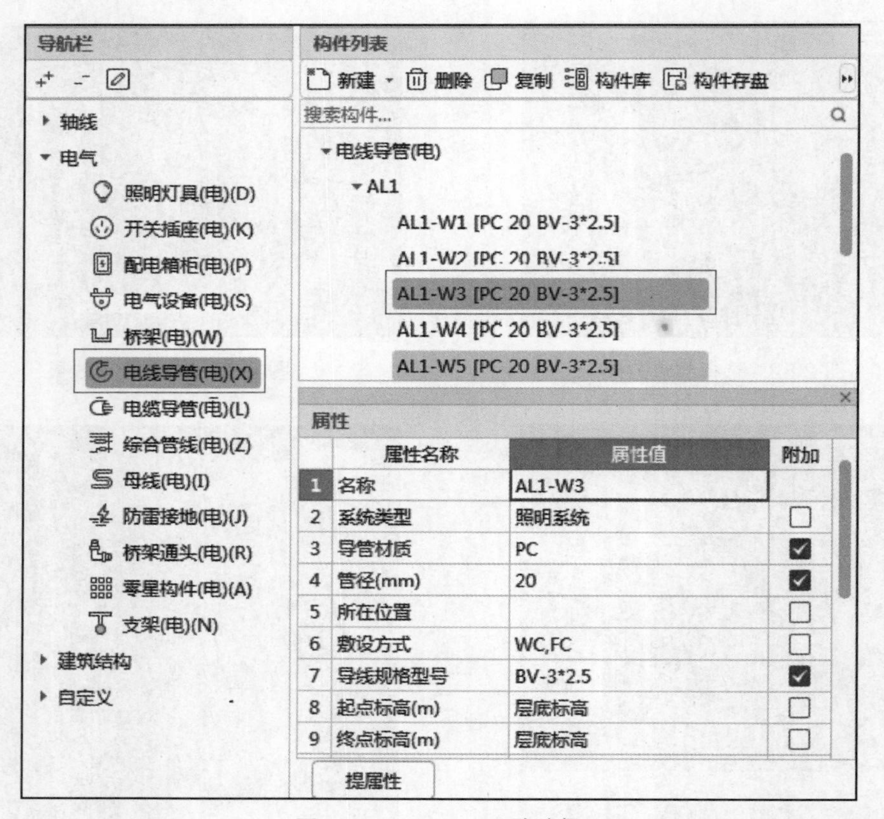

图 2-87 AL1-W3 回路选择

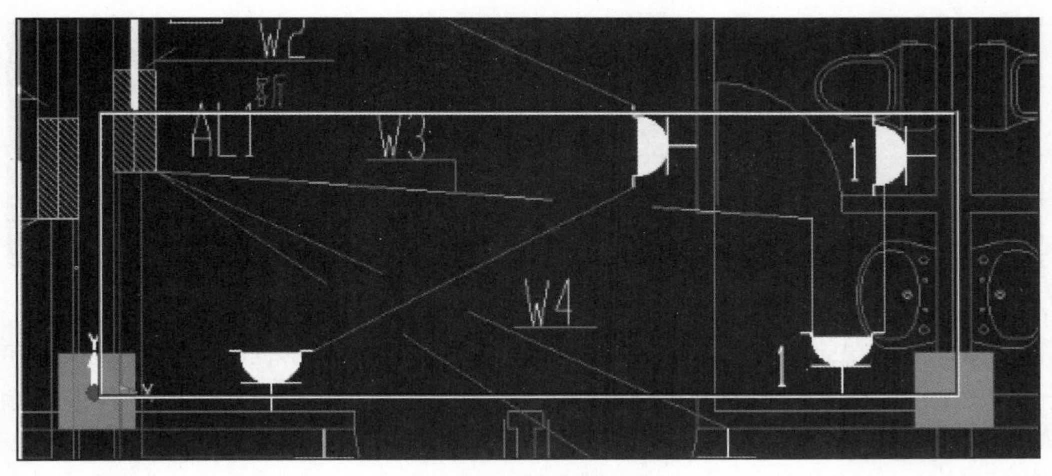

图 2-88　回路选择效果

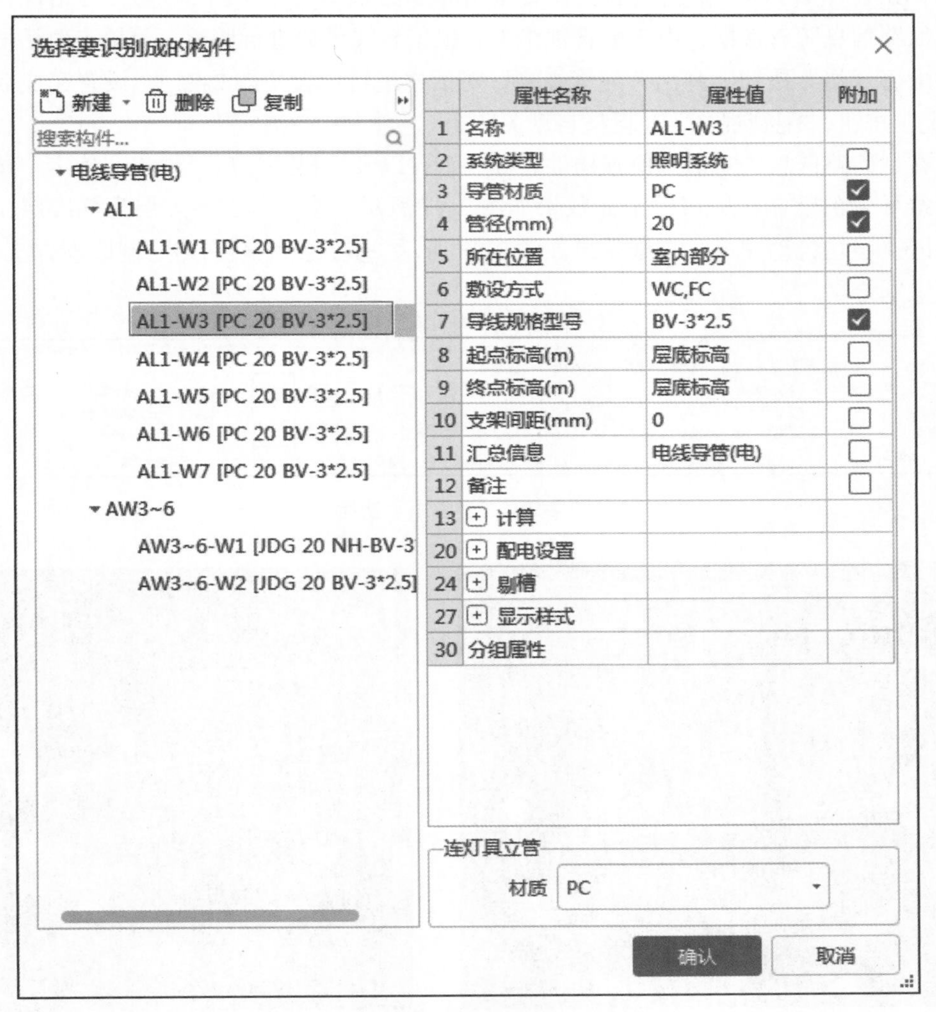

图 2-89　“选择要识别成的构件”对话框

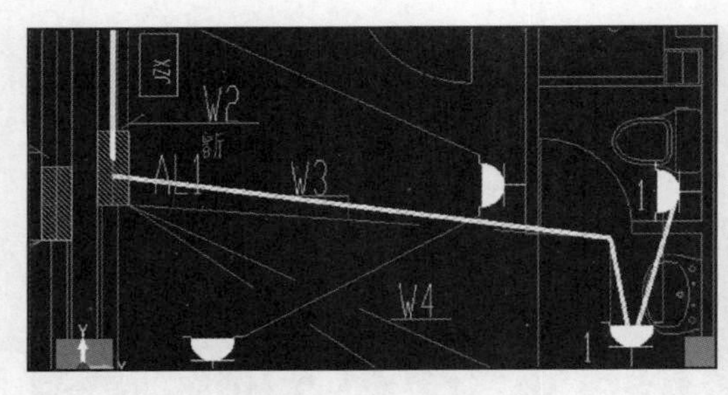

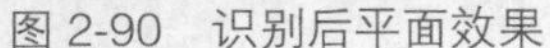
图 2-90　识别后平面效果

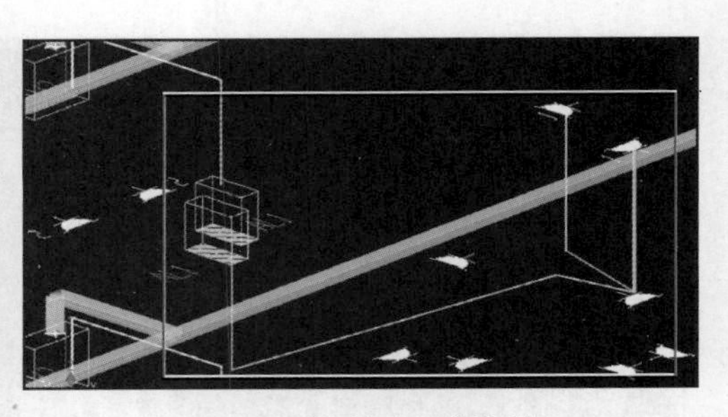
图 2-91　识别后三维效果

电线导管的识别还可以使用“识别电线导管”功能中的“多回路”进行，该功能可一次识别多条回路，并根据图纸标识自动判断导线根数。本工程以 AL1 配电箱中其余回路为例，选择“多回路”功能（图 2-92），选择 AL1 配电箱回路中的一根 CAD 线及其回路编号，线路及编号显示蓝色（图 2-93），右击确认，回路编号蓝色消失代表此回路已识别（图 2-94），重复当前操作直至所有回路选择完毕（图 2-95），右击确认，弹出“回路信息”对话框，由于配管规格需要根据导线根数进行调整，可单击对话框左下方“配管规格”按钮，弹出“配管规格”对话框进行设置（图 2-96），设置完成后单击“确定”按钮，“配管规格”对话框自动关闭。

在“回路信息”对话框检查构件名称、管径以及规格型号后，单击“确定”按钮完成电线导管的绘制，完成的平面效果如图 2-97 所示。本工程 3 ～ 6 层为标准层，绘制一层即 4 层均自动完成，三维效果如图 2-98 所示。其余配电箱回路绘制原理方法相同，依次识别绘制。

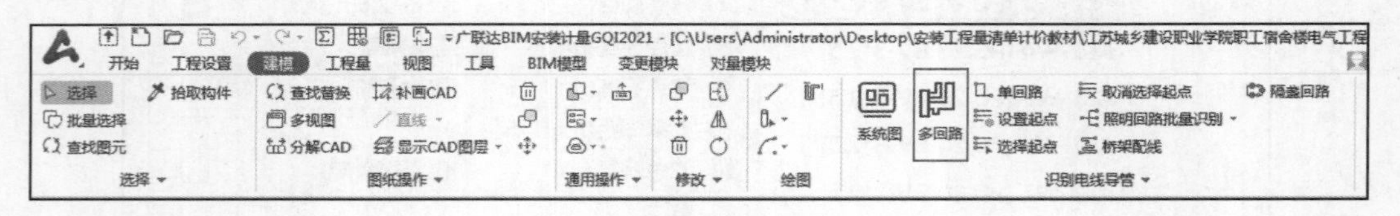

图 2-92　“多回路”功能

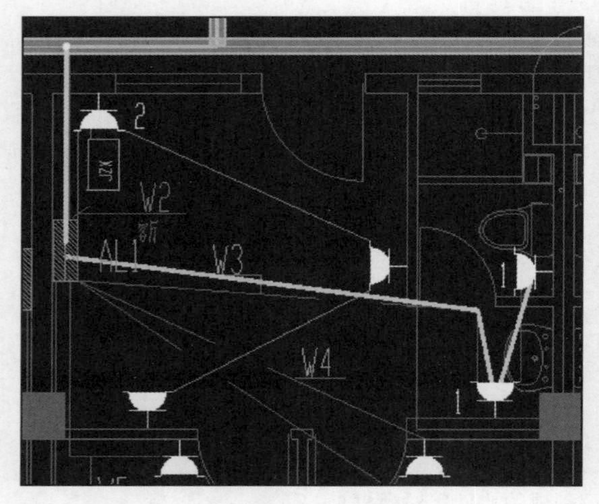

图 2-93　选择一条回路效果

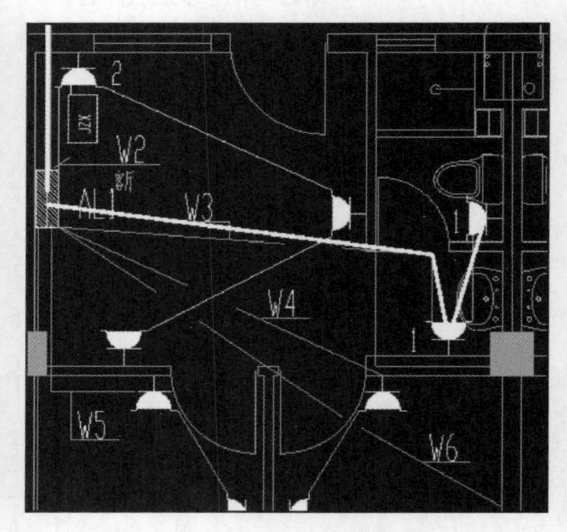

图 2-94　选择一条回路确认后效果

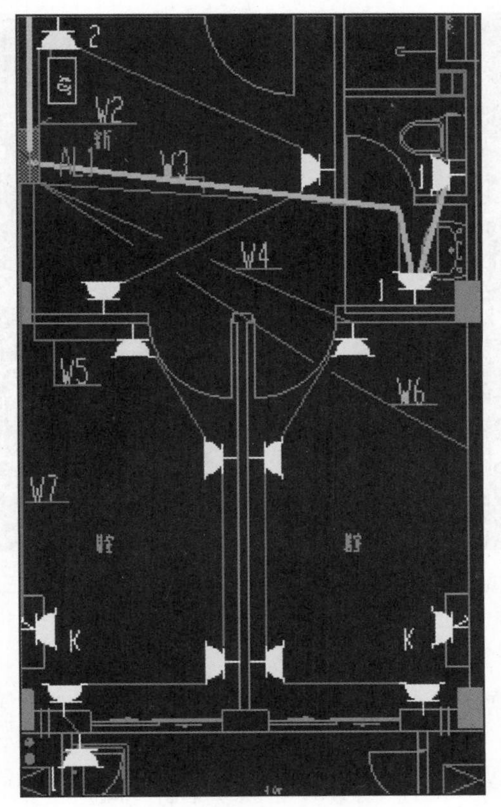

图 2-95　多条回路识别完成后效果

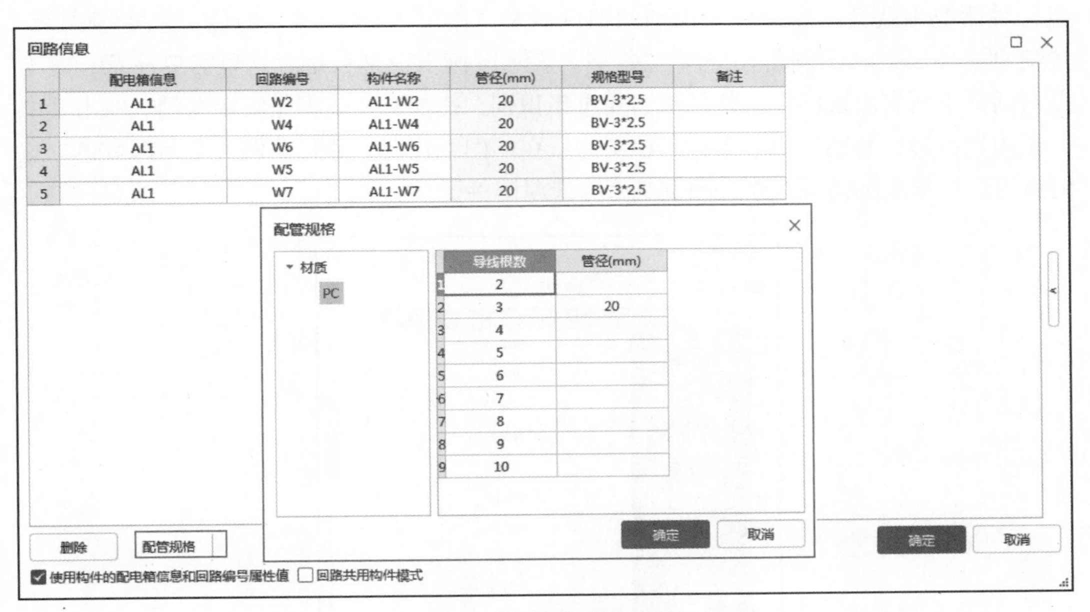

图 2-96　“回路信息”对话框

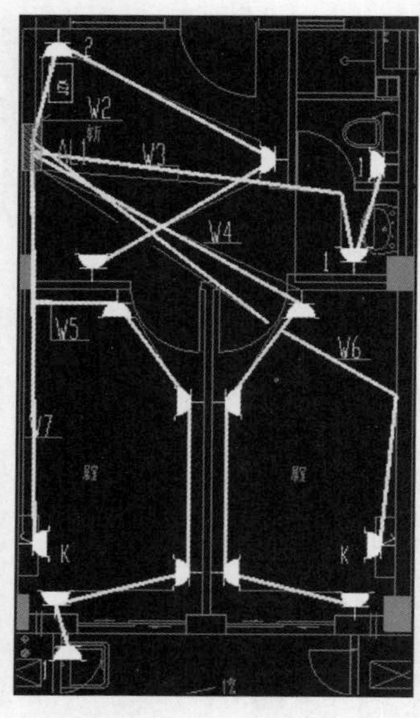

图 2-97 完成平面效果

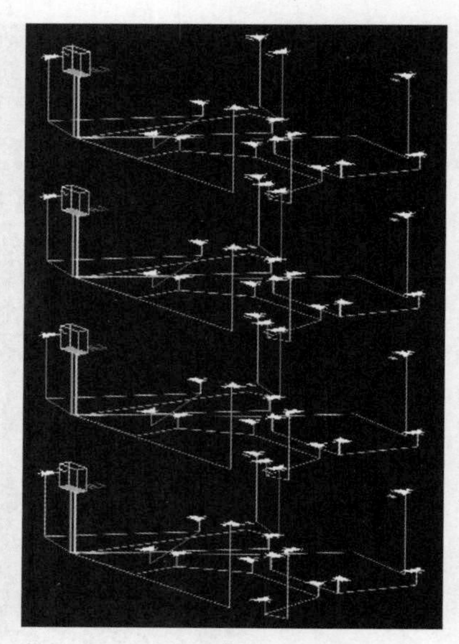

图 2-98 三维效果

2.4.10 检查与汇总计算

微课：检查与汇总计算

在建模完成以后，需要进行模型检查，然后汇总计算得到工程量。

1. 漏量检查

在“建模”选项卡的“检查 / 显示”选项中单击“漏量检查”按钮，弹出“漏量检查”对话框（图 2-99），单击对话框左下方的“检查”按钮，对话框中就会出现一些未识别的图例以及“楼层 +（数字）”的位置信息，楼层表示图例所在楼层，“数字”表示图例未识别数量。这里需要注意，并不是对话框中所有出现的图例符号都需要重新识别，比如有些并不是安装图例。双击其中一个图例符号，绘图区域会定位到该图例所在的图纸位置，并且图例会变为深蓝色，这时就可以根据实际情况判断该图例是否为遗漏图例了。

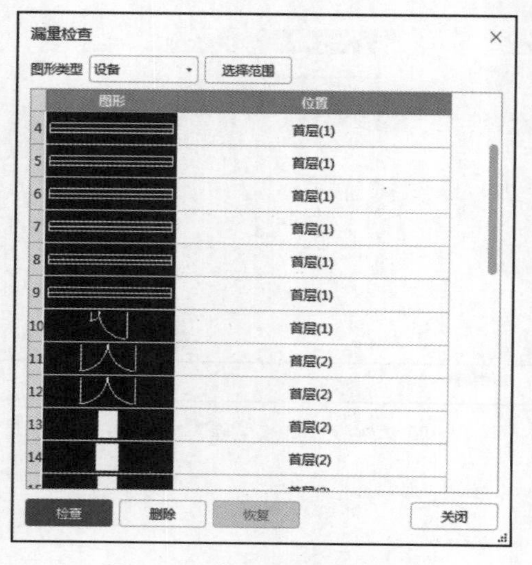

图 2-99 “漏量检查”对话框

2. 汇总计算

单击“工程量”选项卡中的“汇总计算”按钮，弹出“汇总计算”对话框（图 2-100），在对话框中单击“全选”按钮，将所有楼层选中，再单击“计算”按钮，软件就会对已经识别的构件进行分类计算。计算完毕，软件会弹出对话框提示工程量计算完成。

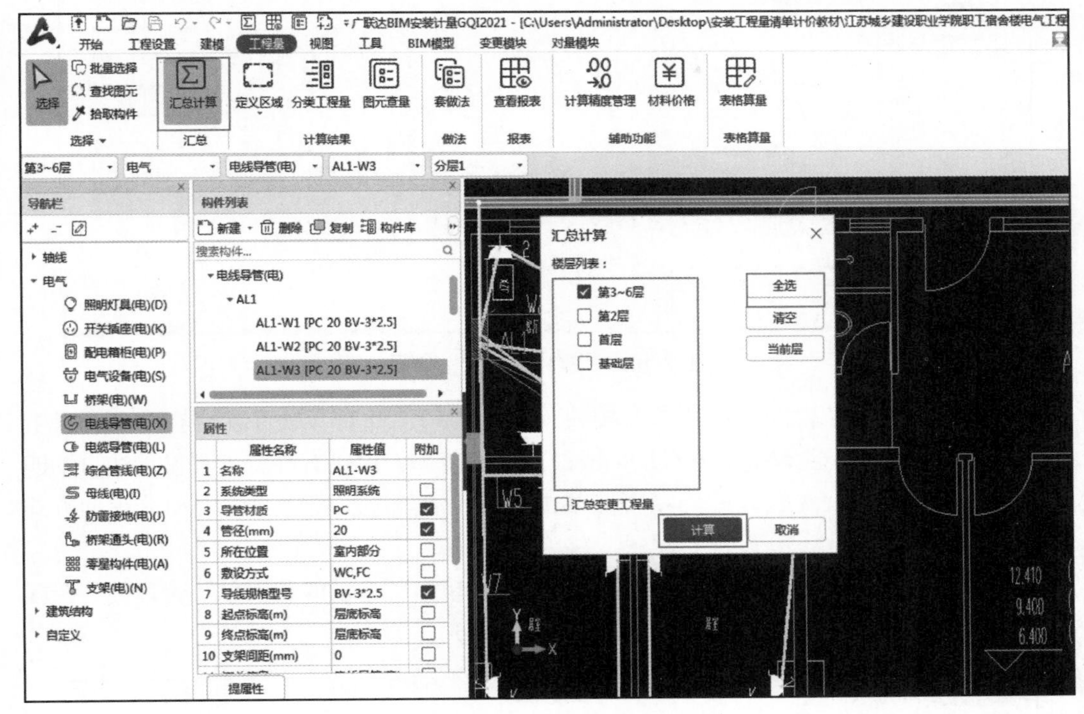

图 2-100　“汇总计算”对话框

2.4.11　集中套用做法

微课：集中套做法

通过集中套用做法，可以将计量的结果以清单的形式导入广联达计价软件中，从而实现量与价的无缝对接。

单击“工程量”选项卡中的“套做法”功能按钮（图 2-101），界面跳至“集中套做法”的状态（图 2-102）。

该界面中间“工程量数据区域”构件类型很多，检查是否有构件不需要进行单独的计价，如果有，取消勾选。本电气工程没有需要取消的内容，直接进行自动套用清单即可。

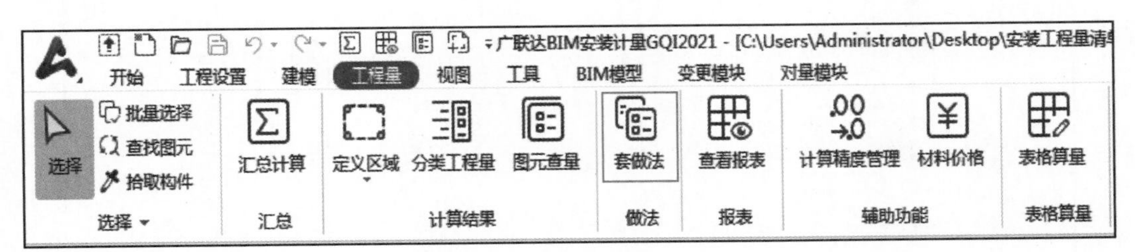

图 2-101　“套做法”按钮

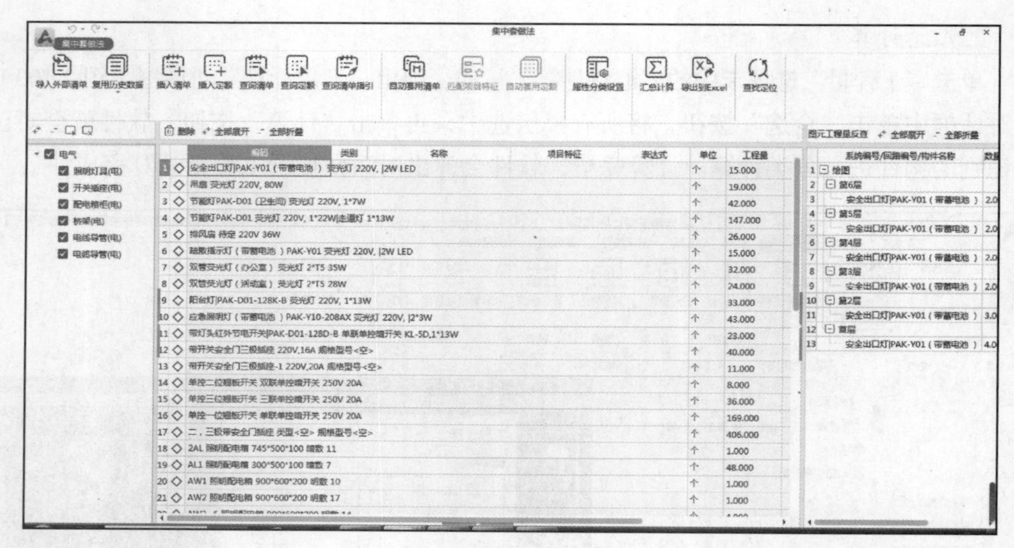

图 2-102 “集中套做法”界面

单击界面上方“自动套用清单”按钮（图 2-103），此时，软件就会在“工程量数据区域”对应的各个工程量下方自动生成最匹配的清单，但仍有部分工程量无法自动匹配清单（图 2-104），无法匹配的项可以单击“插入清单”按钮，通过手动选择的方式添加。

此时的清单仍缺少项目特征的文字描述，可以单击“自动匹配清单”旁边的“匹配项目特征”按钮，项目特征就添加完毕了（图 2-105）。

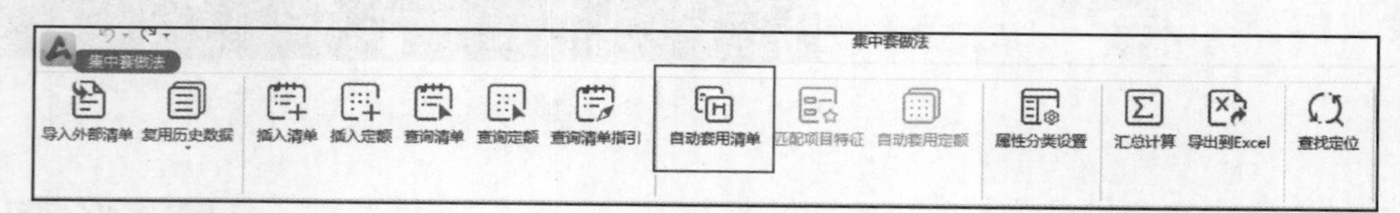

图 2-103 “自动套用清单”按钮

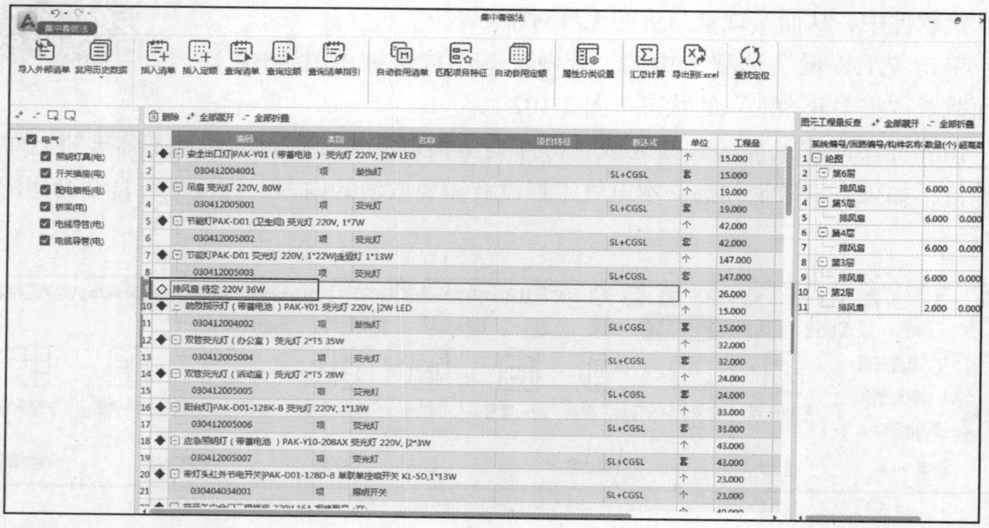

	编码	类别	名称	项目特征	表达式	单位	工程量
1	安全出口灯|PAK-Y01（带蓄电池）荧光灯 220V, |2W LED					个	15.000
2	030412004001	项	装饰灯		SL+CGSL	套	15.000
3	吊扇 荧光灯 220V, 80W					个	19.000
4	030412005001	项	荧光灯		SL+CGSL	套	19.000
5	节能灯PAK-D01 (卫生间) 荧光灯 220V, 1*7W					个	42.000
6	030412005002	项	荧光灯		SL+CGSL	套	42.000
7	节能灯PAK-D01 荧光灯 220V, 1*22W|走道灯 1*13W					个	147.000
8	030412005003	项	荧光灯		SL+CGSL	套	147.000
9	排风扇 待定 220V 36W					个	26.000
10	疏散指示灯（带蓄电池）PAK-Y01 荧光灯 220V, |2W LED					个	15.000
11	030412004002	项	装饰灯		SL+CGSL	套	15.000
12	双管荧光灯（办公室）荧光灯 2*T5 35W					个	32.000
13	030412005004	项	荧光灯		SL+CGSL	套	32.000
14	双管荧光灯（活动室）荧光灯 2*T5 28W					个	24.000
15	030412005005	项	荧光灯		SL+CGSL	套	24.000
16	阳台灯|PAK-D01-128K-B 荧光灯 220V, 1*13W					个	33.000
17	030412005006	项	荧光灯		SL+CGSL	套	33.000
18	应急照明灯（带蓄电池）PAK-Y10-208AX 荧光灯 220V, |2*3W					个	43.000
19	030412005007	项	荧光灯		SL+CGSL	套	43.000
20	带灯头红外节电开关|PAK-D01-128D-B 单联单控暗开关 KL-5D,1*13W					个	23.000
21	030404034001	项	照明开关		SL+CGSL	个	23.000

图 2-104 “自动套用清单”效果

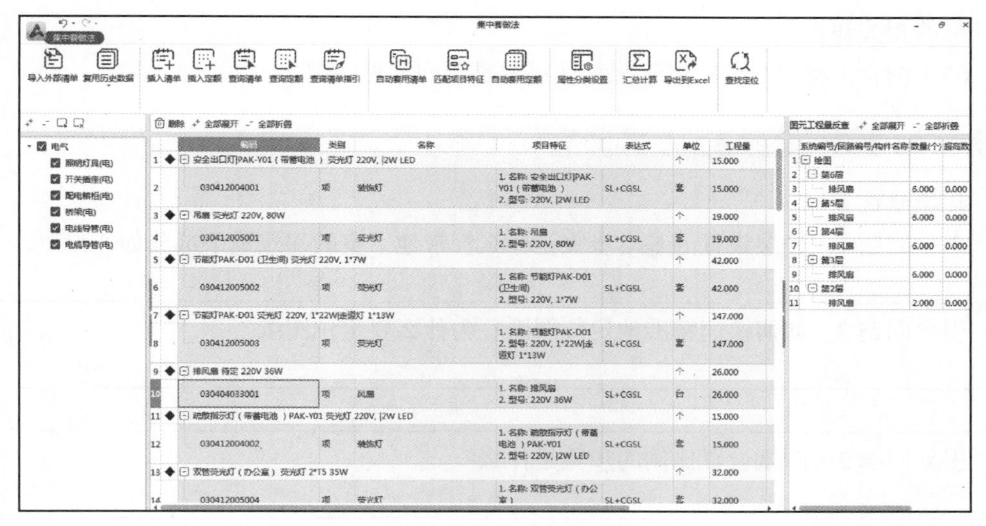

图 2-105　项目特征匹配完毕

再次单击“汇总计算”按钮，进行“全选楼层”的汇总计算，保存好文件，这样就可以正常导入对应的计价程序中，完成计价过程。

任务书

按照《建设工程量清单计价规范》(GB 50500—2013)，《通用安装工程工程量计算规范》(GB 50856—2013)和《江苏省安装工程计价定额》(2014 年版)规范要求，运用广联达 BIM 安装计量 GQI2021 对江苏城乡建设职业学院职工宿舍楼电气工程图纸进行建模，并对用电器具、桥架、电线（缆）导管等构件计量，编制清单。

任务分组

根据任务安排，填写表 2-39。

表 2-39　任务分组表

<table>
<tr><td>班级</td><td></td><td>姓名</td><td></td><td>学号</td></tr>
<tr><td>组号</td><td></td><td>指导教师</td><td></td><td></td></tr>
<tr><td colspan="5">组长：
成员：</td></tr>
<tr><td>小组任务</td><td colspan="4"></td></tr>
<tr><td>个人任务</td><td colspan="4"></td></tr>
</table>

工作准备

(1) 阅读任务书，识读项目图纸，厘清图纸重难点。

(2) 收集《建设工程量清单计价规范》(GB 50500—2013)，《通用安装工程工程量计算规范》(GB 50856—2013)和《江苏省安装工程计价定额》(2014 年版)中关于电气计量的相关知识。

（3）结合工程任务分析电气工程计量的难点和常见问题。

任务实施

1. 工程设置

引导问题 1：楼层设置的基本步骤是什么？带地下室的建筑地下部分如何设置？

引导问题 2：如何快速精准地定位图纸？为什么要定位图纸？

引导问题 3：图纸设置比例的步骤是什么？

2. 用电器具识别

引导问题 4：本工程需要计量的用电器具有哪些？以“二、三极带安全门带开关插座”为例，如何根据图纸信息新建构件并编辑属性？

引导问题 5：用电器具的识别步骤是什么？

引导问题 6：插座识别的注意点是什么？

3. 桥架识别

引导问题 7：桥架新建构件及属性编辑方式有哪些？

引导问题 8：运用“识别桥架”功能识别桥架步骤是什么？

引导问题 9：运用“直线”功能绘制桥架步骤是什么？

4. 电缆导管识别

引导问题 10：电缆导管构件新建的步骤是什么？

引导问题 11：桥架内电缆导管识别步骤是什么？

5. 电线导管识别

引导问题 12：电线导管识别的方法是什么？

引导问题 13：电线导管的“单回路”识别步骤是什么？

6. 检查与汇总计算

引导问题 14："漏量检查"的步骤是什么？

____

引导问题 15："漏量检查"出未识别的图例如何判别是否为"漏量"？

____

7. 集中套用做法

引导问题 16：阳台灯 PAK-D01-128K-B 应按____________项目进行清单列项，清单编码为____________，项目特征为____________。

引导问题 17：二、三极带安全门插座应按____________项目进行清单列项，清单编码为____________，项目特征为____________。

引导问题 18：电缆导管 SC50 应按________________项目进行清单列项，清单编码为____________，项目特征为____________。

8. 手算量与软件算量对比

引导问题 19：使用什么功能，可以计算全部或部分构件工程量？

____

引导问题 20：将实训任务中手算得到的 AW1-W5 回路工程量与软件算量做对比，找出差异点及原因。

____

____

评价反馈

根据学习情况，完成表 2-40。

表 2-40　电气工程工程量计量学习情境评价表

序号	评价项目	评价标准	满分	评价			综合得分
				自评	互评	师评	
1	用电器具软件计量	用电器具构件新建正确； 用电器具识别正确	20				
2	桥架软件计量	桥架构件新建正确； 桥架识别或绘制正确	10				
3	电缆导管计量	电缆导管构件新建正确； 电缆导管识别正确	10				
4	电线导管计量	电线导管构件新建正确； 电线导管识别正确	20				
5	做法套用	用电器具列项与提量正确； 桥架列项与提量正确； 电缆导管立项与提量正确； 电线导管立项与提量正确	20				

续表

序号	评价项目	评价标准	满分	评价			综合得分
				自评	互评	师评	
6	工程量计算及查看	能根据需要计算所需工程量； 能根据需要查看所需工程量	10				
7	工作过程	严格遵守工作纪律，按时提交工作成果； 积极参与教学活动，具备自主学习能力； 积极参与小组活动，具备倾听，协作与分享意识	10				

项目 3　水电安装工程工程造价概述

通过本项目的学习，能完成江苏城乡建设职业学院职工宿舍楼水电安装工程造价计算。

知识目标

- 掌握工程量清单法工程造价的组成（营改增后）。
- 掌握《江苏省建设工程费用定额》（2014 年版）及营改增后调整内容使用方法。
- 掌握安装定额系数计算方法。

能力目标

- 能正确计算安装工程定额系数。
- 能正确使用《江苏省建设工程费用定额》（2014 年版）及营改增后调整内容。
- 能正确计算安装工程工程造价。

素养目标

- 培养学生细致耐心的职业素养。
- 培养学生善于思考、勤于学习、脚踏实地的学习态度。
- 强化学生的责任意识。

实训任务 3.1　水电安装工程工程造价计算

学习场景描述

按照《江苏省建设工程费用定额》（2014 年版）及营改增后调整内容和《江苏省安装工程计价定额》（2014 年版）的有关规定，计算图 3-1 所示电气照明工程工程造价。

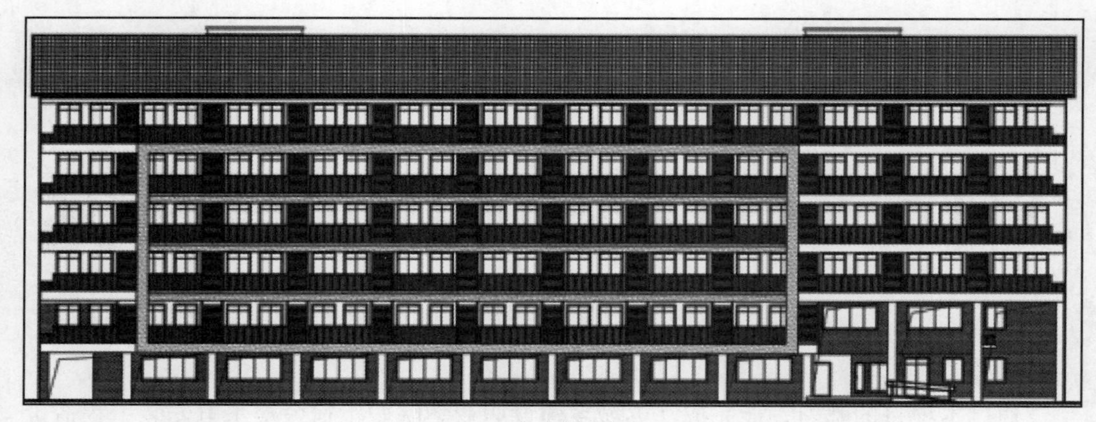

图 3-1 职工宿舍楼电气照明工程

学习目标

（1）掌握工程量清单法工程造价的组成（营改增后）。

（2）掌握江苏省建设工程费用（营改增后）使用方法。

（3）掌握安装定额系数计算方法。

相关知识

3.1.1 《江苏省建设工程费用定额》(2014年版)

微课：江苏省建设工程费用定额使用方法

1. 总则

（1）为了规范建设工程计价行为，合理确定和有效控制工程造价，根据《建设工程工程量清单计价规范》（GB 50500—2013）及其9本计算规范和《建筑安装工程费用项目组成》（建标〔2013〕44号）等有关规定，结合江苏省实际情况，江苏省住房和城乡建设厅组织编制了《江苏省建设工程费用定额》(2014年版)(以下简称“本定额”)。

（2）本定额是建设工程编制设计概算、施工图预（结）算、最高投标限价（招标控制价）、标底以及调解处理工程造价纠纷的依据；是确定投标价、工程结算审核的指导；也可作为企业内部核算和制订企业定额的参考。

（3）本定额适用于在江苏省行政区域内新建、扩建和改建的建筑与装饰、安装、市政、仿古建筑及园林绿化、房屋修缮、城市轨道交通工程等，与江苏省现行的建筑与装饰、安装、市政、仿古建筑及园林绿化、房屋修缮、城市轨道交通工程计价表（定额）配套使用，原有关规定与本定额不一致的，按照本定额规定执行。

（4）本定额费用内容是由分部分项工程费、措施项目费、其他项目费、规费和税金组成。其中，安全文明施工措施费、规费和税金为不可竞争费，应按规定标准计取。

（5）包工包料、包工不包料和点工说明如下。

① 包工包料：是施工企业承包工程用工、材料、机械的方式。

② 包工不包料：指只承包工程用工的方式。施工企业自带施工机械和周转材料的工程按包工包料标准执行。

③ 点工：适用于在建设工程中由于各种因素所造成的损失、清理等不在定额范围内的用工。

④ 包工不包料、点工的临时设施应由建设单位（发包人）提供。

（6）本定额由江苏省建设工程造价管理总站负责解释和管理。

2. 建设工程费用的组成

建设工程费用由分部分项工程费、措施项目费、其他项目费、规费和税金组成。

1）分部分项工程费

分部分项工程费是指各专业工程的分部分项工程应予列支的各项费用，由人工费、材料费、施工机具使用费、企业管理费和利润构成。

（1）人工费

人工费是指按工资总额构成规定，支付给从事建筑安装工程施工的生产工人和附属生产单位工人的各项费用。其内容如下。

① 计时工资或计件工资：是指按计时工资标准和工作时间或对已做工作按计件单价支付给个人的劳动报酬。

② 奖金：是指对超额劳动和增收节支支付给个人的劳动报酬。如节约奖、劳动竞赛奖等。

③ 津贴补贴：是指为了补偿职工特殊或额外的劳动消耗和因其他特殊原因支付给个人的津贴，以及为了保证职工工资水平不受物价影响支付给个人的物价补贴。如流动施工津贴、特殊地区施工津贴、高温（寒）作业临时津贴、高空津贴等。

④ 加班加点工资：是指按规定支付的在法定节假日工作的加班工资和在法定日工作时间外延时工作的加点工资。

⑤ 特殊情况下支付的工资：是指根据国家法律、法规和政策规定，因病、工伤、产假、计划生育假、婚丧假、事假、探亲假、定期休假、停工学习、执行国家或社会义务等原因按计时工资标准或计时工资标准的一定比例支付的工资。

（2）材料费：是指施工过程中耗费的原材料、辅助材料、构配件、零件、半成品或成品、工程设备的费用。其内容如下。

① 材料原价：是指材料、工程设备的出厂价格或商家供应价格。

② 运杂费：是指材料、工程设备自来源地运至工地仓库或指定堆放地点所发生的全部费用。

③ 运输损耗费：是指材料在运输装卸过程中不可避免的损耗。

④ 采购及保管费：是指为组织采购、供应和保管材料、工程设备的过程中所需要的各项费用，包括采购费、仓储费、工地保管费、仓储损耗。

工程设备是指房屋建筑及其配套的构成或计划构成永久工程一部分的机电设备、金属结构设备、仪器装置等建筑设备，包括附属工程中电气、采暖、通风空调、给排水、通信及建筑智能等、为房屋功能服务的设备，不包括工艺设备。具体划分标准见《建设工程计价设备材料划分标准》（GB/T 50531—2009）。明确由建设单位提供的建筑设备，其设备费用不作为计取税金的基数。

（3）施工机具使用费：是指施工作业所发生的施工机械、仪器仪表使用费或其租赁费。其包含以下内容。

① 施工机械使用费：以施工机械台班耗用量乘以施工机械台班单价表示，施工机械台班单价应由下列七项费用组成。

a. 折旧费：指施工机械在规定的使用年限内，陆续收回其原值的费用。

b. 大修理费：指施工机械按规定的大修理间隔台班进行必要的大修理，以恢复其正常功能所需的费用。

c. 经常修理费：指施工机械除大修理以外的各级保养和临时故障排除所需的费用，包括为保障机械正常运转所需替换设备与随机配备工具附具的摊销和维护费用，机械运转中日常保养所需润滑与擦拭的材料费用及机械停滞期间的维护和保养费用等。

d. 安拆费及场外运费：安拆费指施工机械（大型机械除外）在现场进行安装与拆卸所需的人工、材料、机械和试运转费用以及机械辅助设施的折旧、搭设、拆除等费用；场外运费指施工机械整体或分体自停放地点运至施工现场或由一施工地点运至另一施工地点的运输、装卸、辅助材料及架线等费用。

e. 人工费：指机上司机（司炉）和其他操作人员的人工费。

f. 燃料动力费：指施工机械在运转作业中所消耗的各种燃料及水、电等。

g. 税费：指施工机械按照国家规定应缴纳的车船使用税、保险费及年检费等。

② 仪器仪表使用费：是指工程施工所需使用的仪器仪表的摊销及维修费用。

（4）企业管理费：是指施工企业组织施工生产和经营管理所需的费用。其包括以下内容。

① 管理人员工资：是指按规定支付给管理人员的计时工资、奖金、津贴补贴、加班加点工资及特殊情况下支付的工资等。

② 办公费：是指企业管理办公用的文具、纸张、账表、印刷、邮电、书报、办公软件、监控、会议、水电、燃气、采暖、降温等费用。

③ 差旅交通费：是指职工因公出差、调动工作的差旅费、住勤补助费，市内交通费和误餐补助费，职工探亲路费，劳动力招募费，职工退休、退职一次性路费，工伤人员就医路费，工地转移费以及管理部门使用的交通工具的油料、燃料等费用。

④ 固定资产使用费：指企业及其附属单位使用的属于固定资产的房屋、设备、仪器等的折旧、大修、维修或租赁费。

⑤ 工具用具使用费：是指企业施工生产和管理使用的不属于固定资产的工具、器具、家具、交通工具和检验、试验、测绘、消防用具等的购置、维修和摊销费，以及支付给工人自备工具的补贴费。

⑥ 劳动保险和职工福利费：是指由企业支付的职工退职金、按规定支付给离休干部的经费，集体福利费、夏季防暑降温、冬季取暖补贴、上下班交通补贴等。

⑦ 劳动保护费：是企业按规定发放的劳动保护用品的支出。如工作服、手套、防暑降温饮料、高危险工作工种施工作业防护补贴以及在有碍身体健康的环境中施工的保健费用等。

⑧ 工会经费：是指企业按《中华人民共和国工会法》规定的全部职工工资总额比例计提的工会经费。

⑨ 职工教育经费：是指按职工工资总额的规定比例计提，企业为职工进行专业技术和职业技能培训，专业技术人员继续教育、职工职业技能鉴定、职业资格认定以及根据需要对职工进行各类文化教育所发生的费用。

⑩ 财产保险费：指企业管理用财产、车辆的保险费用。

⑪ 财务费：是指企业为施工生产筹集资金或提供预付款担保、履约担保、职工工资支付担保等所发生的各种费用。

⑫ 税金：指企业按规定交纳的房产税、车船使用税、土地使用税、印花税等。

⑬ 意外伤害保险费：企业为从事危险作业的建筑安装施工人员支付的意外伤害保险费。

⑭ 工程定位复测费：是指工程施工过程中进行全部施工测量放线和复测工作的费用。建筑物沉降观测由建设单位直接委托有资质的检测机构完成，费用由建设单位承担，不包含在工程定位复测费中。

⑮ 检验试验费：是施工企业按规定进行建筑材料、构配件等试样的制作、封样、送达和其他为保证工程质量进行的材料检验试验工作所发生的费用。

不包括新结构、新材料的试验费，对构件（如幕墙、预制桩、门窗）做破坏性试验所发生的试样费用和根据国家标准和施工验收规范要求对材料、构配件和建筑物工程质量检测检验发生的第三方检测费用，对此类检测发生的费用，由建设单位承担，在工程建设其他费用中列支。但对施工企业提供的具有合格证明的材料进行检测不合格的，该检测费用由施工企业支付。

⑯ 非建设单位所为四小时以内的临时停水停电费用。

⑰ 企业技术研发费：建筑企业为转型升级、提高管理水平所进行的技术转让、科技研发，信息化建设等费用。

⑱ 其他：业务招待费、远地施工增加费、劳务培训费、绿化费、广告费、公证费、法律顾问费、审计费、咨询费、投标费、保险费、联防费、施工现场生活用水电费等。

（5）利润：是指施工企业完成所承包工程获得的盈利。

2）措施项目费

措施项目费是指为完成建设工程施工，发生于该工程施工前和施工过程中的技术、生活、安全、环境保护等方面的费用。

根据现行工程量清单计算规范，措施项目费分为单价措施项目与总价措施项目。

（1）单价措施项目是指在现行工程量清单计算规范中有对应工程量计算规则，按人工费、材料费、施工机具使用费、管理费和利润形式组成综合单价的措施项目。单价措施项目根据专业不同，其包括的项目如下。

① 建筑与装饰工程：脚手架工程；混凝土模板及支架（撑）；垂直运输；超高施工增加；大型机械设备进出场及安拆；施工排水、降水。

② 安装工程：吊装加固；金属抱杆安装、拆除、移位；平台铺设、拆除；顶升、提升装置安装、拆除；大型设备专用机具安装、拆除；焊接工艺评定；胎（模）具制

作、安装、拆除；防护棚制作安装拆除；特殊地区施工增加；安装与生产同时进行施工增加；在有害身体健康环境中施工增加；工程系统检测、检验；设备、管道施工的安全、防冻和焊接保护；焦炉烘炉、热态工程；管道安拆后的充气保护；隧道内施工的通风、供水、供气、供电、照明及通信设施；脚手架搭拆；高层施工增加；其他措施（工业炉烘炉、设备负荷试运转、联合试运转、生产准备试运转及安装工程设备场外运输）；大型机械设备进出场及安拆。

③ 市政工程：脚手架工程；混凝土模板及支架；围堰；便道及便桥；洞内临时设施；大型机械设备进出场及安拆；施工排水、降水；地下交叉管线处理、监测、监控。

④ 仿古建筑工程：脚手架工程；混凝土模板及支架；垂直运输；超高施工增加；大型机械设备进出场及安拆；施工降水排水。

⑤ 园林绿化工程：脚手架工程；模板工程；树木支撑架、草绳绕树干、搭设遮阴（防寒）棚工程；围堰、排水工程。

⑥ 房屋修缮工程中土建、加固部分单价措施项目设置同建筑与装饰工程；安装部分单价措施项目设置同安装工程。

⑦ 城市轨道交通工程：围堰及筑岛；便道及便桥；脚手架；支架；洞内临时设施；临时支撑；施工监测、监控；大型机械设备进出场及安拆；施工排水、降水；设施、处理、干扰及交通导行（混凝土模板及安拆费用包含在分部分项工程中的混凝土清单中）。

单价措施项目中各措施项目的工程量清单项目设置、项目特征、计量单位、工程量计算规则及工作内容均按现行工程量清单计算规范执行。

（2）总价措施项目是指在现行工程量清单计算规范中无工程量计算规则，以总价（或计算基础乘费率）计算的措施项目。

其中各专业都可能发生的通用的总价措施项目如下。

① 安全文明施工：为满足施工安全、文明、绿色施工以及环境保护、职工健康生活所需要的各项费用。本项为不可竞争费用。

a. 环境保护包含范围：现场施工机械设备降低噪音、防扰民措施费用；水泥和其他易飞扬细颗粒建筑材料密闭存放或采取覆盖措施等费用；工程防扬尘洒水费用；土石方、建渣外运车辆冲洗、防洒漏等费用；现场污染源的控制、生活垃圾清理外运、场地排水排污措施的费用；其他环境保护措施费用。

b. 文明施工包含范围："五牌一图"的费用；现场围挡的墙面美化（包括内外粉刷、刷白、标语等）、压顶装饰费用；现场厕所便槽刷白、贴面砖，水泥砂浆地面或地砖费用，建筑物内临时便溺设施费用；其他施工现场临时设施的装饰装修、美化措施费用；现场生活卫生设施费用；符合卫生要求的饮水设备、淋浴、消毒等设施费用；生活用洁净燃料费用；防煤气中毒、防蚊虫叮咬等措施费用；施工现场操作场地的硬化费用；现场绿化费用、治安综合治理费用、现场电子监控设备费用；现场配备医药保健器材、物品费用和急救人员培训费用；用于现场工人的防暑降温费、电风扇、空调等设备及用电费用；其他文明施工措施费用。

c. 安全施工包含范围：安全资料、特殊作业专项方案的编制，安全施工标志的购置及安全宣传的费用；"三宝"（安全帽、安全带、安全网）、"四口"（楼梯口、电梯井口、通道口、预留洞口)，“五临边”(阳台围边、楼板围边、屋面围边、槽坑围边、卸料平台两侧)，水平防护架、垂直防护架、外架封闭等防护的费用；施工安全用电的费用，包括配电箱三级配电、两级保护装置要求、外电防护措施；起重机、塔吊等起重设备(含井架、门架)及外用电梯的安全防护措施(含警示标志)费用及卸料平台的临边防护、层间安全门、防护棚等设施费用；建筑工地起重机械的检验检测费用；施工机具防护棚及其围栏的安全保护设施费用；施工安全防护通道的费用；工人的安全防护用品、用具购置费用；消防设施与消防器材的配置费用；电气保护、安全照明设施费；其他安全防护措施费用。

d. 绿色施工包含范围：建筑垃圾分类收集及回收利用费用；夜间焊接作业及大型照明灯具的挡光措施费用；施工现场办公区、生活区使用节水器具及节能灯具增加费用；施工现场基坑降水储存使用、雨水收集系统、冲洗设备用水回收利用设施增加费用；施工现场生活区厕所化粪池、厨房隔油池设置及清理费用；从事有毒、有害、有刺激性气味和强光、噪声施工人员的防护器具；现场危险设备、地段、有毒物品存放地安全标识和防护措施；厕所、卫生设施、排水沟、阴暗潮湿地带定期消毒费用；保障现场施工人员劳动强度和工作时间符合国家标准《体力劳动强度等级要求》(GB 3869—1997) 的增加费用等。

② 夜间施工：规范、规程要求正常作业而发生的夜班补助、夜间施工降效、夜间照明设施的安拆、摊销、照明用电以及夜间施工现场交通标志、安全标牌、警示灯安拆等费用。

③ 二次搬运：由于施工场地限制而发生的材料、成品、半成品等一次运输不能到达堆放地点，必须进行的二次或多次搬运费用。

④ 冬雨季施工：在冬雨季施工期间所增加的费用，包括冬季作业、临时取暖、建筑物门窗洞口封闭及防雨措施、排水、工效降低、防冻等费用。不包括设计要求混凝土内添加防冻剂的费用。

⑤ 地上设施、地下设施、建筑物的临时保护设施：在工程施工过程中，对已建成的地上设施、地下设施和建筑物进行的遮盖、封闭、隔离等必要保护措施。在园林绿化工程中，还包括对已有植物的保护。

⑥ 已完工程及设备保护费：对已完工程及设备采取的覆盖、包裹、封闭、隔离等必要保护措施所发生的费用。

⑦ 临时设施费：施工企业为进行工程施工所必需的生活和生产用的临时建筑物、构筑物和其他临时设施的搭设、使用、拆除等费用。

a. 临时设施包括：临时宿舍、文化福利及公用事业房屋与构筑物、仓库、办公室、加工场等。

b. 建筑、装饰、安装、修缮、古建园林工程规定范围内(建筑物沿边起 50m 以内，多幢建筑两幢间隔 50m 内)围墙、临时道路、水电、管线和轨道垫层等。

c. 市政工程施工现场在定额基本运距范围内的临时给水、排水、供电、供热线路(不包括变压器、锅炉等设备)、临时道路。不包括交通疏解分流通道、现场与公路(市政道路)的连接道路、道路工程的护栏(围挡)，也不包括单独的管道工程或单独的驳岸工程施工需要的沿线简易道路。

建设单位同意在施工就近地点临时修建混凝土构件预制场所发生的费用，应向建设单位结算。

⑧ 赶工措施费：施工合同工期比江苏省现行工期定额提前，施工企业为缩短工期所发生的费用。如施工过程中，发包人要求实际工期比合同工期提前时，由发承包双方另行约定。

⑨ 工程按质论价：施工合同约定质量标准超过国家规定，施工企业完成工程质量达到经有权部门鉴定或评定为优质工程所必须增加的施工成本费。

⑩ 特殊条件下施工增加费：地下不明障碍物、铁路、航空、航运等交通干扰而发生的施工降效费用。

总价措施项目中，除通用措施项目外，各专业措施项目如下。

① 建筑与装饰工程有以下两项。

a. 非夜间施工照明：为保证工程施工正常进行，在如地下室、地官等特殊施工部位施工时所采用的照明设备的安拆、维护、摊销及照明用电等费用。

b. 住宅工程分户验收：按《住宅工程质量分户验收规程》（DGJ32/TJ 103—2010）的要求对住宅工程进行专门验收（包括蓄水、门窗淋水等）发生的费用。室内空气污染测试不包含在住宅工程分户验收费用中，由建设单位直接委托检测机构完成，由建设单位承担费用。

② 安装工程有以下两项。

a. 非夜间施工照明：为保证工程施工正常进行，在如地下（暗）室、设备及大口径管道内等特殊施工部位施工时所采用的照明设备的安拆、维护及照明用电、通风等；在地下（暗）室等施工引起的人工工效降低以及由于人工工效降低引起的机械降效。

b. 住宅工程分户验收：按《住宅工程质量分户验收规程》（DGJ32/TJ 103—2010）的要求对住宅工程安装项目进行专门验收发生的费用。

③ 市政工程：行车、行人干扰：由于施工受行车、行人的干扰导致的人工、机械降效以及为了行车、行人安全而现场增设的维护交通与疏导人员费用。

④ 仿古建筑及园林绿化工程有以下两项。

a. 非夜间施工照明：为保证工程施工正常进行，仿古建筑工程在地下室、地宫等、园林绿化工程在假山石洞等特殊施工部位施工时所采用的照明设备的安拆、维护及照明用电等。

b. 反季节栽植影响措施：因反季节栽植在增加材料、人工、防护、养护、管理等方面采取的种植措施以及保证成活率措施。

3）其他项目费

（1）暂列金额：建设单位在工程量清单中暂定并包括在工程合同价款中的一笔款项。用于施工合同签订时尚未确定或者不可预见的所需材料、工程设备、服务的采购，施工中可能发生的工程变更、合同约定调整因素出现时的工程价款调整以及发生的索赔、现场签证确认等的费用。由建设单位根据工程特点，按有关计价规定估算；施工过程中由建设单位掌握使用，扣除合同价款调整后如有余额，归建设单位。

（2）暂估价：建设单位在工程量清单中提供的用于支付必然发生但暂时不能确定价格的材料的单价以及专业工程的金额。包括材料暂估价和专业工程暂估价。材料暂估价在清单综合单价中考虑，不计入暂估价汇总。

（3）计日工：是指在施工过程中，施工企业完成建设单位提出的施工图纸以外的零星项目或工作所需的费用。

（4）总承包服务费：是指总承包人为配合、协调建设单位进行的专业工程发包，对建设单位自行采购的材料、工程设备等进行保管以及施工现场管理、竣工资料汇总整理等服务所需的费用。总包服务范围由建设单位在招标文件中明示，并且发承包双方在施工合同中约定。

4）规费

规费是指有权部门规定必须缴纳的费用。

（1）工程排污费：包括废气、污水、固体及危险废物和噪声排污费等内容。

（2）社会保险费：企业应为职工缴纳的养老保险、医疗保险、失业保险、工伤保险和生育保险等五项社会保障方面的费用。为确保施工企业各类从业人员社会保障权益落到实处，省、区、市有关部门可根据实际情况制定管理办法。

（3）住房公积金：企业应为职工缴纳的住房公积金。

5）税金

税金是指国家税法规定的应计入建筑安装工程造价内的营业税、城市维护建设税、教育费附加及地方教育附加。

（1）营业税：是指以产品销售或劳务取得的营业额为对象的税种。

（2）城市建设维护税：是为加强城市公共事业和公共设施的维护建设而开征的税，它以附加形式依附于营业税。

（3）教育费附加及地方教育附加：是为发展地方教育事业，扩大教育经费来源而征收的税种。它以营业税的税额为计征基数。

3. 工程类别划分及说明

1）安装工程类别划分

安装工程类别划分见表 3-1。

表 3-1 安装工程类别划分表

一类工程
（1）10kV 变配电装置。 （2）10kV 电缆敷设工程或实物量在 5km 以上的单独 6kV（含 6kV）电缆敷设分项工程。 （3）锅炉单炉蒸发量在 10t/h(含 10t/h) 以上的锅炉安装及其相配套的设备、管道、电气工程。 （4）建筑物使用空调面积在 15 000m^2 以上的单独中央空调分项安装工程。 （5）建筑物使用通风面积在 15 000m^2 以上的通风工程。 （6）运行速度在 1.75m/s 以上的单独自动电梯分项安装工程。 （7）建筑面积在 15 000m^2 以上的建筑智能化系统设备安装工程和消防工程。 （8）24 层以上的水电安装工程。 （9）工业安装工程一类工程项目（见表 3-2）

续表

二类工程
（1）除一类范围以外的变配电装置和 10kV 以内架空线路工程。 （2）除一类范围以外且在 400V 以上的电缆敷设工程。 （3）除一类范围以外的各类工业设备安装、车间工艺设备安装及其相配套的管道、电气工程。 （4）锅炉单炉蒸发量在 10t/h 以内的锅炉安装及其相配套的设备、管道、电气工程。 （5）建筑物使用空调面积在 15 000m^2 以内，5000m^2 以上的单独中央空调分项安装工程。 （6）建筑物使用通风面积在 15 000m^2 以内，5000m^2 以上的通风工程。 （7）除一类范围以外的单独自动扶梯、自动或半自动电梯分项安装工程。 （8）除一类范围以外的建筑智能化系设备安装工程和消防工程。 （9）8 层以上或建筑面积在 10 000m^2 以上建筑的水电安装工程
三类工程
除一、二类范围以外的其他各类安装工程

2）工业安装工程一类工程项目

工业安装工程一类工程项目见表 3-2。

表 3-2　工业安装工程一类工程项目表

（1）洁净要求不小于一级的单位工程。 （2）焊口有探伤要求的工艺管道、热力管道、煤气管道、供水（含循环水）管道等工程。 （3）易燃、易爆、有毒、有害介质管道工程。《职业性接触毒物危害程度分级》（GB 5044—85）。 （4）防爆电气、仪表安装工程。 （5）各种类气罐、不锈钢及有色金属贮罐。碳钢贮罐容积单只≥ 1000m^3。 （6）压力容器制作安装。 （7）设备单重≥ 10t/ 台或设备本体高度≥ 10m。 （8）空分设备安装工程。 （9）起重运输设备： ① 双梁桥式起重机：起重量≥ 50/10t 或轨距≥ 21.5m 或轨道高度≥ 15m。 ② 龙门式起重机：起重量≥ 20t。 ③ 皮带运输机： a. 宽≥ 650mm，斜度≥ 10°。 b. 宽≥ 650mm，总长度≥ 50m。 c. 宽≥ 1000mm。 （10）锻压设备： ① 机械压力：压力≥ 250t。 ② 液压机：压力≥ 315t。 ③ 自动锻压机：压力≥ 5t。 （11）塔类设备安装工程。 （12）炉窑类： ① 回转窑：直径≥ 1.5m。 ② 各类含有毒气体炉窑。 （13）总实物量超过 50m^3 的炉窑砌筑工程。 （14）专业电气调试（电压等级在 500V 以上）与工业自动化位表调试。 （15）公共安装工程中的煤气发生炉、液化站、制氧站及其配套的设备、管道、电气工程

3）安装工程类别划分说明

（1）安装工程以分项工程确定工程类别。

（2）在一个单位工程中有几种不同类别组成，应分别确定工程类别。

（3）改建、装修工程中的安装工程参照相应标准确定工程类别。

（4）多栋建筑物下有连通的地下室或单独地下室工程，地下室部分水电安装按二类标准取费，如地下室建筑面积≥ 10 000m²，地下室部分水电安装按一类标准取费。

（5）楼宇亮化、室外泛光照明工程按照安装工程三类取费。

（6）表 3-1 和表 3-2 中未包括的特殊工程，如影剧院、体育馆等，由当地工程造价管理机构根据工程实际情况予以核定，并报上级造价管理机构备案。

4. 工程费用取费标准及有关规定

1）企业管理费、利润取费标准及规定

（1）企业管理费、利润计算基础按本定额规定执行。

（2）包工不包料、点工的管理费和利润包含在工资单价中。

企业管理费、利润标准见表 3-3。

表 3-3　安装工程企业管理费和利润取费标准表

序号	项目名称	计算基础	企业管理费率 /%			利润率 /%
			一类工程	二类工程	三类工程	
一	安装工程	人工费	47	43	39	14

2）措施项目取费标准及规定

（1）单价措施项目以清单工程量乘以合单价计算。综合单价按照各专业计价定额中的规定，依据设计图和经建设方认可的施工方案进行组价。

（2）总价措施项目中部分以率计算的措施项目费率标准见表 3-4 和表 3-5，其计算基础为：分部分工程费 – 工程设备费 + 单价措施项目费；其他总价措施项目，按项计取，综合单价按实际或可能发生的费用进行计算。

表 3-4　措施项目费取费标准表

项目	计算基础	各专业工程费率 /%							
		建筑工程	单独装饰	安装工程	市政工程	修缮土建（修缮安装）	仿古（园林）	城市轨道交通	
								土建轨道	安装
夜间施工	分部分项工程费 + 单价措施项目费 – 工程设备费	0 ～ 0.1	0 ～ 0.1	0 ～ 0.1	0.05 ～ 0.15	0 ～ 0.1	0 ～ 0.1	0 ～ 0.15	
非夜间施工照明		0.2	0.2	0.3	—	0.2（0.3）	0.3	—	
冬雨季施工		0.05 ～ 0.2	0.05 ～ 0.1	0.05 ～ 0.1	0.1 ～ 0.3	0.05 ～ 0.2	0.05 ～ 0.2	0 ～ 0.1	

续表

项目	计算基础	各专业工程费率 /%							
		建筑工程	单独装饰	安装工程	市政工程	修缮土建（修缮安装）	仿古（园林）	城市轨道交通	
								土建轨道	安装
已完工程及设备保护	分部分项工程费 + 单价措施项目费 – 工程设备费	0～0.05	0～0.1	0～0.05	0～0.02	0～0.05	0～0.1	0～0.02	0～0.05
临时设施		1～2.2	0.3～12	0.6～1.5	1～2	1～2（0.6～1.5）	1.5～2.5（0.3～0.7）	0.5～1.5	
赶工措施		0.5～2	0.5～2	0.5～2	0.5～2	0.5～2	0.5～2	0.4～1.2	
按质论价		1～3	1～3	1～3	0.8～2.5	1～2	1～2.5	0.5～1.2	
住宅分户验收		0.4	0.1	0.1	—	—	—	—	

表 3-5　安全文明施工措施费取费标准表

序号	工程名称	计费基础	基本费率	省级标化增加费
一	安装工程	分部分项工程费 + 单价措施项目费 – 工程设备费	1.4	0.3

注：对于开展市级建筑安全文明施工标准化示范工地创建活动的地区，市级标化增加费按照省级费率乘以0.7 系数执行。

3）其他项目取费标准及规定

（1）暂列金额、暂估价按发包人给定的标准计取。

（2）计日工：由发承包双方在合同中定。

（3）总承包服务费：应根据招标文件列出的内容和向总承包人提出的要求，参照下列标准计算。

① 建设单位仅要求对分包的专业工程进行总承包管理和协调时，按分包的专业工程估算造价的 1% 计算。

② 建设单位要求对分包的专业工程进行总承包管理和协调。并同时要求提供配合服务时，根据招标文件中列出的配合服务内容和提出的要求，按分包的专业工程估算造价的 2%～3% 计算。

4）规费取费标准及有关规定

（1）工程排污费：按工程所在地环境保护等部门规定的标准缴纳，按实计取列入。

（2）社会保险费及住房公积金按表 3-6 标准计取。

表 3-6 社会保险费及公积金取费标准表

序号	工程类别	计 算 基 础	社会保险费率 /%	公积金费率 /%
一	安装工程	分部分项工程费 + 措施项目费 + 其他项目费 – 工程设备费	2.2	0.38

注：

1. 社会保险费包括养老保险费、失业保险费、医疗保险费、工伤保险、生育保险费。
2. 点工和包工不包料的社会保险和公积金已经包含在人工工资单价中。
3. 社会保险费率和公积金费率将随着社保部门要求和建设工程实际缴纳费率的提高，适时调整。

5）税金计算标准及有关规定

微课：工程造价计算程序

税金包括营业税、城市建设维护税、教育费附加，按有关部门规定计取。

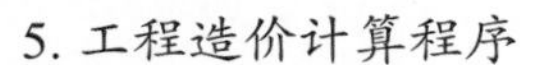

5. 工程造价计算程序

（1）工程量清单法计算程序（包工包料）见表 3-7。

表 3-7 工程量清单法计算程序（包工包料）

<table>
<tr><th>序号</th><th colspan="2">费 用 名 称</th><th>计 算 公 式</th></tr>
<tr><td rowspan="6">一</td><td colspan="2">分部分项工程费</td><td>清单工程量 × 综合单价</td></tr>
<tr><td rowspan="5">其中</td><td>1. 人工费</td><td>人工消耗量 × 人工单价</td></tr>
<tr><td>2. 材料费</td><td>材料消耗量 × 材料单价</td></tr>
<tr><td>3. 施工机具使用费</td><td>机械消耗量 × 机械单价</td></tr>
<tr><td>4. 管理费</td><td>（1+3）× 费率或（1）× 费率</td></tr>
<tr><td>5. 利润</td><td>（1+3）× 费率或（1）× 费率</td></tr>
<tr><td rowspan="3">二</td><td colspan="2">措施项目费</td><td></td></tr>
<tr><td rowspan="2">其中</td><td>单价措施项目费</td><td>清单工程量 × 综合单价</td></tr>
<tr><td>总价措施项目费</td><td>（分部分项工程费 + 单价措施项目费 – 工程设备费）× 费率或以项计费</td></tr>
<tr><td>三</td><td colspan="2">其他项目费</td><td></td></tr>
<tr><td rowspan="4">四</td><td colspan="2">规费</td><td></td></tr>
<tr><td rowspan="3">其中</td><td>1. 工程排污费</td><td rowspan="3">（一 + 二 + 三 – 工程设备费）× 费率</td></tr>
<tr><td>2. 社会保险费</td></tr>
<tr><td>3. 住房公积金</td></tr>
<tr><td>五</td><td colspan="2">税金</td><td>（一 + 二 + 三 + 四 – 按规定不计税的工程设备金额）× 费率</td></tr>
<tr><td>六</td><td colspan="2">工程造价</td><td>一 + 二 + 三 + 四 + 五</td></tr>
</table>

（2）工程量清单法计算程序（包工不包料）见表 3-8。

表 3-8 工程量清单法计算程序（包工不包料）

序号	费用名称		计算公式
一	分部分项工程费中人工费		清单人工消耗量 × 人工单价
二	措施项目费中人工费		
	其中	单价措施项目中人工费	清单人工消耗量 × 人工单价
三	其他项目费		
四	规费		
	其中	工程排污费	（一＋二＋三）× 费率
五	税金		（一＋二＋三＋四）× 费率
六	工程造价		一＋二＋三＋四＋五

3.1.2 《江苏省建设工程费用定额》（2014 年版）营改增后调整内容

1. 建设工程费用组成

1）一般计税方法

（1）根据住房和城乡建设部办公厅《关于做好建筑业营改增建设工程计价依据调整准备工作的通知》（建办标〔2016〕4 号）规定的计价依据调整要求，营改增后，采用一般计税方法的建设工程费用组成中的分部分项工程费、措施项目费、其他项目费、规费中均不包含增值税可抵扣进项税额。

（2）企业管理费组成内容中增加第（19）条附加税：国家税法规定的应计入建筑安装工程造价内的城市建设维护税、教育费附加及地方教育附加。

（3）甲供材料和甲供设备费用应在计取现场保管费后，在税前扣除。

（4）税金定义及包含内容调整为：税金是指根据建筑服务销售价格，按规定税率计算的增值税销项税额。

2）简易计税方法

（1）营改增后，采用简易计税方式的建设工程费用组成中，分部分项工程费、措施项目费、其他项目费的组成，均与《江苏省建设工程费用定额》（2014 年版）原规定一致，包含增值税可抵扣进项税额。

（2）甲供材料和甲供设备费用应在计取现场保管费后，在税前扣除。

（3）税金定义及包含内容调整为：税金包含增值税应纳税额、城市建设维护税、教育费附加及地方教育附加。

2. 取费标准调整

1）一般计税方法

（1）企业管理费和利润取费标准见表 3-9。

表 3-9　安装工程企业管理费和利润取费标准

序号	项目名称	计算基础	企业管理费率 /%			利润率 /%
			一类工程	二类工程	三类工程	
一	安装工程	人工费	48	44	40	14

（2）措施项目费及安全文明施工措施费取费标准见表 3-10 和表 3-11。

表 3-10　措施项目费取费标准

项目	计算基础	各专业工程费率 /%							
		建筑工程	单独装饰	安装工程	市政工程	修缮土建（修缮安装）	仿古（园林）	城市轨道交通	
								土建轨道	安装
临时设施	分部分项工程费 + 单价措施项目费 – 工程设备费	1 ～ 2.3	0.3 ～ 1.3	0.6 ～ 1.6	1.1 ～ 2.2	1.1 ～ 2.1（0.6 ～ 1.6）	1.6 ～ 2.7（0.3 ～ 0.8）	0.5 ～ 1.6	
赶工措施		0.5 ～ 2.1	0.5 ～ 2.2	0.5 ～ 2.1	0.5 ～ 2.2	0.5 ～ 2.1	0.5 ～ 2.1	0.4 ～ 1.3	
按质论价		1 ～ 3.1	1.1 ～ 3.2	1.1 ～ 3.2	0.9 ～ 2.7	1.1 ～ 2.1	1.1 ～ 2.7	0.5 ～ 1.3	

注：本表中除临时设施、赶工措施、按质论价费率有调整外，其他费率不变。

表 3-11　安全文明施工措施费取费标准表

序号	工程名称		计费基础	基本费率 /%	省级标化增加费 /%
一	建筑工程	建筑工程	分部分项工程费 + 单价措施项目费 – 除税工程设备费	3.1	0.7
		单独构件吊装		1.6	—
		打预制桩 / 制作兼打桩		1.5/1.8	0.3/0.4
二	单独装饰工程			1.7	0.4
三	安装工程			1.5	0.3

（3）其他项目取费标准。暂列金额、暂估价、总承包服务费中均不包括增值税可抵扣进项税额。

（4）规费取费标准见表 3-12。

表 3-12　社会保险费及公积金取费标准表

序号	工程类别		计算基础	社会保险费率 /%	公积金费率 /%
一	建筑工程	建筑工程	分部分项工程费 + 措施项目费 + 其他项目费 – 除税工程设备费	3.2	0.53
		单独预制构件制作、单独构件吊装、打预制桩、制作兼打桩		1.3	0.24
		人工挖孔桩		3	0.53

续表

序号	工程类别	计算基础	社会保险费率 /%	公积金费率 /%
二	单独装饰工程	分部分项工程费 + 措施项目费 + 其他项目费 – 除税工程设备费	2.4	0.42
三	安装工程		2.4	0.42

（5）税金计算标准及有关规定。

税金以除税工程造价为计取基础，费率为 11%（由苏建函价 178 号文费率调整为 9%）。

2）简易计税方法

税金包括增值税应缴纳税额、城市建设维护税、教育费附加及地方教育附加。

（1）增值税应纳税额 = 包含增值税可抵扣进项税额的税前工程造价 × 适用税率，税率：3%。

（2）城市建设维护税 = 增值税应纳税额 × 适用税率，税率：市区 7%、县镇 5%、乡村 1%。

（3）教育费附加 = 增值税应纳税额 × 适用税率，税率：3%。

（4）地方教育附加 = 增值税应纳税额 × 适用税率，税率：2%。

以上四项合计，以包含增值税可抵扣进项额的税前工程造价为计费基础，税金费率为：市区 3.36%、县镇 3.30%、乡村 3.18%。如各市另有规定的，按各市规定计取。

3. 计算程序

（1）一般计税方法见表 3-13。

表 3-13　工程量清单法计算程序（包工包料，营改增后）

序号	费用名称		计算公式
一	分部分项工程费		清单工程量 × 除税综合单价
	其中	1. 人工费	人工消耗量 × 人工单价
		2. 材料费	材料消耗量 × 除税材料单价
		3. 施工机具使用费	机械消耗量 × 除税机械单价
		4. 管理费	（1+3）× 费率或（1）× 费率
		5. 利润	（1+3）× 费率或（1）× 费率
二	措施项目费		
	其中	单价措施项目费	清单工程量 × 除税综合单价
		总价措施项目费	（分部分项工程费 + 单价措施项目费 – 除税工程设备费）× 费率或以项计费
三	其他项目费		

续表

序号	费用名称		计算公式
四	规费		
	其中	1. 工程排污费	（一＋二＋三－除税工程设备费）× 费率
		2. 社会保险费	
		3. 住房公积金	
五	税金		（一＋二＋三＋四－除税甲供材料和甲供设备费 /1.01）× 费率
六	工程造价		一＋二＋三＋四－除税甲供材料和甲供设备费 /1.01+ 五

（2）简易计税方法

包工不包料工程（清包工工程），可按简易计税法计税，原计费程序不变，见表 3-14。

表 3-14　工程量清单法计算程序（包工包料）

序号	费用名称		计算公式
一	分部分项工程费		清单工程量 × 综合单价
	其中	1. 人工费	人工消耗量 × 人工单价
		2. 材料费	材料消耗量 × 材料单价
		3. 施工机具使用费	机械消耗量 × 机械单价
		4. 管理费	（1+3）× 费率或（1）× 费率
		5. 利润	（1+3）× 费率或（1）× 费率
二	措施项目费		
	其中	单价措施项目费	清单工程量 × 综合单价
		总价措施项目费	（分部分项工程费＋单价措施项目费－工程设备费）× 费率或以项计费
三	其他项目费		
四	规费		
	其中	1. 工程排污费	（一＋二＋三－工程设备费）× 费率
		2. 社会保险费	
		3. 住房公积金	
五	税金		（一＋二＋三＋四－甲供材料和甲供设备费 /1.01）× 费率
六	工程造价		一＋二＋三＋四－甲供材料和甲供设备费 /1.01+ 五

3.1.3 关于工程排污费

2018 年 1 月 1 日《中华人民共和国环境保护税法》开始实施，规费中的工程排污费由环境保护税代替。

例题解析

工程造价计算例题解析

任务书

江苏城乡建设职业学院职工宿舍楼电气安装工程资料如下，按照营改增后计价程序（包工包料），计算工程造价（保留两位小数）。

（1）工程人工费 182 819 元，材料费 214 532 元（其中暂估价为 40 000 元），机械费为 521 元。

（2）本建筑 6 层。

（3）工程按招标文件要求获得市级建筑安全文明施工标准化示范工地。

（4）脚手架搭拆费费率按人工费 4% 计算，其中人工费占 25%。

（5）工程实际发生计日工 300 个，投标时报价为 100 元 / 工日。

（6）夜间施工、非夜间施工、冬雨季施工、环境保护税不计，其他措施费费率、规费费率按照营改增后规定的上限取定。

任务分组

根据任务安排，填写表 3-15。

表 3-15 任务分组表

<table>
<tr><td>班级</td><td></td><td>姓名</td><td></td><td>学号</td></tr>
<tr><td>组号</td><td></td><td>指导教师</td><td></td><td></td></tr>
<tr><td colspan="5">组长：
成员：</td></tr>
<tr><td>小组任务</td><td colspan="4"></td></tr>
<tr><td>个人任务</td><td colspan="4"></td></tr>
</table>

工作准备

（1）阅读任务书，明确任务点。

（2）结合《江苏省建设工程费用定额》（2014 年版）及营改增后调整内容和计价定

额有关内容，熟悉解题步骤，查取有用信息。

（3）结合题目特点，厘清重难点。

任务实施

1. 分部分项工程费

引导问题 1：分部分项工程费的组成是什么？

引导问题 2：安装工程管理费和利润的计算基础是什么？

---

2. 计算措施项目费

引导问题 3：本工程为 6 层电气照明工程，是否要计算高层增加费？

引导问题 4：电气照明工程中，脚手架搭拆费要如何计算？

引导问题 5：单价措施费和总价措施费的计算顺序是什么？总价措施费的计算基础是什么？

引导问题 6：总价措施费的组成有哪些？计算基础是什么？

引导问题 7：计算安装文明施工费时，普通工地、市文明工地、省文明工地的费率各为多少？

---

3. 其他项目费

引导问题 8：其他项目费的组成是什么？

引导问题 9：其他项目费的计算基础是什么？

引导问题 10：总承包服务费如何计算？

---

4. 计算规费

引导问题 11：规费的组成有哪些？计算基础是什么？

---

5. 计算税金

引导问题 12：税金的计算基础是什么？最新的费率为多少？

---

6. 计算工程造价

引导问题 13：工程造价的组成是什么？

评价反馈

根据学习情况，完成表 3-16。

表 3-16　安装工程造价计算学习情境评价表

序号	评价项目	评价标准	满分	评价			综合得分
				自评	互评	师评	
1	分部分项工程费	管理费、利润费率计取正确； 分部分项工程费计算正确	10				
2	措施费	单价措施费计算正确； 总价措施费计算正确	20				
3	其他项目费	暂估价计算正确； 暂列金额计算正确； 计日工计算正确； 总承包服务费计算正确	20				
4	规费	社会保险费计算正确； 住房公积金计算正确； 环境保护税计算正确	20				
5	税金	税金计算基础选择正确； 税金计算正确	10				
6	工程造价	工程造价计算正确	10				
7	工作过程	严格遵守工作纪律，按时提交工作成果； 积极参与教学活动，具备自主学习能力； 积极参与小组活动，具备倾听、协作与分享意识	10				

参考文献

[1] 江苏省住房和城乡建设厅 . 江苏省建设工程费用定额 [M]. 南京：江苏凤凰科学技术出版社，2014.
[2] 江苏省住房和城乡建设厅 . 江苏省安装工程计价定额 [M]. 南京：江苏凤凰科学技术出版社，2014.
[3] 江苏省建设工程造价管理总站 . 安装工程技术与计价 [M]. 南京：江苏凤凰科学技术出版社，2014.
[4] 曹丽君 . 安装工程预算与清单报价 [M]. 北京：机械工业出版社，2009.